U0225090

国家社科基金
GUOJIA SHEKE JIJIN HOUQI ZIZHU XIANGMU
后期资助项目

中国企业绿色投资行为的驱动机制研究

程 博 著

科学出版社

北 京

内 容 简 介

　　中国作为全球生态文明的重要践行者与参与者,在"双碳"目标约束下如何激励与约束企业在追求经济效益的同时,更加注重社会效益和生态效益,通过负责任的投资和生产经营,实现可持续发展以及与利益相关方的合作共赢是一个值得深入探讨的、重要而有趣的科学问题。本书在"双碳"目标及绿色可持续发展的背景下,以企业绿色投资行为的驱动机制为研究主线,整合财政学、管理学、经济学等多学科的相关理论,运用问卷调查和文献研究相结合、实地调查与案例研究相结合、规范研究与实证研究相结合的方法,从理论和实证两方面深入考察企业绿色投资的驱动机制及其效应。

　　本书可为环境治理工作者、企业管理人员、绿色发展研究工作者、经济管理类研究生提供研究参考,同时能够为企业绿色发展政策制定提供参考。

图书在版编目 (CIP) 数据

中国企业绿色投资行为的驱动机制研究 / 程博著. -- 北京 : 科学出版社, 2025. 2. -- ISBN 978-7-03-081386-2

Ⅰ. X196

中国国家版本馆 CIP 数据核字第 202523YV48 号

责任编辑:王丹妮 / 责任校对:姜丽策
责任印制:张　伟 / 封面设计:有道设计

科学出版社 出版
北京东黄城根北街 16 号
邮政编码:100717
http://www.sciencep.com
北京中石油彩色印刷有限责任公司印刷
科学出版社发行　各地新华书店经销
*
2025 年 2 月第 一 版　开本:720×1000　1/16
2025 年 2 月第一次印刷　印张:19
字数:330 000
定价:209.00 元
(如有印装质量问题,我社负责调换)

国家社科基金后期资助项目
出版说明

后期资助项目是国家社科基金设立的一类重要项目，旨在鼓励广大社科研究者潜心治学，支持基础研究多出优秀成果。它是经过严格评审，从接近完成的科研成果中遴选立项的。为扩大后期资助项目的影响，更好地推动学术发展，促进成果转化，全国哲学社会科学工作办公室按照"统一设计、统一标识、统一版式、形成系列"的总体要求，组织出版国家社科基金后期资助项目成果。

全国哲学社会科学工作办公室

前　　言

作为世界第二大经济体，改革开放以来中国经济高速增长。与此同时，由于受到增长方式、管理方式等方面的影响，随之带来的环境污染、生态破坏等问题集中凸显出来，危及公众健康，威胁经济增长的可持续性。绿色发展作为经济发展的新动能，是建立在生态环境容量和资源承载力的约束条件下，将环境保护作为实现可持续发展重要支柱的一种新型发展模式，也是未来中国经济可持续发展的关键。生态环境的有效保护，关系到经济社会的可持续发展和中华民族伟大复兴中国梦的实现，因此，绿色发展不仅是一个科学问题，而且是经济问题和政治问题。更为重要的是，绿色发展不仅是参与和引领全球生态环境治理、应对气候变化最重要和最直接的措施，而且是可持续发展的内在需求，也是提升国际竞争力和彰显大国担当的重要标志。党的二十大报告中指出，推动经济社会发展绿色化、低碳化是实现高质量发展的关键环节[①]。中国作为全球生态文明的重要践行者与参与者，在"双碳"目标约束下如何激励与约束企业在追求经济效益的同时，更加注重社会效益和生态效益，通过负责任的投资和生产经营，实现可持续发展以及与利益相关方的合作共赢是一个值得深入探讨的、重要而有趣的科学问题，这一研究在促进企业可持续发展、改善人居生活环境和总结中国经验、推进全球气候治理体系的变革与建设等方面具有重要的理论价值和现实指导意义。

本书在"双碳"目标及绿色可持续发展的背景下，以企业绿色投资行为的驱动机制为研究主线，整合财政学、管理学、经济学等多学科的相关理论，运用问卷调查和文献研究相结合、实地调查与案例研究相结合、规范研究与实证研究相结合的方法，从理论和实证两方面深入考察企业绿色投资的驱动机制及其效应。沿着"提出问题—分析问题—解决问题"的整体思路，遵循"事实归纳、原因分析、微观基础、战略思路"这样一种内在逻辑联系，使研究立足于中国实际情况，注重全局性的理论创新，同时将政策建议建立在扎实的数据分析和科学的研究方法的基础之上，为政策提供可行的指标和策略集。

具体而言，本书沿袭"政府监管—市场治理"的逻辑思路，协同主要

[①]《习近平：高举中国特色社会主义伟大旗帜　为全面建设社会主义现代化国家而团结奋斗——在中国共产党第二十次全国代表大会上的报告》，https://www.gov.cn/xinwen/2022-10/25/content_5721685.htm[2024-07-02]。

的环境政策工具和市场力量，将制度驱动和市场驱动置于同一研究框架，利用多个外生事件的准自然实验场景，尝试有效解决遗漏变量、因果关系、样本自选择等内生性问题，力求更好地识别因果关系，得出稳健可靠的研究结论，从而丰富和拓展企业绿色投资行为驱动因素及其效应的相关文献及理论。结合理论与实证分析，本书的主要结论如下。

第一，环境外部性特征使得理性"经济人"增加绿色投资的动力略显不足，理论上来讲，解决环境的外部性问题，需要依靠政府监管（即制度驱动）和市场治理（即市场驱动）的双重力量协同与互动，约束和激励企业保护生态环境和积极参与环境治理。

第二，重污染企业作为政府环境监管的重要对象，绿色税制对其环境治理行为的影响可能更大。研究发现，与绿色税制出台之前相比，绿色税制出台之后重污染企业绿色投资水平平均增加了约 38%，意味着绿色税制显著提高了重污染企业绿色投资水平。同时也发现，绿色税制显著提高了重污染企业绿色投资水平的现象在规模大、国有性质、分析师关注度高的重污染企业中更为明显。

第三，"波特效应"假说认为，严格合理的环境规制有利于提高企业技术创新。理论上，绿色税制通过增加环境成本压力、政治成本压力以及创新带来的潜在收益三方面显著推动了企业创新活动的开展。研究发现，与非重污染企业相比，绿色税制使得重污染企业创新水平上升了 32.31%，相当于专利申请量平均增加 1.381 项，即绿色税制出台对企业创新具有溢出效应。进一步研究发现，绿色税制对企业创新的溢出效应在非国有性质、低融资约束、行业竞争程度低的重污染企业中更为明显。

第四，政府环保补贴可以降低企业环境治理的边际成本，有助于纠正绿色投资中的市场失灵。研究发现，环保补贴政策对企业绿色投资行为起到了积极的推动作用，并且环保补贴对企业绿色投资的促进作用在国有企业、重污染企业和有环保经历的企业中更为明显。同时发现，绿色投资有助于企业获得更多的信贷资金和提升股票流动性。

第五，政府环保补贴可以提高企业绿色投资水平并且这可能会受不同环境规制的影响。研究发现，单一的环境规制工具对环保补贴绩效（企业绿色投资水平）的促进作用有限，而环境规制组合对环保补贴绩效起到显著的促进作用。进一步研究发现，环境规制组合较单一环境规制对环保补贴绩效的激励作用并不因所处行业（污染行业）、所有权性质差异而改变。

第六，国有企业在中国经济发展中仍占主体地位，在推动绿色发展和环境治理中扮演着重要的角色。研究发现，新修订的《中华人民共和国环境保护法》的施行使得国有企业绿色投资水平增加了约 46.65%，这一现象在重污染企业和无环保经历的企业中更为明显。进一步研究发现，在行业竞争程度高、机构持股比例低、分析师关注度低、媒体关注度高、管理层权力高以及低融资约束的国有企业绿色投资水平显著增加的现象更为明显。

第七，公共压力是驱动企业绿色投资的一个重要因素，研究发现，"$PM_{2.5}$ 爆表"事件①引起了非正式制度和正式制度变化，这种外部的压力成了监督和约束企业环境治理行为的外驱力量，使得国际化程度高的公司在"$PM_{2.5}$ 爆表"事件后企业绿色投资水平显著增加。同时还发现，国际化程度高的公司在"$PM_{2.5}$ 爆表"事件后企业绿色投资水平显著提升，这一现象在信息透明度低、分析师跟踪少、非国有企业、高管理层权力企业及行业竞争程度高的企业中更为明显。

第八，作为专业化的资本市场信息中介，分析师关注也会对企业绿色投资行为产生重要影响。研究发现，分析师关注有助于约束企业管理层以牺牲环境为代价的利己行为，使得企业管理层为应对环境合法性危机和获得环境合法性认同，显著提升企业环境治理绩效，表现为企业绿色投资显著增加。

第九，媒体也是驱动企业绿色投资的重要因素之一，研究发现，媒体关注能够显著提高企业环境绩效，表现出企业绿色投资水平显著增加，并且发现"$PM_{2.5}$ 爆表"事件与媒体关注对企业环境绩效的治理效应一定程度上存在替代作用。进一步研究发现，"$PM_{2.5}$ 爆表"事件带来公共压力的增大与媒体关注对企业环境绩效的治理效应，在内部控制质量较低的公司以及竞争性较强的行业中更加明显。

相比已有文献，本书可能的理论贡献与创新具体体现在以下几方面。

第一，从政府财税政策调控视角丰富和拓展了企业绿色投资及环境治理方面的文献。已有文献主要集中在政府监管、环保核查、环保法规、环保约谈等环境管制以及非正式制度等视角，探讨其企业绿色投资及环境治理的影响，较少关注财税政策的影响，而本书较为系统地识别和审视了绿色税制对企业绿色投资行为的影响，可以有效弥补现有文献的不足。同时，从政府财税政策调控视角丰富和拓展了绿色税制改革和企业技术创新研究的相关文献，也为"波特效应"假说提供了一个可能的理论支撑。

第二，从政府环境激励机制视角丰富和拓展了企业绿色投资及环境治理方面的文献。已有研究文献大多集中在环境规制如何将环境外部成本制度化和内部化方面，较少涉及环境激励机制和政策对企业绿色投资及环境治理的影响，而本书从资源获取和信号传递的角度系统考察了环保补贴政策对企业绿色投资的影响，丰富和拓展了企业绿色投资及环境治理方面的文献。同时，以往研究大多集中在单一环境规制工具对企业绿色投资水平

---

① 本书的"$PM_{2.5}$ 爆表"事件是指 2011 年 10 月，美国驻华大使馆首次发布了北京市空气质量监测数据，其监测点位的 $PM_{2.5}$ 数据突破了监测仪器阈值。

的影响，较少涉及组合环境规制工具对企业绿色投资水平影响的考量，本书则是尝试从组合环境规制工具视角考察环保补贴的绩效，拓展和丰富了现有关于企业绿色投资及环境治理的相关文献。

第三，从产权性质差异视角丰富和拓展了企业绿色投资及环境治理方面的文献。环境污染物中超过 80%来源于企业生产，而国有企业在中国经济发展中仍占主体地位，然已有文献并没有对所有制性质差异如何影响企业绿色投资行为进行深入研究，本书利用新修订《中华人民共和国环境保护法》正式施行这一准自然实验，系统考察不同产权性质企业绿色投资水平，不仅可以有效弥补现有文献的不足，而且丰富和拓展了企业绿色投资水平影响因素方面的文献。

第四，从市场驱动视角丰富和拓展了企业绿色投资及环境治理方面的文献。本书基于公共压力、分析师关注、媒体关注等视角系统考察了其对企业绿色投资行为的影响及作用机理，扩展了企业绿色投资及环境治理的理论、途径以及研究边界。同时，丰富了企业国际化战略如何影响公司财务行为方面的研究。

第五，本书基于准自然实验情境的识别设计，利用多个政策或事件冲击导致的外生性，运用双重差分（differences-in-differences，DID）、三重差分（difference-in-difference-in-differences，DDD）、倾向评分匹配（propensity score matching，PSM）、安慰剂检验（placebo test）等方法，最大程度上缓解政策评估中的内生性问题干扰，更好地识别因果关系，进而对环境政策工具的实施效果进行了评估，为环境政策工具的适用性和有效性提供了理论支持和经验证据。

第六，本书立足于中国实际情况，注重全局性的理论创新，同时将政策建议建立在扎实的数据分析和科学的研究方法的基础之上，研究结论不仅为政府部门完善和制定相关环境政策提供了理论基础和决策依据，而且在增强企业的环保意识和社会责任感，加快企业转型升级步伐，加大治污减排力度，实现绿色低碳发展方面具有重要的现实意义。

诚然，本书基于"政府监管—市场治理"的逻辑思路，协同环境政策工具和市场力量，将制度驱动和市场驱动置于同一研究框架下，虽然各章尽可能从不同角度对企业绿色投资行为驱动机制进行了全面、深入、细致、系统的分析，努力探求合理有效的研究方法进行实证检验，同时辅之大量的稳健性测试，但囿于自身学科背景、研究能力与学术水平的局限，导致本书的理论与实证分析深度有所欠缺，请多提宝贵意见和批评指正。

程　博

2024 年 3 月

目　　录

第三篇　市场驱动与企业绿色投资

第一篇　研究议题与文献综述

第1章 绪 论

中国作为全球生态文明的重要践行者与参与者，在"双碳"目标约束下如何激励与约束企业在追求经济效益的同时，更加注重社会效益和生态效益，通过负责任的投资和生产经营，实现可持续发展以及与利益相关方的合作共赢是一个值得深入探讨的重要而有趣的科学问题，这一研究在促进企业可持续发展、改善人居生活环境和总结中国经验，推进全球气候治理体系的变革与建设等方面具有重要的理论价值和现实指导意义。本书将从制度驱动和市场驱动视角探讨企业绿色投资行为的驱动机制，旨在厘清和理解影响企业绿色投资行为的驱动因素和决策选择，对现阶段制度有效性进行科学评估，并考察制度驱动和市场驱动因素如何协同互动来引导和激励企业实现生产生活方式的绿色转型，进而实现"双碳"目标。本章主要阐述本书的研究背景与意义、研究思路与方法、研究目标与内容以及研究贡献与创新。

1.1 研究背景与意义

作为世界第二大经济体，中国经济自改革开放以来保持着高速增长。与此同时，中国也遭受着环境污染，危及公众健康，影响经济增长的可持续性。绿色发展作为经济发展的新动能，是建立在生态环境容量和资源承载力的约束条件下，将环境保护作为实现可持续发展重要支柱的一种新型发展模式，也是未来中国经济可持续发展的关键。党和政府高度重视，党的十八大提出了"大力推进生态文明建设"[①]的战略决策，党的十九大报告指出"要坚决打好防范化解重大风险、精准脱贫、污染防治的攻坚战"，并提出要"像对待生命一样对待生态环境""实行最严格的生态环境保护制度""构建政府为主导、企业为主体、社会组织和公众共同参与的环境治理体系"[②]。党的十九届五中全会会议提出，要"守住自然生态安全边界"

---

① 《坚定不移沿着中国特色社会主义道路前进为全面建成小康社会而奋斗——在中国共产党第十八次全国代表大会上的报告》，https://www.chinacourt.org/article/detail/2012/11/id/788634.shtml[2025-02-06]。

② 《习近平：决胜全面建成小康社会 夺取新时代中国特色社会主义伟大胜利——在中国共产党第十九次全国代表大会上的报告》，https://www.gov.cn/zhuanti/2017-10/27/content_5234876.htm[2025-02-06]。

"加快推动绿色低碳发展，持续改善环境质量，提升生态系统质量和稳定性，全面提高资源利用效率""促进人与自然和谐共生"①。党的十九届六中全会会议强调，要贯彻创新、协调、绿色、开放、共享的新发展理念②。在生态文明建设上，党中央以前所未有的力度抓生态文明建设，全党全国推动绿色发展的自觉性和主动性显著增强，美丽中国建设迈出重大步伐，我国生态环境保护发生历史性、转折性、全局性变化。党的二十大报告中指出，绿色化、低碳化是实现高质量发展的关键环节③。绿色发展不仅是参与和引领全球生态环境治理最重要和最直接的措施，而且是可持续发展的内在需求，也是提升国际竞争力和彰显大国担当的重要标志。习近平总书记2023年7月在全国生态环境保护大会上全面总结我国生态文明建设取得的举世瞩目成就，特别是历史性、转折性、全局性变化，精辟概括"四个重大转变"，强调"紧跟时代、放眼世界，承担大国责任、展现大国担当，实现由全球环境治理参与者到引领者的重大转变"④。

生态环境能否得到有效保护，关系到经济社会的可持续发展和中华民族伟大复兴中国梦的实现，因此，绿色发展不仅是一个科学问题，而且是经济问题和政治问题。尤为重要的是，绿色发展不仅是应对气候变化最重要、最直接的措施，而且是可持续发展的内在需求，也是提升国际竞争力和彰显大国担当的重要标志。2021年4月国家主席习近平在领导人气候峰会上的重要讲话提出，"坚持人与自然和谐共生""共同构建人与自然生命共同体"⑤。2022年6月5日世界环境日，国家主席习近平强调："全党全国要保持加强生态文明建设的战略定力，着力推动经济社会发展全面绿色转型，统筹污染治理、生态保护、应对气候变化，努力建设人与自然和谐共生的美丽中国，为共建清洁美丽世界作出更大贡献"⑥。面对气候变化、

---

① 《中国共产党第十九届中央委员会第五次全体会议公报》，https://www.gov.cn/xinwen/2020-10/29/content_5555877.htm[2025-02-06]。

② 《中共中央关于党的百年奋斗重大成就和历史经验的决议》，https://china.huanqiu.com/article/45c4VV7iUlD[2025-02-06]。

③ 《习近平：高举中国特色社会主义伟大旗帜 为全面建设社会主义现代化国家而团结奋斗——在中国共产党第二十次全国代表大会上的报告》，https://www.gov.cn/xinwen/2022-10/25/content_5721685.htm[2024-07-02]。

④ 《习近平在全国生态环境保护大会上强调：全面推进美丽中国建设 加快推进人与自然和谐共生的现代化》，https://www.gov.cn/yaowen/liebiao/202307/content_6892793.htm[2024-05-25]。

⑤ 《习近平在"领导人气候峰会"上的讲话（全文）》，http://china.cnr.cn/gdgg/20210422/t20210422_525468997.shtml[2024-05-25]。

⑥ 《习近平致2022年六五环境日国家主场活动的贺信》，http://news.cnr.cn/native/gd/sz/20220605/t20220605_525852197.shtml[2024-05-25]。

碳排放和人类生存的环境这些事关人类命运共同体的重大议题，"双碳"目标对中国生产生活方式的绿色转型产生引领作用，坚持走绿色发展道路，是实现可持续发展的重要手段、途径和方式，这不仅是可持续发展的内在追求，也是助推中国经济高质量发展必由之路，更是决定中国未来的核心竞争力和国际影响力的重要战略选择。

环境污染和生态破坏属于市场失灵的一部分，需要政府采用环境政策工具对市场经济进行调整，达到经济发展与环境治理的均衡。为了保护生态环境，减少污染物排放，早在 1982 年，国务院颁布并实施了《征收排污费暂行办法》，之后多次对征收标准进行了调整（刘郁和陈钊，2016）。1989 年 12 月 26 日，中华人民共和国第七届全国人民代表大会常务委员会第十一次会议通过了《中华人民共和国环境保护法》，2014 年 4 月 24 日，中华人民共和国第十二届全国人民代表大会常务委员会第八次会议通过了修订的《中华人民共和国环境保护法》（简称《环保法》）。2013 年 11 月，党的十八届三中全会决定推动环境保护费改税任务。2014 年 11 月，财政部、环境保护部、国家税务总局将《中华人民共和国环境保护税法（草案）》报送国务院。2015 年 6 月，国务院法制办公室公布《中华人民共和国环境保护税法》（征求意见稿）及说明全文，征求社会各界意见。2016 年，十二届全国人大常委会二十二次会议对《中华人民共和国环境保护税法（草案）》首次提请审议；同年 12 月，十二届全国人大常委会二十五次会议表决通过《中华人民共和国环境保护税法》（简称《环境保护税法》）。2018 年 1 月，《环境保护税法》及《中华人民共和国环境保护税法实施条例》同步施行。

生态环境政策在环境治理与保护中具有基础性的作用，并会影响到其他制度效应的发挥（王少波和郑建明，2007；李树和陈刚，2013；梁平汉和高楠，2014；范子英和赵仁杰，2019；陈诗一和祁毓，2022；宋跃刚和靳颂琳，2023；曹翔和苏馨儿，2023；石宁等，2023）。值得注意的是，环境污染物中超过 80%来源于企业生产（沈红波等，2012），作为"世界工厂"，中国企业承担了大量国际转移排放（陈诗一和许璐，2022），因而企业是落实绿色发展的最重要的实践主体，是中国实现"双碳"目标的关键环节。然而，环境问题的负外部性特征使得企业缺乏足够的环境治理动机，持续参与环境治理的动力略显不足。如何有效落实绿色发展理念，缓解环境污染的负外部性，推动经济高质量发展一直是学术界和实务界迫切需要解决的现实问题。要顺利解决这一问题，不仅需要对现有的生态环境相关政策进行系统性评估，而且需要对其进行调整和变革，构建全面的、系统性的政策体系，并与市场治理相协同，形成制度和市场双轮驱动的治理模式，为践行绿色发展和实现"双碳"目标提供制度基础和激励动力。

中国作为全球生态文明的重要践行者与参与者，在"双碳"目标约束下，激励与约束企业在追求经济效益的同时更加注重社会效益和生态效益，通过负责任的投资和生产经营，实现可持续发展以及与利益相关方的合作共赢。现有文献大多集中在政府监管、环保核查、环保法规、环保约谈等生态环境政策对绿色投资及环境治理方面的影响，较少从微观层面系统地将制度基础、市场治理置于同一研究框架来考察企业绿色投资行为的驱动机制及其效应，这与当前管理实践与环境治理问题的迫切性和重要性存在某种脱节。鉴于此，本书从制度和市场双轮驱动视角系统探讨其对企业绿色投资行为的影响，这不仅是对现阶段生态环境相关制度成效的科学评估和现有社会现象的解释，更是有待检验而且十分重要的科学问题，这一研究有助于厘清和理解影响企业绿色投资行为的驱动因素和决策选择，其结论对促进企业可持续发展、改善人居生活环境、实现"双碳"目标和总结中国经验，推进全球气候治理体系的变革与建设等具有重要的理论价值和现实指导意义。

本书的理论价值主要体现在如下方面。

第一，本书通过利用多个外生事件的准自然实验场景（如《环境保护税法》正式施行、《环保法》施行、"$PM_{2.5}$ 爆表"事件等），尝试有效解决遗漏变量、因果关系、样本自选择等内生性问题，力求更好地识别因果关系，从而得出稳健可靠的研究结论。同时，探讨社会公众、分析师、媒体等利益相关主体对企业绿色投资行为的影响，并将制度驱动和市场驱动置于同一理论分析框架，从而丰富和拓展了企业绿色投资行为驱动因素及其效应的相关文献及理论。

第二，中国目前处于特定的发展阶段，一些制度和改革不可避免带有转型过程的特点，路径依赖和历史依赖非常明显，在面临一些具体的改革机遇时，政府往往采取了政策试验和试点的办法，这种改革模式为科学的政策评估及环境政策实施效果的研究提供了契机，以此可以检验相关学术理论的可靠性，为环境政策工具的适用性和有效性提供了理论支持和经验证据。

第三，本书是在"双碳"目标及绿色可持续发展的背景下，以企业绿色投资行为的驱动机制为研究主线，结合财政学、管理学、经济学等交叉学科的相关理论，尝试突破学科藩篱，实现理论与实践的有机融合。运用传统经济学和管理学的研究范式和方法，一方面深入考察企业绿色投资行为的驱动机制及经济后果，另一方面评估环境政策工具的有效性。

本书的应用价值主要体现在如下方面。

第一，随着中国经济规模的扩大，原有粗放型的发展模式将面临严重的资源瓶颈和环境约束，这种发展路径是不可持续的，转变经济发展模式是政府改革的重点。本书从环境政策工具和市场治理维度解析绿色投资及环境治理的内涵，提出一揽子的政策建议和构建环境治理改革框架，有助于促进经济结构转型、推动企业绿色低碳发展。

第二，本书不仅对环境政策工具实施效果进行评估，而且有助于更好地理解不同资源禀赋特征企业的绿色投资行为及其动机，一方面能够带来生态环境的改善，另一方面能推动环境制度建设。这对于企业如何更好地履行环境治理责任以及为政府进一步完善和制定环境政策、加强对企业环境治理的督导与监管具有重要的参考价值。

第三，环境治理是一个综合的系统工程，企业绿色投资是环境治理的一个载体。本书的研究结论有助于更好地理解和认识制度与市场驱动对企业绿色投资行为的积极作用。绿色发展既涉及政府的法律及规章制度，也涉及科技水平的进步，不能完全依靠政府或是制度来解决，需要政府监管和市场治理协同，需要构建政府为主导、企业为主体、社会组织和公众共同参与的环境治理体系，引导和激励环境"消费者"自觉自发地保护生态环境。

1.2 研究思路与方法

本书在"双碳"目标及绿色可持续发展的背景下，以企业绿色投资行为的驱动机制为研究主线，整合财政学、管理学、经济学等多学科的相关理论，从理论和实证两方面深入考察企业绿色投资的驱动机制及其效应。沿着"提出问题—分析问题—解决问题"的整体思路，遵循"事实归纳、原因分析、微观基础、战略思路"这样一种内在逻辑联系，使研究立足于中国实际情况，注重全局性的理论创新，同时将政策建议建立在扎实的数据分析和科学的研究方法的基础之上，为政策提供可行的指标和策略集。本书的研究思路如图 1.1 所示。

具体概括为以下几个方面。①根据现实背景和现象描述，对研究背景和意义进行凝练，进而提出研究问题和明确研究目标。②通过文献研究方法，梳理影响企业绿色投资行为的相关理论和对企业绿色投资行为的研究现状及发展动态进行回顾与评述。③将企业绿色投资行为的驱动机制分为制度驱动和市场驱动两部分，并对其影响企业绿色投资行为的机理进行分析，采用计量模型识别其因果关系。其中，制度驱动主要包括绿色税制对企业绿色投资和技术创新的影响、环保补贴对企业绿色投资行为的影响、

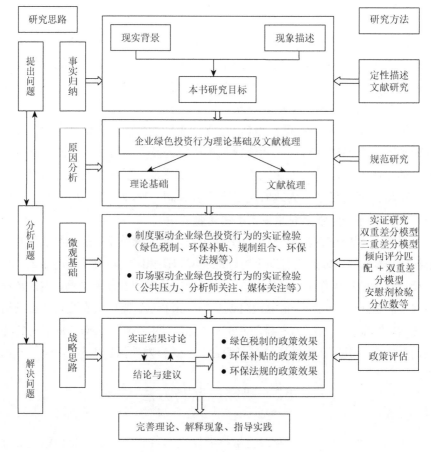

图 1.1　本书的研究思路

规制组合对企业绿色投资行为的影响、环保法规对企业绿色投资行为的影响等；市场驱动则主要包括公共压力对企业绿色投资行为的影响、分析师关注对企业绿色投资行为的影响、媒体关注对企业绿色投资行为的影响等。④相关环境政策评估，并根据实证结果，结合理论研究，分析绿色税制、环保补贴、环保法规等相关环境政策工具的有效性。⑤总结研究结论并提出相关政策建议，完成本书的研究目标，其结论不仅可以完善理论，而且可以解释现象和指导管理实践。

结合本书的研究思路，研究严格遵循"定性—定量—定性"的过程，将动态和静态的分析方法结合，具体研究方法概括如下。

第一，问卷调查和文献研究相结合的方法。通过对来自不同省份实务界和 MBA（master of business administration，工商管理硕士学位）、MPAcc（master of professional accounting，会计硕士）同学进行问卷调查，确定企业绿色投资行为驱动机制这一研究问题和明确及细分研究目标，为后续实证研究奠定基础。同时，广泛查阅国内外文献，对企业绿色投资的决定因素以及环境政策工具的相关研究进行梳理和分析，构建企业绿色投资行为驱动机制的理论分析框架，为研究问题、实证研究及政策制定提供理论依据。

第二，实地调查与案例研究相结合的方法。采用演绎推理、归纳推理和规范判断的方法，从"具体—抽象—具体"这一动态过程，通过选择典型案例并进行实地调查和访谈，结合案例特征进行归纳、总结和创新，去粗取精，去伪存真，推导出符合中国情景模式下可供检验的假说，力求更好地释疑中国的经济现象和企业绿色投资行为。

第三，规范研究与实证研究相结合的方法。从财政学、管理学、经济学等多学科视角出发，整合各交叉学科的相关理论构建驱动企业绿色投资行为的扩展性分析框架，并借鉴已有文献构建计量模型，利用国泰安数据库（CSMAR）、万得（Wind）、锐思数据（RESSET）、CNRDS（Chinese Research Data Services Platform，中国研究数据服务平台）、迪博（DIB）等数据库及手工收集整理的数据资料进行实证检验，针对第二篇（第 3 章至第 7 章）和第三篇（第 8 章至第 10 章）的研究内容，按照"研究问题提出—理论分析与研究假说—研究设计—统计检验和分析—结论解释与政策建议"的步骤进行。

1.3 研究目标与内容

本书旨在探讨企业绿色投资行为的驱动机制、评估环境政策工具的有效性以及企业绿色投资行为的经济后果。遵循"事实归纳、原因分析、微观基础、战略思路"这样一种内在逻辑联系，沿着"政府监管—市场治理"的逻辑渐进式推进，基于制度和市场双驱动视角，通过深入、细致、系统、全面的研究，拟达到以下三个研究目标。

首先，环境经济学与生态经济学对环境污染及其治理有诸多的理论解释，但是很显然，中国环境污染及治理的机理与既有理论存在某种程度的脱节。本书将突破既有思想，将环境经济学、制度经济学、财政学、管理学等多个交叉学科结合起来，基于制度和激励的根源视角探寻中国企业绿色投资行为的影响及其作用机制，从而为绿色发展寻找行之有效且具有普适性的政策出路。

其次，为了治理生态环境问题，政府在诸多方面实施过政策试点和实验。本书一方面以环境政策工具作为切入点，评估绿色税制、环保补贴、环保法规等环境政策工具在激励企业绿色投资行为方面的作用；另一方面以市场治理为切入点，探讨社会公众、分析师、媒体等市场力量对企业绿色投资行为的影响。通过理论与实证分析，检验相关学术理论的可靠性，验证和评估环境政策工具的有效性和普适性，并综合研究这些环境政策工具和市场力量的协同对绿色投资的结构性效应和适用性作出评价，从而丰富当前中国的环境治理制度改革、监管框架及政策工具。

最后，以《环境保护税法》施行、《环保法》施行、"PM$_{2.5}$爆表"事件等准自然实验情境，利用双重差分模型的政策评估模型，通过严谨的研究设计和统计检验方法，验证、修正或拓展现有理论，提高研究结论的可靠性和普适性，为企业绿色投资及其环境治理的政策制定和监管提供理论依据和决策支持。进一步总结政府在环境治理制度改革过程中的得与失，对于现有制度的有效性和外部性进行定性和定量的细致研究，将国外成熟的理论框架和先进的研究范式与中国的企业绿色投资及环境治理管理实践相结合，提出行之有效的政策性建议，以期完善理论、解释现象和指导环境治理实践。

根据本书的研究目标，以企业绿色投资行为的驱动机制为研究主线，结合财政学、管理学、经济学等多学科的相关理论，从理论和实证两方面深入考察企业绿色投资的驱动机制及其效应，本书研究内容框架如图1.2所示。

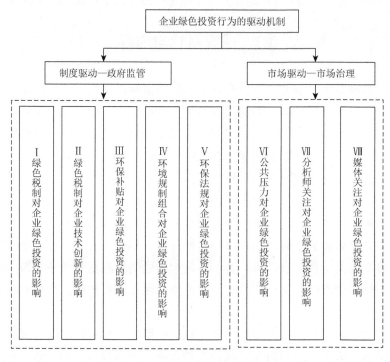

图 1.2　本书研究内容框架

具体来说，本书基于制度驱动和市场驱动两个维度重点考察 8 个具体问题。

首先，基于制度驱动视角，探讨绿色税制、环保补贴、环境规制组合以及环保法规等对企业绿色投资行为的影响及其作用机制。绿色税制是政府采用财政手段将企业环境污染的社会成本内部化的重要工具，问题Ⅰ着重考察绿色税制对企业绿色投资的影响；"波特效应"假说认为，严格合理的环境规制有利于提高企业技术创新，问题Ⅱ则是沿袭问题Ⅰ，对"波特效应"假说进行检验；环境外部性使得企业缺乏足够的环境治理动机，政府环保补贴作为一项重要的支持政策，问题Ⅲ旨在考察环保补贴对企业绿色投资行为的影响及其经济后果；政府环保补贴能否提高企业绿色投资水平以及这一影响是否受到不同环境规制的影响，问题Ⅳ则是沿袭问题Ⅲ，基于两个外生政策冲击事件考察规制组合对企业绿色投资水平（即环保补贴绩效）的影响；问题Ⅴ则是以我国 2015 年全面修订的《环保法》正式施行为准自然实验事件，系统地考察了环保法规对不同产权性质的企业绿色投资行为的影响及其效果。

其次，基于市场驱动视角，探讨公共压力、分析师关注、媒体关注等对企业绿色投资行为的影响及其作用机制。公共压力是驱动企业绿色投资的一个重要因素，问题Ⅵ系统地考察了"$PM_{2.5}$ 爆表"事件后国际化程度对企业绿色投资的影响机理和作用机制；发挥资本市场对企业环境治理的支持作用，是推进绿色发展的一项重要举措，问题Ⅶ系统地考察了分析师关注对企业绿色投资行为的影响，并进一步探讨其作用机制；被誉为"第四权力"的媒体，是资本市场的监督者，也是驱动企业绿色投资的重要力量，问题Ⅷ则是考察了媒体关注对企业绿色投资行为的影响。

全书共十一章，分为三篇，其中第一篇是：研究议题与文献综述（第 1 章和第 2 章）；第二篇为：制度驱动与企业绿色投资（第 3 章、第 4 章、第 5 章、第 6 章和第 7 章）；第三篇为：市场驱动与企业绿色投资（第 8 章、第 9 章和第 10 章）。第 11 章为本书的研究总结与未来研究方向。各章节的主要内容阐述如下。

第 1 章为绪论。主要对问题的缘起和研究设计做了介绍。具体包括选题的研究背景与意义、研究思路与方法、研究目标与内容、研究贡献与创新。

第 2 章为理论基础与文献综述。主要针对影响企业绿色投资行为的相关理论进行了介绍；同时，对企业绿色投资行为影响因素方面的文献进行了回顾和评述。

第 3 章为绿色税制与企业绿色投资。绿色税制是政府采用财政手段将企业环境污染的社会成本内部化的重要工具，本章基于《环境保护税法》税制改革所产生的准自然实验变化，采用双重差分模型检验了绿色税制对重污染企业绿色投资的影响。

第4章为绿色税制与企业技术创新。"波特效应"假说认为，严格合理的环境规制有利于提高企业技术创新，本章利用《环境保护税法》这一准自然实验的外生事件，采用双重差分模型检验了绿色税制对企业技术创新水平的影响。

第5章为环保补贴与企业绿色投资。政府环保补贴作为一项重要的支持政策，能否有效地激励企业进行绿色投资行为有待检验。本章从资源获取和信号传递的角度探讨了环保补贴对企业绿色投资的影响，并考察产权性质、行业属性和环保经历等企业异质性特征对环保补贴有效性的调节效应。

第6章为环境规制组合与企业绿色投资。本章基于两个外生政策冲击事件检验了环境规制组合对企业绿色投资水平的影响，尝试对单一环境规制和环境规制组合对企业绿色投资行为的激励效果进行微观解读。

第7章为环保法规与企业绿色投资。环境污染和生态破坏属于市场失灵的一部分，需要政府采用环境政策工具对市场经济进行调整，达到经济发展与环境治理的均衡。本章基于《环保法》施行这一准自然实验事件，系统地检验了环境规制对不同产权性质的企业绿色投资行为的影响及其效果。

第8章为公共压力与企业绿色投资。社会公众是环境污染治理的重要力量之一，其所形成的公共压力也是驱动企业绿色投资的一个重要因素，本章借助"$PM_{2.5}$爆表"事件所带来公共压力变化作为外生冲击，系统地考察了"$PM_{2.5}$爆表"事件后国际化程度对企业绿色投资的影响及作用机制。

第9章为分析师关注与企业绿色投资。发挥资本市场对企业环境治理的支持作用，是推进绿色发展的一项重要举措。作为专业化的资本市场信息中介，分析师也会对企业绿色投资行为产生重要影响。本章系统考察了分析师关注对企业绿色投资的影响及其作用机制。

第10章为媒体关注与企业绿色投资。被誉为"第四权力"的媒体，是资本市场的监督者，也是驱动企业绿色投资的重要力量之一。媒体关注是一种重要的外部监督机制，通过舆论压力对企业形成一种环境合法性压力，进而驱动企业绿色投资行为。本章借助"$PM_{2.5}$爆表"事件作为外生冲击，检验了媒体关注对企业绿色投资的影响。

第11章为研究总结与未来展望。主要对全书的研究结论进行梳理和总结，强调本书研究的结论并突出研究意义，阐述研究局限性和未来可能的研究方向。

1.4　研究贡献与创新

总体来看，企业绿色投资及环境治理是"功在当代、利在千秋"的大工程，长期效应远远大于短期效应，这意味着政策的实施不仅会遇到现实的障碍，而且政策方案会受到既有政策路径依赖的影响。同时，环境污染的现状不是单一因素所致，而是众多因素交互影响的结果，因而企业绿色投资及环境治理也会受到众多因素的影响。本书沿袭"政府监管—市场治理"的逻辑思路，协同主要的环境政策工具和市场力量，将制度驱动和市场驱动置于同一研究框架。这一贯彻全局性的研究设计，构建了完整、清晰、有效的理论分析框架，有助于深入探讨企业绿色投资行为的驱动机制及其效应，便于取得重要、创新的理论和实证成果，而非单纯的数据挖掘或简单的现象描述，无论在设计上还是理论上都有所创新。

本书可能的理论贡献与创新具体体现在以下几方面。

第一，从政府财税政策调控视角丰富和拓展了企业绿色投资及环境治理方面的文献。已有文献主要集中在政府监管、环保核查、环保法规、环保约谈等环境管制以及非正式制度等视角，探讨其企业绿色投资及环境治理的影响，较少关注财税政策的影响，而本书较为系统地识别和审视了绿色税制对企业绿色投资行为的影响，可以有效弥补现有文献的不足。同时，从政府财税政策调控视角丰富和拓展了绿色税制改革和企业技术创新研究的相关文献，也为"波特效应"假说提供了一个可能的理论支撑。

第二，从政府环境激励机制视角丰富和拓展了企业绿色投资及环境治理方面的文献。已有研究文献大多集中在环境规制如何将环境外部成本制度化和内部化方面，较少涉及环境激励机制和政策对企业绿色投资及环境治理的影响，而本书基于资源获取和信号传递的角度系统考察了环保补贴政策对企业绿色投资的影响，丰富和拓展了企业绿色投资及环境治理方面的文献。同时，以往研究大多集中在单一环境规制工具对企业绿色投资水平的影响，较少涉及组合环境规制工具对企业绿色投资水平影响的考量，本书则是尝试从组合环境规制工具视角考察环保补贴的绩效，拓展和丰富了现有关于企业绿色投资及环境治理的相关文献。

第三，从产权性质差异视角丰富和拓展了企业绿色投资及环境治理方面的文献。环境污染物中超过 80%来源于企业生产，而国有企业在中国经济中仍占主体地位，然而已有文献并没有对所有制性质差异如何影响企业绿色投资行为进行深入研究，本书利用新修订《环保法》正式施行这一准自然实验，系统考察了不同产权性质企业绿色投资水平，不仅可以有效弥补现有文献的不足，而且丰富和拓展了企业绿色投资水平影响因素方面的文献。

第四，从市场驱动视角丰富和拓展了企业绿色投资及环境治理方面的文献。本书基于公共压力、分析师关注、媒体关注等视角系统考察了其对企业绿色投资行为的影响及作用机理，扩展了企业绿色投资及环境治理的理论、途径以及研究边界。同时，丰富了企业国际化战略如何影响公司财务行为方面的研究。

第五，本书基于准自然实验情境的识别，利用多个政策或事件冲击导致的外生性，运用双重差分模型、三重差分模型、倾向评分匹配、安慰剂检验等方法，最大程度上缓解了政策评估中的内生性问题干扰，更好地识别因果关系，进而对环境政策工具的实施效果进行了评估，为环境政策工具的适用性和有效性提供了理论支持和经验证据。

第六，本书立足于中国实际情况，注重全局性的理论创新，同时将政策建议建立在扎实的数据分析和科学的研究方法的基础之上，研究结论不仅为政府部门完善和制定相关环境政策提供了理论基础和决策依据，而且对增强企业的环保意识和社会责任感，加快企业转型升级步伐，加大治污减排力度，实现绿色低碳发展方面具有重要的现实意义。

第 2 章　理论基础与文献综述

生态环境资源满足公共物品的所有外部属性，具有典型的外部性特征，并且环境治理的收益小于成本，使得企业缺乏足够的环境治理动机。本章先梳理和阐释驱动企业绿色投资行为的相关理论，进而对企业绿色投资行为影响因素方面的文献进行了回顾和评述。

2.1　理　论　基　础

2.1.1　制度理论

考察企业决策行为和公司治理问题必须准确把握所在地的制度环境，由于企业总是处于特定的制度环境中，其决策行为必然内生于企业所处的制度环境。因此，从制度视角考察企业决策行为异质性应当是公司治理与财务会计研究的逻辑起点和基础（Williamson，2000；夏立军和陈信元，2007）。当前，中国正处在一个转型的时代，制度理论可以对经济现象给出简洁而有力的解释。制度，"制"有限制、节制之意，"度"有标准、尺度的含义，合起来可将制度解释为节制人们行为的尺度，换言之，制度是指要求成员共同遵守的、按照一定程序行事的规则。

在一个机械理性主义的世界中，制度没有存在的前提和必要（诺思，2008）。然而，现实中并不存在理想主义的世界，由于信息不完全性和处理信息能力有限，为确保履约得以顺利进行，必然要对人们行为加以限制和约束，这就形成了制度的组织基础。从理论上来看，制度①是一个人为设计的构造，人与人之间互动的约束，也称社会的游戏规则，或称博弈规则，它规制和约束着人们的行为，这种规则又分为正式制度（如法律、规章、产权制度和契约等）和非正式制度（如文化、习俗、惯例、道德、信仰等）。

---

① 关于制度的含义具有多样性，但是基本含义是一致的。例如，Veblen（1899）认为，制度是指个人或社会对有关的某些关系或者某些作用的一般思想习惯，其含义更多地体现出强调制度的重要性；Commons（1934）认为，集体行动控制个体行动；Schultz（1968）认为，制度是一种涉及社会、政治及经济的行为规则；Sameuls 和 Bromley（1990）认为，制度是确定个人、企业、家庭和其他决策群体作出行动路线选择的选择集的规则和行为准则，由行为准则和规则、所有权两部分组成。青木昌彦等（2000）认为，制度既是博弈规则，又是博弈均衡。

Coase（1937，1960）最早认识到交易费用这一概念在制度经济分析中的重要性[①]，并把制度变量引入市场经济分析中，考察市场机制如何有效配置稀缺资源以提高经济绩效。制度经济学强调制度的重要性，其演进是社会发展的主要原因，强调交易者总是在一定的约束条件下追求目标函数的最大化，是对人类历史最有解释力的重要理论之一（盛洪，1993）。新制度经济学在研究制度时保留了正统的新占典主义的三个内核（稳定性偏好、理性选择和均衡分析方法），植入了信息、交易成本以及产权约束条件并且修正了正统的新古典经济学的保护带（Lakatos et al.，1970）。

交易费用是制度形成的基础，制度安排影响市场交易成本，它对经济绩效和经济增长的影响是毋庸置疑的，不同经济的长期绩效差异从根本上会受到制度演化方式的影响（North，1990）。实际上，制度是人为设计出来的约定人们行为的游戏规则，用以限制人们相互交流行为的框架，包括规制性（regulative）、规范性（normative）和文化认知性（cultural cognitive）三大基础要素，以此来约束人们的互动关系、规制和调节人们的行为（Scott，2008）。表 2.1 列示了制度三大基础要素的比较。

表 2.1　制度三大基础要素的比较

项目	要素名称		
	规制性	规范性	文化认知性
遵守基础	权宜性应对	社会责任	视若当然、共同理解
秩序基础	规制性规则	约束性期待	建构式图式
扩散机制	强制	规范	模仿
逻辑类型	工具性	适当性	正统性
系列指标	规则、法律、奖惩	合格证明、资格承认	共同信念、共同行动逻辑、制度同形
情感反应	内疚/清白	羞耻/荣誉	确定/惶惑
合法性基础	法律制裁	道德支配	可理解、可认可的文化支持

资料来源：Scott（2008）

制度的规制性基础要素包括强制性暴力、奖惩和权宜性策略反应，并因非正式的惯例、习俗和正式的规制、法律等的出现得到改变，是一种起支配作用的制度；规范性基础要素包括价值观和规范，并且共同的信念和价值观更有可能成为秩序的基础，对社会行为施加一种限制；文化认知性

[①] 交易费用是指达成契约和契约执行过程中所引起的成本，通俗地讲，就是人与人之间打交道的费用。

基础要素构成了组织与行动者在建构意义时所依赖的认知框架（Scott，2008）。三大基础要素构成了一个连续体，一端是合法地实施的要素，另一端则被视为当然的要素（Hoffman，1997）。

制度的目的是个人行为沿着特定的方向提供一种指引，从而降低制度的不确定性（North，1990）。Alchian 和 Demsetz（1972）意识到非正式制度在团队生产中起着重要的作用，认为具有团队精神和忠诚的团队可以减少偷懒行为。

事实上，法律、产权等正式制度为生活与经济奠定了秩序基础，尽管正式约束非常重要，但也只是制度中的很小一部分，即便在那些最发达的经济体中也是如此，而非正式约束则普遍存在于日常生活和经济活动之中，与人的动机、行为有着密切的内在联系。

制度理论的核心命题是制度同形能否带来组织合法性（Deephouse and Carter，2005）。组织合法性是组织的利益相关者或旁观者对组织的认可，要实现这种认可，需要将组织的价值体系与其生存的社会价值体系趋同（Suchman，1995）。事实上，企业绿色投资行为是企业向社会公众等利益相关者表达其重视环境和保护环境的载体和路径。通过这种方式，企业旨在获得社会公众和其他利益相关者的接受，并进而获得合法性认同。通常，将影响环境保护和改善环境的制度称为环境规制，它是直接或间接地解决环境问题的一种正式制度，也可称为环境政策。环境规制有别于其他规制，不仅调整人与人之间的关系，而且调整人与自然的关系，强调保护人与自然和谐共处的关系和秩序（董颖和石磊，2013）。

环境规制是促使经济主体采取环境保护行动的重要手段和工具（Rugman and Verbeke，1998），在环境治理与保护中具有基础性的作用，并可能会影响到其他制度效应的发挥，是驱动企业绿色投资行为的重要机制。环境污染和生态破坏属于市场失灵的一部分，需要政府采用环境规制工具对市场经济进行调整，达到经济发展与环境治理的均衡。例如，2015 年施行的《环保法》对可能造成环境污染的企业进行了更加严格的监管和限制，对政府、对企业、对社会均具有较强约束力，尤其是在治污的处罚方面，在多管齐下的措施中，根治"守法成本高，违法成本低"顽疾。

同样重要的一个事实是，与环境相关的财政政策在驱动企业绿色投资行为、激励和约束企业积极参与环境治理中发挥着独特作用。例如，2016 年 12 月出台的《环境保护税法》，堪称中国税制绿色化进程的里程碑事件。该法案针对大气污染物、水污染物、固体废物和噪声等四大类 117 种主要污染因子进行征税。这一环境规制旨在将企业环境污染的社会成本内部化，体现了"谁污染，谁付费，谁治理"的原则，很好地解决了其他政策在保护环境时出现的外部性问题，也是驱动企业绿色投资行为的一个重要机制。

值得注意的是，环境外部性特征使得企业缺乏足够的环境治理动机，因而用环境法律法规中对经济主体的环境保护行为予以鼓励和支持的政策，来激励经济主体保护生态环境和积极参与环境治理。例如，《环保法》（2015 年 1 月 1 日施行）的第十一条、《环境保护税法》（2018 年 1 月 1 日施行）第二十四条等。政府环保补贴作为一项重要的财政支持政策，同样也是企业绿色投资行为的一个重要的驱动机制。

2.1.2 双重红利理论

公共物品具有非竞争性和非排他性特征，因此在使用过程中容易诱发"公地悲剧""搭便车"等外部性问题（Samuelson，1954）。生态环境资源是可以免费享受的公共产品，满足公共物品的所有外部属性，具有典型的外部性特征（胡珺等，2017），并且绿色投资及环境治理的收益小于成本，从理性经济人出发，治理者并没有积极进行环境治理的动力，因而如何将环境的外部性成本制度化和内在化是解决生态环境污染的一个关键问题（Cheng et al.，2022）。福利经济学创始人 Pigou（1920）在其《福利经济学》著作中率先提出"庇古税方案"，倡导采用税收手段将环境污染带来的外部性问题转为排污者内部成本，即将外部性成本制度化和内在化。随后Tullock（1967）、Sandmo（1975）认为对污染产品征收庇古税在增加税收的同时还可以矫正外部性的功能，这些学术观点形成了绿色（环境）税收的双重红利理论雏形。Pearce（1991）在庇古的基础上，形成和发展了绿色税收的双重红利理论，认为征收绿色税收[①]既可以带来环境质量改善，又可以实现长期可持续的经济增长。

根据 Pearce（1991）提出双重红利理论，绿色税收改革可能产生双重收益，对其内涵可以概括为以下两点。一是环境红利，也称"绿色红利"。绿色税收的开征，将企业环境污染的社会成本内部化，有助于抑制污染和改善生态环境质量，实现环境保护的目标（Bosquet，2000；Cheng et al.，2022；张彩云，2020）。二是经济红利，也称"蓝色红利"。按照财政收入中性的改革原则，由于绿色税收改革将税收负担由扭曲性较高的税种转嫁

---

① 绿色税收是环境税和生态税的代名词，是一切有益于环境保护与生态建设的各种税费的形象表达。

到扭曲性较低的税种，促进帕累托改进，从而创造更多的社会就业、促进国民生产总值持续增长等，进而提高经济效益（de Mooij，2000；毛恩荣和周志波，2021；赵振智等，2023）。

Goulder（1995）根据绿色税收的内涵、功能及强度将"双重红利"划分为两种类型：一类是强式双重红利，强调绿色税收兼具"绿色红利"和"蓝色红利"双重效应；另一类是弱式双重红利，强调绿色税收主要效应表现在"绿色红利"方面，尚未发挥出"蓝色红利"效应，即绿色税收有助于改善环境质量。事实上，人们之所以对绿色税收的潜在形式和使用有浓厚的兴趣，以应对负面的环境外部性，这在一定程度上可以归因于双重红利，即在引入税收以减少负面环境外部性时可能出现的现象。如果绿色税收带来环境质量的改善（"绿色红利"）和效率的提高，而这仅仅是因为征收绿色税所带来的税收制度的变化，以及随之而来的先前存在的扭曲性税收的减少（"蓝色红利"），那么就意味着存在强式双重红利效应（Fraser and Waschik，2013）。

绿色税收调节、改善生态环境已成为助推国家绿色发展的重要制度设计（刘隆亨和翟帅，2016；Cheng et al.，2022）。实际上，要实现绿色税收这一制度设计所带来的双重红利，会受到诸多因素的影响，是一个复杂的系统工程，具体可以分为三个阶段：第一阶段定位于绿色税收保护环境和实现"绿色红利"；第二阶段是绿色税制改革在实现"绿色红利"的同时，对绿色税进行适应性结构调整以保持税收中性；第三阶段是绿色税收的终极目标，即实现"绿色红利"和"蓝色红利"的双赢目标（俞杰，2013；蒙强等，2016；牛欢和严成樑，2021）。

中国绿色税始于 2013 年党的十八届三中全会决定推进环境保护费改税任务，2014 年制定了草案稿，2015 年公布了征求意见稿及说明全文，2016 年全国人大常委会会议表决通过，于 2018 年正式施行。总体来看，还处于渐进性改革阶段，依据双重红利理论，绿色税收对环境治理改善的"绿色红利"效应并不因其类型或所处阶段而发生实质变化。因此，按照双重红利理论逻辑，绿色税收的开征是驱动企业绿色投资行为的一个重要机制。

2.1.3　代理理论

代理成本是交易成本在委托代理合约中的具体化（Coase，1937，1960；Williamson，1979）。产权理论认为，交易费用是人与人之间的交互行动（Trans-action）所引起的成本。在产权经济学的分析框架中，交易的实质是产权的交换，交易费用是产权进行交换的成本，具体可分为两类：第一类是计量成本（measurement cost），指的是信息传递成本，以此确定产权交换的价值；第二类是执行成本（enforcement cost），指的是履行合约成本，确保产权交换价值得以顺利执行（Alchian and Demsetz，1972；Cheung，1983；Williamson，2000；Cheng and Lu，2023；李增泉和孙铮，2009；刘浩等，2015；程博等，2016；蓝紫文和李增泉，2022；刘浩和徐华新，2023）。

企业是一系列合约缔结的联合体（Coase，1937；Cheung，1983）。契约具有不完备性以及交易成本普遍存在的特征，使得公司行为出现异化（Allen et al.，2005）。科斯理论的精髓是企业对市场价格机制的取代，企业被视为一个团队生产，与市场相比，团队生产（企业）更能节约交易成本，但在这个团队中，由于信息不完全和信息不对称，团队生产中不可能完全避免机会主义行为，无法准确地确定每个成员在团队中的贡献，并根据贡献来进行合理的激励和经济收入分配，以致出现偷懒或"搭便车"的现象，激励和监督是解决这一问题的有效手段（Alchian and Demsetz，1972）。

如果不能很好地解决偷懒行为，团队生产的好处将被某些成员的偷懒行为所抵消（Alchian and Demsetz，1972）。激励和监督是解决团队生产中偷懒行为的有效方式，但这些方式都需要信息。代理理论认为，企业运营环境中存在多级代理问题，由于代理人与委托人的效用函数差异，在信息不对称的环境中，代理人偏离委托人利益的自利行为可能性更大（Jensen and Meckling，1976；Eisenhardt，1989）。

所有权与经营权相分离是现代公司制企业最显著的特征，由于委托代理问题的存在，管理者出于私有收益的考量，在公司的经营和投资决策中往往会表现出道德风险行为（Jensen and Meckling，1976；程博等，2018）。通常，股东往往倾向于高风险和高收益的投资机会，但是企业管理层在面临绩效考核、雇佣风险、声誉等压力时，会优先把资源配置在可以带来确定回报的项目上（Alchian and Demsetz，1972；Fama and Jensen，1983；Campbell et al.，2011；程博等，2018）。具体到企业绿色投资行为，不仅需要耗费大量的资金，而且为企业带来的直接经济利益甚微，由于经济效益远远低于环境效益和社会效益，企业往往很少主动进行环境治理，往往表现出较低的绿色投资水平（Cheng et al.，2022；张济建等，2016；程博和毛昕旸，2021）。毫无疑问，基于代理理论逻辑，管理层与股东效用函数的差异，可能导致管理层作出削减对财务绩效不能"立竿见影"的绿色投资决策，因此，除了制度驱动企业绿色投资之外，宜协同社会公众、分析师、媒体等市场力量来驱动企业保护生态环境和加大绿色投资力度。

2.1.4　理论分析框架

根据前文所述的主要理论基础[①]，结合本书的研究目标和研究内容，按照"政府监管—市场治理"的逻辑，将制度驱动和市场驱动置于同一分析框架，构建一个企业绿色投资行为驱动机制的理论分析框架，如图 2.1 所示。概括来看，企业绿色投资行为的驱动机制包括制度驱动和市场驱动两部分。其中，前者沿着"政府监管"的逻辑，探讨绿色税制、环保补贴、环保法规等环境相关的政策工具对企业绿色投资行为的影响；同时，后者沿着"市场治理"的逻辑，探讨社会公众、分析师、媒体等利益相关主体对企业绿色投资行为的影响；此外，针对研究具体问题，考察制度和市场协同驱动的互动对企业绿色投资行为的影响。

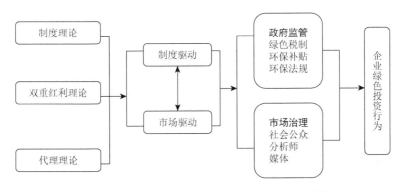

图 2.1　企业绿色投资行为驱动机制的理论分析框架

2.2　文　献　综　述

环境属于公共物品，具有典型的外部性特征，正是由于这一特征使得企业缺乏足够的环境治理动机。理论上来讲，解决环境的外部性问题，需要依靠政府监管（即制度驱动）和市场治理（即市场驱动）的双重力量协

---

① 需要说明的是，本书对驱动企业绿色投资行为的主要理论（如制度理论、双重红利理论、代理理论等）进行了梳理和阐释，实际上还有很多相关的理论影响企业绿色投资行为，但本书并没有一一列举，如利益相关者理论、高阶理论、信号理论等，在后续分析中涉及相关理论，在具体研究问题时也会进行简要的说明。同时，各种理论之间也会存在一定程度的交叉，本书着重强调理论的应用，并没有对各种理论进行详细的区分。

同与互动，约束和激励企业保护生态环境和积极参与环境治理（胡珺等，2017；程博，2019；范子英和赵仁杰，2019；李青原和肖泽华，2020；刘金科和肖翊阳，2022）。

2.2.1　制度驱动因素

制度的目的是规范和约束个体行为，其核心命题是制度同形能否带来组织合法性（North，1990；Deephouse and Carter，2005）。具体来说，影响环境保护和改善环境的制度称为环境规制，也称为环境政策或政策工具，是直接或间接地解决环境问题的一种正式制度，在环境治理与保护中具有基础性和指导性的作用，并可能会影响到其他相关制度效应的发挥，通常是以明确形式确定下来的行为规范、法规、监管等，如相关法律法规及规范等，对行为人的环境行为采取监督以及强制力等手段来干预（激励或约束）企业环境治理行为（Cheng et al.，2022；程博等，2018；张晓晨和程博，2020；程博和毛昕旸，2021）。因而，制度驱动是影响企业绿色投资行为的重要机制之一。通过梳理已有文献，制度驱动对企业绿色投资行为的相关研究可以归纳为以下几方面。

首先，环境税收对企业绿色投资行为的影响。环境效益往往难以量化，这使得评估环境政策的实际效果变得颇具挑战性，并且实施这些政策可能对经济增长和就业产生不利影响，进一步增加了执行环境政策的艰巨性和挑战性。相比其他环境规制工具，环境税是一种比较受欢迎的政策工具，不仅可以应对环境的外部性问题，激励和约束企业保护和改善生态环境，而且可以通过税收的收入来刺激经济增长，即环境税征收存在双重红利效应（Goulder，1995；Fraser and Waschik，2013）。Yamazaki（2022）以加拿大制造业为样本，发现环境税可以通过转移生产资源来提高生产力。Brown等（2022）研究发现，环境税增加了重污染企业使用现有生产技术的成本，这一变化促使企业积极转向绿色投资，采纳并执行更加环保的生产流程与工艺。同时，这也激发了它们在研发领域的投入，以寻求更高效、更环保的技术解决方案。中国企业存在着绿色投资不足的现象（Orsato，2006；宋马林和王舒鸿，2013；张琦等，2019）。为了应对环境压力，企业有强烈的动机增加绿色投资获得合法性认同（Aerts and Cormier，2009；Tang Z and Tang J T，2016；沈洪涛等，2014）。毕茜和于连超（2016）基于面板分位数回归也发现，企业绿色投资水平随环保税额提高而增加。环保税通过平衡污染环境行为的社会成本与私人成本，缓解外部性问题，虽然征收环境税有助于推动重污染企业增加绿色投资，但其力度还不够，需要适度提高税额标准和提升征管质效（陈建涛等，2021）。刘金科和肖翊阳（2022）发现，征收环保税激励企业在末端进行降低环境污染物排放的绿色创新活动。田利辉等（2022）认为环保"费改税"制度变迁形成了一种兼具市场机制和经济激励的政策工具，并以 2016～2019 年中国 A 股重污染行业上市公司为样本进行实证检验，发现"费改税"政策实施对重污染企业预防性绿色投资水平促进作用较为明显，但对治理性绿色投资的促进作用却十分有限。

其次，环保补贴对企业绿色投资行为的影响。环境具有典型的外部性特征，并且绿色投资及环境治理的收益与成本是非对称性的，以至于企业参与环境治理的主动性较差。企业绿色投资具有投资期限长、成本高、收益不确定性等特点，并不能在短时间内改善企业财务绩效，政府提供的环保补贴可以降低企业环境治理的边际成本，有助于纠正绿色投资中的市场失灵（张济建，2016；崔广慧和姜英兵，2019）。环保补贴和环境税收都属于财政政策范畴，同样为企业绿色投资及环境治理提供了制度基础和治理动力，其重要作用也不能忽视。理论上讲，政府对经济主体的环保补贴不仅可以缓解融资约束，为企业绿色投资行为提供了资金来源，降低了绿色投资的成本，而且具有质量甄别和信号传递的作用，有助于减少经济主体与资金提供者之间的信息不对称（Richardson and Welker，2001；Verrecchia，2001；Dhaliwal et al.，2012；刘常建等，2019）。李青原和肖泽华（2020）研究发现，环保补贴是针对绿色投资的一项专项补助，其资金用途受《关于加强环境保护补助资金管理的若干规定》等制度文件限定，其补贴效应表征在绿色投资水平上而非绿色创新水平上。唐大鹏和杨真真（2022）以 2011～2018 年中国 A 股上市公司为样本考察了地方环境支出对企业绿色技术创新的影响，发现地方环境支出通过环保补贴这一传导路径促进了企业绿色技术创新。Song 等（2020）以 2007～2016 年中国 A 股上市公司为样本进行实证检验，发现获得环保补贴的企业显著增加了绿色投资水平。Nagy 等（2021）研究发现，如果一次性环保补贴的取消概率较大，企业会提高绿色投资的速度但并不能提高绿色投资规模；当政府增加环保补贴时，企业也会提高绿色投资的速度但会减少绿色投资规模。可见，环保补贴对绿色投资行为的驱动作用并没有得到一致的观点，还需要进一步探索和验证。

再次，环保法规对企业绿色投资行为的影响。环保法规在企业绿色投资及环境治理中发挥着基础性和指导性的作用，同时也会影响到其他制度效应的发挥（王少波和郑建明，2007；李树和陈刚，2013；梁平汉和高楠，2014；范子英和赵仁杰，2019）。尤为重要的是，环保法规是影响企业绿色投资决策并有效地解释企业绿色投资行为差异的一个关键所在（Dasgupta et al.，2001；Jackson and Apostolakou，2010；Kolk and Perego，2010；Pagell et al.，2013；Kim et al.，2017；Cheng et al.，2022；葛察忠等，2015；王云等，2017；沈洪涛和周艳坤，2017；翟华云和刘亚伟，2019；刘金科和肖翊阳，2022）。虽然环保法规对企业绿色投资行为及环境治理的重要性不言而喻，但现有研究并没有形成共识，目前存在四种不尽一致的观点，即环保法规与企业绿色投资行为之间呈正相关、负相关、"U"形或倒"U"形关系。多数学者认为，随着各种环保法规及规章制度的出台，迫使"被动"治理变为"主动"治理，不仅增加企业绿色投资的意愿，而且有助于获取合法性认同（Farzin and Kort，2000；Jaffe et al.，2003；Taylor et al.，2005；Aerts and Cormier，2009；Tang Z and Tang J T，2016；Martin and Moser，2016；胡元林和李茜，2016；毕茜和于连超，2016；张济建等，2016；谢智慧等，2018；唐国平和刘忠全，2019；邓博夫等，2021；谢宜章和邹丹，2021；吴建祖和王碧莹，2023）。也有少数学者发现环境规制工具与企业绿色投资之间呈负相关关系（马珩等，2016）、"U"形关系（唐国平等，2013；李月娥等，2018）或倒"U"形关系（李强和田双双，2016）。为何学者所得结论存在差异？可能在检验时所采用的环保法规不同（表现不同政策效应）、所采用的样本区间相异（多个政策效应叠加或扰动）抑或研究设计存在差异等。有学者选择不同应用场景和研究设计有一些发现。例如，Huang和Lei（2020）以2008~2016年中国上市公司数据为研究样本，将环保法规分为三类，实证发现指挥控制环境规制与企业绿色投资之间呈倒"U"形关系，而市场化和公众参与的环保法规与企业绿色投资显著正相关。Ji等（2017）以中国火力发电厂为研究对象，发现监管政策对火力发电厂绿色投资行为的影响，长期保护政策较应急响应政策对火力发电厂绿色投资的促进作用更为明显。张琦等（2019）利用《环境空气质量标准》的实施为准自然实验，发现高管具有公职经历的企业的绿色投资水平在新标准实施后显著高于其他企业。刘媛媛等（2021）利用2015年《环保法》施行为准自然实验，发现高法治水平地区的重污染企业在2015年《环保法》施行后绿色投资水平显著提升。

最后，其他相关制度也会对企业绿色投资行为产生影响。除了环境税、环保补贴、环保法规等正式制度因素影响企业绿色投资行为之外，其他一些监管方式和相关制度的作用也不容忽视。例如，为了有效督促地方政府加强环保工作，生态环境部对环保履职不力或是不履职的地方政府部门及其相关责任人依法进行约谈，自2014年约谈制度实施以来，取得了较好的效果（石庆玲等，2017；吴建祖和王蓉娟，2019）。环保约谈是环保法规的衍生制度，作为一种全新的行政监督方式，对企业绿色投资行为及环境治理也会产生较大影响，于芝麦（2021）以 2008~2019 年中国上市公司数据为研究样本，实证发现环保约谈制度显著促进了企业绿色创新，并且这一效应还会受到环保补贴政策的影响。2015 年《环境保护督察方案（试行）》出台，即约谈制度的又一创新，超越了科层制的运作逻辑，促进地方政府加强环境治理（Wang and Lei，2020）。已有研究发现，环保督察制度显著提升了重污染企业绿色投资水平（杜建军等，2020；谭志东等，2021；杨柳勇等，2021），并且能够提升重污染企业的绿色创新水平（李依等，2021）以及淘汰落后生产设备并减产（毛奕欢等，2022）。此外，绿色信贷政策对企业绿色行为具有引导作用，显著提升了企业绿色投资水平（陈幸幸等，2019；祝贺缤和任薇薇，2021；舒利敏和廖菁华，2022；丁杰等，2022；宋跃刚和靳颂琳，2023）。

2.2.2　市场驱动因素

除了制度驱动因素以外，市场驱动是影响企业绿色投资行为的另一个重要机制。环境治理需要制度与市场协同互动，应对社会公众、市场中介、媒体等在环境治理中发挥的监督约束职能给予充分的关注，切实激励和约束企业保护生态环境，提高企业环境治理水平。通过梳理已有文献，市场驱动对企业绿色投资行为的相关研究可以归纳为以下几方面。

首先，社会公众对企业绿色投资行为的影响。环境资源是公共物品，所有人都有权利使用并有责任保护，虽然社会公众并不是环境治理的决策者，但作为参与主体，可以向制度供给者和环境治理行为的决策者表达自身诉求，因而社会公众参与在环境保护与治理中发挥着不可替代的作用（秦鹏等，2016）。已有研究表明，公众参与影响地方干部的环保政策制定倾向（Tiebout，1956；List and Sturm，2006；Hårsman and Quigley，2010）。通常而言，公众参与是环境污染治理的重要力量之一，参与环境治理的形式也是多种多样的，如信访、投诉、参与非政府环境组织等形式，无论采用何种形式，公众积极参与都有助于减少污染排放和驱动企业采取清洁的生产和绿色投资的行为（Langpap and Shimshack，2010；Dong，2011；Saha and Mohr，2013；Li et al.，2018；Bonsón et al.，2019）。Wang 和 Di（2002）以中国的 85 个城市为样本，研究发现辖区居民对环境污染的抱怨（投诉）显著提升了地方政府对当地环境污染的治理水平。郑思齐等（2013）则以中国的 86 个城市为样本，研究发现公众参与有助于地方政府通过环境治理投资、改善产业结构等方式加强城市环境保护与治理。Liao 和 Shi（2018）利用中国 1998~2014 年 30 个省份的面板数据，实证发现公众参与促进了地方政府执行更严格的环境监管，从而激励企业增加绿色投资。李欣等（2022）以中国工业企业为研究样本，发现企业污染排放随公众诉求的增加而有所降低；吴力波等（2022）也发现公众参与提升了市场对企业绿色产品和绿色投资的需求，有助于激励企业绿色转型，进而带来环境质量的提升。毋庸置疑，公众参与环境治理也是解决市场失灵的一种有效手段，在实现企业绿色转型发展中的作用越发明显，有效的公众参与是改变企业管理层短视行为和进行前瞻性创新的关键因素（徐乐等，2022），并且企业绿色工艺创新水平也会随公众参与度的提高而显著提升（秦炳涛等，2022）。因而，应充分调动社会公众参与环境治理的积极性，改变以往"政府主动、企业被动、公众不动"的格局，发挥社会公众在企业绿色投资行为及环境治理中的监督作用。

其次，市场中介对企业绿色投资行为的影响。党的十九大报告提出构建政府为主导、企业为主体、社会组织和公众共同参与的环境治理体系。环境保护与治理不能单靠政府或制度来完全解决，需要综合运用行政、市场、法治、科技等多种手段，尤其是要发挥市场的监督作用。在资本市场上，以机构投资者、分析师、审计师为代表的市场中介在资源配置中发挥着极为重要的作用，如何协同市场中介来解决环境治理问题也是一个有趣而重要的科学问题。机构投资者作为专业化的证券投资队伍，在增加信息透明度、促进价格发现、提高市场定价效率等的同时，对企业环境治理也会产生积极影响，如机构投资者会更加关心企业环境应对策略和可持续发展问题（Oh et al.，2011），采用"用脚投票"的方式对环境治理较差的企业给予惩戒（Du，2015），或是采取消极的市场反应迫使企业管理层调整绿色投资战略和生产行为（Chen et al.，2007）。黎文靖和路晓燕（2015）以中国沪深 A 股重污染行业上市公司为研究样本，发现机构投资者持股对企业绿色投资行为有显著的正向影响，并且发现绿色投资水平高的企业有更高的超额回报。王垒等（2019）也以中国沪深 A 股重污染行业上市公司为研究样本，实证发现机构投资者参与环境治理意愿受到投资组合以及自身性质的影响。赵阳等（2019）发现机构投资者通过实地调研推动了企业绿色投资行为的资本市场监督和媒体监管，有助于提升企业环境治理绩效。关健和阙弋（2020）则以中国沪深 A 股上市公司为研究样本，发现机构投资者可以降低期望顺差对环境绩效的负向影响。同样重要的是，作为专业化的资本市场信息中介，分析师也会对企业绿色投资行为产生重要影响。

企业绿色投资行为会给企业带来声誉优势，会吸引更多的分析师关注，表现出分析师关注与企业绿色投资行为之间呈显著的正相关关系（程博，2019；周亚拿等，2021）。此外，审计师在财务报告鉴证和减少信息不对称等方面发挥着重要的作用，对企业绿色投资行为也会产生一定的影响。然而，由于资源环境审计属于政府审计（国家审计）的范畴，以至于从微观层面探讨审计师对企业绿色投资行为及环境治理的文献相对较少[①]。

最后，媒体对企业绿色投资行为的影响。媒体作为独立于行政、司法、立法系统之外的"第四权力"，是一种不可或缺的外部市场力量，在公司治理中也扮演着重要的角色（陈德球和胡晴，2022）。资本市场上，媒体监督对于信息披露、汇集与扩散发挥着关键的中介作用，并极大地降低了信息搜集成本，使得受众可以便捷地获取多样信息，既有助于降低投资者的"理性无知"程度，又可以约束企业和监管部门的行为（Lang et al.，2003；潘越等，2011；孔东民等，2013a；王菁和程博，2014；程博等，2021a）。已有文献表明，媒体通过监督机制、声誉机制和市场压力机制发挥监督职能[②]，其在公司治理中的作用体现在两方面：一方面可以减少企业和其他利益相关者之间的信息不对称，另一方面是影响公众关注和评价企业行为并使之满足社会公众的预期，聚焦企业环境行为，媒体的监督作用必将影响企业绿色投资行为（Dasgupta et al.，2001；Saxton and Anker，2013）。也有文献发现，媒体通过社会规范影响企业绿色投资行为，不仅迫使企业加大绿色投资，而且也会驱动企业绿色技术创新（Chan，1998；Foulon et al.，2002，Li et al.，2017）。媒体通过不断地向公众传递相关信息来影响上市公司决策，企业绿色投资水平随媒体关注增加而显著提高（张济建等，2016；王云等，2017），同时也会激励企业绿色技术创新（Banerjee，2003；Berrone et al.，

---

① 需要说明的是，我国审计制度在环境治理中的应用主要体现在资源环境审计。领导干部自然资源资产离任审计制度是指审计机关对领导干部开发利用自然资源情况开展合法性、合理性的审计活动，这项审计制度是资源环境审计的一项创新举措。离任审计开展对当地政府和各级组织的环保治理具有积极的推进作用，强化了地方政府的环境责任意识，从而在一定程度上解决了环境治理失灵的问题，加快了生态文明建设的步伐（林忠华，2014；蔡春和毕铭悦，2014；刘儒昞和王海滨，2017）。张琦和谭志东（2019）利用省级审计单位实施领导干部自然资源资产离任审计试点这一准自然实验，对试点城市以及试点城市企业的环境治理行为进行了实证研究，发现领导干部离任审计显著促进了试点地区的环境治理力度，具体表现在试点城市增加的财政环保投入和企业增加的企业环保投资上。

② 媒体治理效应的大体可以概括为三类。第一，监督机制。媒体对公司存在的问题的有效披露引发社会公众舆论，进而引起监管部门的注意和介入，增加公司不当行为被发现的概率。第二，声誉机制。媒体通过影响管理层和治理层成员的声誉来规范和约束他们的行为。第三，市场压力机制。媒体通过资本市场发挥其对投资者的舆论引导作用，影响上市公司的股价，从而影响管理层的相关公司决策行为（程博等，2021a）。

2013；魏泽龙和谷盟，2015；廖中举，2016；汪建成等，2021）。潘爱玲等（2019）以中国 A 股重污染行业上市公司为研究样本，发现企业面临媒体压力越大，越倾向于通过绿色并购来获得合法性认同，但对实质性绿色转型及增加绿色投资方面的作用甚微。赵莉和张玲（2020）将绿色创新分为投入和产出两方面，实证研究发现媒体监督显著影响企业绿色创新投入，只有与市场化水平叠加时才会促进企业绿色创新产出；张玉明等（2021）也发现媒体监督显著提升了重污染企业绿色创新水平。由此可见，媒体监督也是驱动企业绿色投资行为及环境治理中不可忽视的一个重要因素。

2.2.3 文献述评

企业绿色投资行为是企业向社会公众等利益相关者表达其重视环境和保护环境的载体和路径，以获得社会公众等利益相关者接受而获得合法性认同。深入考察企业绿色投资行为的驱动机制不仅是解决现实问题的需要，更是一个重要而有趣的科学问题，现有国内外研究成果在理论、方法和实证证据方面都提供了丰富的借鉴资料，为本书的研究奠定了坚实的基础。如何更好地发挥环境规制工具（制度驱动）的治理效应？如何调动市场力量积极参与（市场驱动）环境保护与治理？如何协同制度和市场驱动对企业绿色投资及环境治理产生积极影响？如何为政府环保相关部门建言献策？这些问题有待进一步深化和拓展，需要从理论和经验上阐释和验证。具体概括为如下几方面。

首先，现有文献的理论视角和研究内容有待拓展。现有企业绿色投资行为及环境治理的相关研究，多是研究某一环境规制工具或是市场力量对企业绿色投资行为的影响，较少采用跨学科、多视角、系统地从动态视角捕捉驱动企业绿色投资行为的关键因素。因此，本书拟在以往文献的基础上，以企业绿色投资行为的驱动机制为主线，尝试突破学科藩篱，从财政学、管理学、经济学等交叉学科的研究视角出发，将政府监管（制度驱动）和市场治理（市场驱动）置于同一理论分析框架来考察企业绿色投资行为的驱动机制及其效应，提供中国情境下的经验证据，这在促进企业可持续发展、改善人居生活环境和总结中国经验，推进全球气候治理体系的变革与建设等方面具有重要的理论价值和现实指导意义。

其次，现有文献的研究方法和分析工具有待改进。一方面，现有文献中，国内外学者对同一研究问题并没有达成共识，这可能由于研究设计差异没有缓解内生性问题干扰，样本区间受多个政策影响并没有有效分离，或是制度环境差异等原因所致；另一方面，限于企业绿色投资微观数据披露的不完整和数据可获得性，现有文献从宏观层面研究得较多，微观层面的研究大多基于某一因素考察其对企业绿色投资行为及环境治理的影响，可能无法完全识别和分离其因果效应，导致难以形成可靠的、具有普适意义的研究结论。因此，本书拟改进现有文献的研究方法，侧重于因果关系的检验，利用多个外生事件的准自然实验场景（如《环境保护税法》正式施行、《环保法》施行、"$PM_{2.5}$爆表"事件等），采用双重差分、三重差分等政策评估模型，通过严谨的研究设计和统计检验方法，辅之大样本实证研究、实地调研等多种方法对理论假说进行检验，验证、修正或拓展现有理论，科学评估政策效果，最大程度上缓解政策评估中的内生性问题干扰，获得稳健可靠的结论，提高研究结论的可靠性和普适性，为企业绿色投资及其环境治理的政策制定和监管提供理论依据和决策支持。

最后，现有相关的研究缺乏行之有效的政策性建议。企业绿色投资、环境治理是"功在当代、利在千秋"的大工程，长期效应远远大于短期效应，这意味着政策的实施不仅会遇到现实的障碍，并且政策方案还会受到既有政策路径依赖的影响。尽管现有文献大多借鉴国外研究范式和理论框架，然而也需要综合考虑中国在经济、社会、文化环境等方面的差异，国际经验可能并不完全适用于中国的政府部门环境监管和环境治理。因此，本书拟在以往研究的基础上，将国外成熟的理论框架和先进的研究范式与中国的企业绿色投资及环境治理的实践相结合，力求得出行之有效的研究结论和政策性建议。同时，对已有环境规制工具效果进行评估，提出一个全局性的政策方案，核心是通过激励机制和监督机制激发企业履行环境治理责任，中间涉及环保税费、环保补贴等财政手段的作用机制，外围则是管理体制（环保法规）和政府行为（监管制度创新）重构。尝试突破既有的政策思路，探索和创新环境治理的政策设计，这一贯彻全局性的机制设计，无论在理论上还是实践上都是具有挑战性的。

第二篇　制度驱动与企业绿色投资

第 3 章　绿色税制与企业绿色投资

《环境保护税法》的出台是中国税制绿色化进程的重要里程碑，绿色税制是政府采用财政手段将企业环境污染的社会成本内部化的重要工具，探讨和评估绿色税制的政策效应对推进生态文明建设战略具有重要的理论价值和现实意义。本章基于 2016 年 12 月 25 日通过的《环境保护税法》税制改革所产生的准自然实验变化，考察了绿色税制对重污染企业绿色投资的影响。使用中国 A 股上市公司数据和双重差分模型的实证结果表明：绿色税制显著提高了重污染企业绿色投资水平，相对于绿色税制出台之前，绿色税制出台之后重污染企业绿色投资水平平均增加了约 38%，并且经过一系列稳健性测试后，该结论依然成立。进一步地，根据企业规模、产权性质、分析师关注度进行分组检验，研究结果表明：绿色税制显著提高了重污染企业绿色投资水平的现象在规模大、国有性质、分析师关注度高的企业中更为明显。

3.1　问题的提出

为了保护和改善环境，保障公众健康，推进生态文明建设，促进经济社会可持续发展，习近平总书记多次提出了"绿水青山就是金山银山"①的生态治理与绿色发展理念。党的十八大提出了"大力推进生态文明建设"的战略决策；党的十九大报告指出要坚决打好防范化解重大风险、精准脱贫、污染防治的攻坚战，并提出要"像对待生命一样对待生态环境""实行最严格的生态环境保护制度""构建政府为主导、企业为主体、社会组织和公众共同参与的环境治理体系"。修订了《环保法》并于 2015 年 1 月 1 日正式施行。近年来，以改善生态环境质量为核心，各级政府推出了节能减排、区域环评限批、排污权交易等政策和制度来遏制环境恶化，大力推动绿色发展，打好蓝天、碧水、净土保卫战。表 3.1 列出了 2015～2018 年空气质量和地表水质量的对比情况，从中可以清晰地看出，空气质量达标城市由 73 个上升到 121 个，338 个城市平均优良

---

① 《"绿水青山就是金山银山"——习近平推动生态环境保护的故事》，https://www.chinacourt.org/article/detail/2024/08/id/8067679.shtml[2024-10-14]。

天数由 76.7 天上升到 79.3 天，全国地表水Ⅰ-Ⅲ类比例由 64.5%上升到 71%，治理成效凸显。

表 3.1　2015～2018 年主要治理指标对比

主要治理指标	2018 年	2017 年	2016 年	2015 年
空气质量达标[①]城市/个	121	99	84	73
空气质量达标城市占全部城市比例/%	35.8	29.3	24.9	21.6
338 个城市平均优良天数/天	79.3	78	78.8	76.7
全国地表水Ⅰ-Ⅲ类比例/%	71	67.90	67.8	64.5

资料来源：生态环境部 2015～2018 年中国生态环境状况公报

　　公共产品理论指出，由于公共物品存在非竞争性和非排他性，因此在使用过程中容易诱发"公地悲剧""搭便车"等外部性问题（Samuelson，1954）。生态环境资源满足公共物品的所有外部属性，并且环境治理的收益小于成本，从理性经济人出发，治理者并没有积极进行环境治理的动力，因此解决生态环境污染，关键在于将环境的外部性成本制度化和内在化。庇古的外部效应理论和双重红利理论[②]认为，可以采用税收手段将环境污染带来的外部性问题转化为排污者排污的内部成本，从而达到环境治理的目的（Pearce，1991；Gradus and Smulders，1993）。财政税收政策调节改善生态环境已成为助推国家绿色发展的重要制度设计（刘隆亨和翟帅，2016）。为了解决环境问题，实现可持续发展，经济合作与发展组织（Organisation for Economic Co-operation and Development，OECD）全面提出实施绿色税制，通过绿色税制引导绿色消费行为，进而实现环境保护与治理的基本目标。环境税（如排污税、碳税、硫税、气候变化税、煤炭焦炭税等）的实施对经济合作与发展组织成员国的经济、社会与自然协调发挥着重要的作用，为我国绿色税制的建立提供了宝贵的经验。2016 年 12 月，《环境保护税法》获得表决通过，于 2018 年 1 月 1 日起正式施行，它是中国税制绿色化进程的里程碑。《环境保护税法》第二条规定了在中华人民共和国领域和中华人民共和国管辖的其他海域，直接向环境排放应税污染物的企业事业单位和其他生产经营者为环境保护税的纳税

---

　　① 环境空气质量达标是指 PM$_{2.5}$、PM$_{10}$、SO$_2$、NO$_2$、O$_3$ 和 CO 等六项污染物浓度均达标。优良天数是指空气质量指数（AQI）在 0～100 之间的天数，亦称达标天数。生态环境部 2015～2018 年中国环境状况公报中统计了地级以上城市 338 个。

　　② 福利经济学创始人庇古在其《福利经济学》率先提出"庇古税方案"，提倡采用税收手段将环境污染带来的外部性问题转为排污者内部成本；随后学术界在"庇古税方案"的基础上，形成了环境税收的双重红利理论，认为征收环境税既可以带来环境改善，又可以实现长期可持续的经济增长。

人。该法案旨在将企业环境污染的社会成本内部化，体现了"谁污染，谁付费，谁治理"的原则，这将对企业生产经营活动、绿色投资决策、环境信息披露等方面产生重要影响。在中国绿色税制背景下，企业会如何进行应对，采取什么样的环境行为？绿色税制的效果如何？重污染企业与非重污染企业应对环境行为的表现是否不同？

为了回答上述问题，本章利用 2016 年 12 月 25 日通过的《环境保护税法》为自然实验，以 2015~2018 年中国 A 股上市公司数据为研究样本，构造双重差分模型进行实证检验，研究发现：与绿色税制出台之前相比，绿色税制出台之后重污染企业绿色投资水平平均增加了约 38%，意味着绿色税制显著提高了重污染企业绿色投资水平，并经过倾向评分匹配、固定效应模型、安慰剂检验、动态效应分析以及替代性假说排除等稳健测试后结论依然稳健可靠。进一步研究发现，与非重污染企业相比，绿色税制能够显著提高重污染企业绿色投资水平的现象在规模大、国有性质、分析师关注度高的企业中更为明显。

相比于以往文献，本章研究的边际贡献在于以下几个方面。首先，现有探讨环境治理的文献主要集中在政府监管、环保核查、环保法规、环保约谈等环境管制视角（Leiter et al.，2011；Zhang et al.，2019；沈洪涛和冯杰，2012；包群等，2013；张济建等，2016；吴建祖和王蓉娟，2019；崔广慧和姜英兵，2019）、资本市场参与者（Aerts and Cormier，2009；Tang Z and Tang J T，2016；Dyck et al.，2019；黎文靖和路晓燕，2015；程博，2019；季晓佳等，2019）以及非正式制度视角等方面（毕茜等，2015；刘星河，2016；胡珺等，2017；程博等，2018），较少关注财税政策对环境治理的影响，而本章工作可以有效弥补现有文献的不足，从政府财税政策调控视角丰富和拓展环境治理影响因素方面的文献。其次，本章借助《环境保护税法》为自然实验事件，构造双重差分模型，系统识别和审视了绿色税制对企业环境行为的影响，不仅可以缓解内生性问题的困扰，而且从环境治理视角为绿色税制的效果评估提供了微观证据，这对于理解政府采用财政手段如何调整影响企业环境行为及其后续税制改革和相关环境规制的制定具有一定的参考价值；同时，本章结论对理解新兴市场国家中政治成本如何影响企业环境行为具有启示意义。最后，绿色税制是政府采用财政手段将企业环境污染的社会成本内部化的重要工具，本章的研究为政府完善税收体系，引导企业遵守《环境保护税法》并主动防污减排提供了理论基础和决策依据，同时也有助于增强企业的环保意识和社会责任感，加快企业转型升级步伐，加大治污减排力度，进而实现可持续发展。

3.2　制度背景、理论分析与研究假说

3.2.1　制度背景

为了保护生态环境，减少污染物排放，早在 1982 年，国务院颁布并实施了《征收排污费暂行办法》，之后多次对征收标准进行了调整（刘郁和陈钊，2016）。近年来，生态环境和经济发展之间的矛盾依然存在。生态环境的挑战，致使"绿水青山"与"金山银山"如何兼得成为政府面临的一大难题（涂正革和谌仁俊，2015）。为此，党的十八大报告提出"大力推进生态文明建设"的战略决策，以解决损害群众健康的突出环境问题为重点，强化水、大气、土壤等污染防治。加快生态文明建设，保护生态环境，建立系统完整的生态文明制度体系。党的十九大报告强调"要坚决打好防范化解重大风险、精准脱贫、污染防治的攻坚战"，并提出要"像对待生命一样对待生态环境""实行最严格的生态环境保护制度""构建政府为主导、企业为主体、社会组织和公众共同参与的环境治理体系"。2013 年11 月，党的十八届三中全会决定推进环境保护费改税任务。2014 年 11 月，财政部、环境保护部、国家税务总局将《环境保护税法（草案）》报送国务院。2015 年 6 月，国务院法制办公室公布《环境保护税法》（征求意见稿）及说明全文，征求社会各界意见。2016 年 8 月，十二届全国人大常委会二十二次会议对《中华人民共和国环境保护税法（草案）》首次提请审议；同年 12 月，十二届全国人大常委会二十五次会议表决通过《环境保护税法》。2018 年 1 月，《环境保护税法》及《中华人民共和国环境保护税法实施条例》同步施行。税制绿色化相关历程如表 3.2 所示。

表 3.2　税制绿色化历程

时间	相关历程
1982 年 2 月 5 日	国务院颁布《征收排污费暂行办法》，同年 7 月 1 日起施行
1993 年 7 月 10 日	国家计委、财政部印发《关于征收污水排污费的通知》
2003 年 1 月 2 日	国务院颁布《排污费征收使用管理条例》，同年 7 月 1 日起施行
2013 年 11 月 9 日～2013 年 11 月 12 日	党的十八届三中全会决定推进环境保护费改税任务
2014 年 9 月 1 日	国家发展改革委、财政部和环境保护部联合印发《关于调整排污费征收标准等有关问题的通知》
2014 年 11 月	财政部会同环境保护部、国家税务总局将形成的《环境保护税法（草案）》报送国务院

续表

时间	相关历程
2015 年 6 月 10 日	国务院法制办公室下发关于《中华人民共和国环境保护税法（征求意见稿）》公开征求意见的通知，并公布《环境保护税法》（征求意见稿）及说明全文，向社会各界征求意见
2015 年 8 月 5 日	环境保护税法被补充进入第十二届全国人大常委会立法规划
2016 年 8 月 29 日	第十二届全国人大常委会第二十二次会议对《中华人民共和国环境保护税法（草案）》首次提请审议
2016 年 12 月 25 日	《环境保护税法》在第十二届全国人大常委会第二十五次会议表决通过
2018 年 1 月 1 日	《环境保护税法》及《中华人民共和国环境保护税法实施条例》同步施行

《环境保护税法》在制度设计上吸收和借鉴了排污费制度的内容，既通过排污收费制度关键要素的平移来保持平稳过渡，又通过适当提高征收强度和正向激励，落实企业的治污减排责任。《环境保护税法》共分为五章二十八条，分别对纳税人、计税依据、征收管理、税收减免等作出了具体规定，主要针对大气污染物、水污染物、固体废物和噪声等四大类 117 种主要污染因子进行征税。《环境保护税法》的出台填补了环境保护税收体系中排放税的空缺，是我国首部专门体现绿色税制、大力推进生态文明建设的单行税法，实现了费改税的平稳转移，不仅是中国税制绿色化进程的里程碑，更是不断深化财税体制改革与不断增强国家经济市场调控能力的重要体现。

3.2.2 理论分析与研究假说

环境治理活动对于现代企业具有重要的战略意义，其不仅影响企业经营绩效，更能影响企业可持续发展。各级政府不仅加大了对环境治理的技术和资金支持，并推出了诸如节能减排、区域环评限批、排污权交易等政策和体制机制以遏制环境恶化，但治理成效并不显著（陈桂生，2019）。制度是一种具有激励与约束功能的行为规范，人们在是否遵守制度的抉择上要进行成本与效益的比较，进行综合性的考虑以后最终决定是否遵守制度（葛守昆和李慧，2010）。事实上，制约环境污染治理的根本因素是制度建设，只有实行最严格的制度、最严密的法治，才能形成经济发展与生态环境保护的良性互动关系，折射出环境规制政策改革的紧迫性（胡珺等，2017）。因此，解决环境污染治理不能完全依靠政府的行政手段，而是需要行政手段和经济手段等多种手段相结合，将环境污染带来的外部性问题转为排污者内部成本，从而实现环境治理与经济发展的协同。

生态资源是可以免费享受的公共产品，具有典型的外部性特征（胡珺等，2017）。环境治理投资需要耗费大量的资金，为企业带来的直接经济利益甚微（张济建等，2016），它不仅不能立刻改观企业财务状况的实质，而且可能会使企业短期财务状况变得更"糟糕"，以至于企业增加环境治理投资的动力略显不足。环境治理是一项系统工程，需要综合运用行政、经济、市场、法治、科技等多种手段，而征收环境保护税则有利于从税收角度为环保的、高质量的经济增长追求提供推动力。财政部公布的数据显示，2018 年全国环境保护税收入 151 亿元，2019 年全国环境保护税收入 221 亿元，同比增长约 46%；另据生态环境部披露的环境状况公报，大气、水、土壤等主要环境指标明显改善，出现稳中向好趋势。那么，《环境保护税法》的出台兼顾了行政和经济双重手段，能否提高企业进行环境治理的积极性呢？重污染企业与非重污染企业在环境治理方面是否存在差异？

本章认为，《环境保护税法》的出台至少在以下四个方面影响企业绿色投资水平。

首先，《环境保护税法》是兼顾行政和经济手段的环境规制政策工具，为环境治理和保护提供了制度保障。《环境保护税法》与现有的《环保法》《中华人民共和国大气污染防治法》《中华人民共和国噪声污染防治法》《中华人民共和国水污染防治法》《中华人民共和国土壤污染防治法》《中华人民共和国固体废物污染环境防治法》《企业事业单位突发环境事件应急预案备案管理办法（试行）》《建设项目环境保护管理条例》《建设项目环境影响评价分类管理名录》等环境相关法律法规共同构筑了一个完整环境保护制度体系，较好地将行政和经济手段的环境规制政策工具相结合，有助于企业主动适应环境保护体制体系要求，提高环保站位意识高度，建立较为完善的公司污染防治制度，落实主体责任和领导责任，研究和解决制约企业环保工作的突出问题，加大环境治理力度。

其次，《环境保护税法》的出台不仅从法律层面弥补了《排污费征收标准管理办法》的不足，还从制度层面初步构建起了我国的环境保护税体系的基本框架，使得企业面临的环境风险和环境治理压力进一步加大。《环境保护税法》出台之后，通过加强企业污染减排责任，建立促进经济结构调整和发展模式的绿色税收制度，从而进一步提高税收的合规性和纳税人的环保意识，促进生态文明建设和实现绿色发展。例如，投资者基于"绿色投资"的理念、债权人基于"绿色金融"的考量、消费者基于"绿色消费"的偏好、政府基于"绿色发展"的监管（Martin and Moser，2016；王兵等，2017；唐国平和刘忠全，2019），迫使企业控制污染行为，加大环境治理力度。值得注意的是，为了应对环境压力，企业也有动机增加环境投资进行环境合法性"辩白"（为企业进行辩护）和"表白"（发送信号）（Aerts and Cormier，2009；Tang Z and Tang J T，2016；沈洪涛等，2014）。

再次，公平与效率相统一是《环境保护税法》的重要特征，环境保护税基于"谁污染，谁付费"的基本原则，多排污就多缴税，少排污则少缴税，进而将环境污染的负外部性成本内在化，最终实现环境治理的目标。"费"改"税"之前，排污费具有行政收费属性，相应法律地位较低，容易形成征管障碍（王萌，2009）；而通过"费"改"税"强化了环境保护税费政策的税收刚性和法律权威（黄健和李尧，2018），可以有效降低地方政府干预程度和缩减政府自由裁量空间（刘晔和张训常，2018），并且可以防止地方政府与企业间形成"人际网"和"关系网"，降低政企合谋的可能，进而遏制和约束企业非法排污行为（梁平汉和高楠，2014）。

最后，《环境保护税法》开征给企业带来环境治理压力的同时，也可能孕育着获取竞争优势的机会，从而提高企业环境治理的主动性。一方面，环境规制可通过压力效应促使淘汰落后工艺、设备和产品，倒逼企业引进先进生产设备、技术和工艺实现绿色发展，最终提高核心竞争力（Porter，1991；Taylor et al.，2005；王兵等，2017；崔广慧和姜英兵，2019）；另一方面，环境治理表现积极的企业，可能获得财政、税收、价格以及政府采购等优惠或补贴，降低环境治理投资可能产生的不可逆损失与边际成本，从而正向激励企业参与环境治理，形成"投入—补贴、优惠或免税—投入"的良性循环。

毋庸置疑，与非重污染企业相比，重污染企业作为政府环境监管的重要对象，税制绿色化进程对其环境治理行为影响可能更大，这是因为：重污染企业作为工业企业污染排放的重要源头，更容易引起公众、监管部门及其利益相关者的关注，面临较高的政治成本，企业管理层有动机加大环境治理力度，提高绿色投资水平。政府必然会加大对重污染企业环境监管的监控力度，从而使得重污染企业面临环境管制的政治成本急剧放大（刘运国和刘梦宁，2015；程博等，2021b），企业为了规避或者减轻公众和监管部门关注过多面临的政治成本，企业管理层势必积极应对，有动机减少环境污染行为，积极购置环保设备，增加环境治理方面的投资，在治理污染排放物、改造升级环保设施的基础上达到减轻环境税负的目的。基于上述分析，本章提出研究假说 H3.1。

H3.1：与非重污染企业相比，绿色税制能够显著提高重污染企业绿色投资水平。

与非国有企业相比，大部分国有企业受政府干预的程度更高，由于政府部门仍保留管理层的人事任免权，企业董事长、总经理多为上级政府主管部门任命（Wong，2016）。因而，国有企业除了完成既定经济目标外，往往还承担着大量的、多元化的政治目标（如扩大就业、维护稳定、财政负担、环境治理等）（Lin and Tan，1999；Chen et al.，2011；林毅夫和李志赟，2004；刘瑞明和石磊，2010；唐松和孙铮，2014）。本章认为，与非国有企业相比，绿色税制更有可能提高国有性质企业的重污染企业绿色投资水平，这是因为：环境保护税是政府为环境资源确定的价格，是环境资源的价值体现。环境保护税的开征，对非国有企业而言，仍然是以追求经济效益最大化为目标，往往采取象征性的行动，仅仅为了排污达标进行环境治理投入，因而表现出较低的绿色投资水平；而国有企业更多地承担环境治理的政治目标，重污染企业尤为突出，面对监管压力和社会公众的期许，更有可能加大环境治理力度，增加环境治理方面的投资。基于上述分析，本章提出研究假说 H3.2。

H3.2：与非重污染企业相比，绿色税制能够显著提高重污染企业绿色投资水平的这一现象在国有性质的企业中更为明显。

政治成本是指企业因潜在的不利政治活动加诸企业的预期成本（Watts and Zimmerman，1978），现有研究通常将企业规模作为企业政治成本的代理变量（Zimmerman，1983；Daley and Vigeland，1983）。"规模假说"认为，大公司不仅是社会公众关注的焦点，更是政府宏观调控和重点监督的对象，因而大公司面临政治成本也相对较高。本章认为，与小规模公司相比，绿色税制更有可能提高大规模的重污染企业绿色投资水平，这是因为：一方面，规模大的公司更能引起环保部门、税务部门和社会公众的关注，环境保护税开征后，大规模公司也将面临更高的环境税收成本，迫于环境压力，规模大的重污染企业更有动机加大环境管理投入与污染防治科技投资，应对环境风险（唐国平和刘忠全，2019）；另一方面，管理层的主观意愿通常是企业进行绿色治理和绿色投资的关键内生动力，资产规模大的公司更加注重社会效益，而且社会公众和媒体也会对规模大的公司赋予更高的期望，尤其是规模大的重污染企业，如果因违反环保税法、环保排放标准、环境污染事件等原因受罚，媒体和社会公众会放大事件导致企业声誉受损和面临环境合法性危机。因此，环境保护税的开征，更有可能提高规模大的企业管理层的环境保护意识和环境治理者的主观能动性，有强烈动机通过增加环境投资的措施进行环境合法性"辩白"和"表白"（Aerts and Cormier，2009；Tang Z and Tang J T，2016；沈洪涛等，2014）。基于上述分析，本章提出研究假说 H3.3。

H3.3：与非重污染企业相比，绿色税制能够显著提高重污染企业绿色投资水平的这一现象在规模大的企业中更为明显。

环境污染治理作为生态文明建设战略的重要组成部分，仅凭政府部门监管是远远不够的，更为重要的是要充分发挥市场力量，须沿着"政府监管—市场监督—市场治理"逻辑渐进式推进（程博，2019）。分析师作为资本市场的最重要力量之一，不仅拥有较强的信息收集与预测分析能力，也能够向资本市场传递出有价值的企业信息，其发布的研报是个人投资者和机构投资者进行投资决策的重要依据。随着社会公众环保意识的增强，尤其是投资者的"绿色投资"理念驱动，分析师对环境保护这一非财务指标也给予了更多的关注。重污染企业作为污染物排放的重要源头，也是分析师重点关注的对象。毫无疑问，环境保护税开征，分析师可以通过企业中期报告和年度报告中关于环境保护相关信息的披露（如环境投资、缴纳的环境保护税、环境项目评估情况等）来甄别具有绿色创新能力、可持续发展强的优质企业。本章认为，与分析师关注度低的企业相比，绿色税制更有可能提高分析师关注度高的重污染企业绿色投资水平，这是因为：一方面，分析师通过增加资本市场的信息供给，将企业财务信息与非财务信息置于"阳光"之下，一旦企业管理层以牺牲环境为代价的利己行为被"看穿"，不仅会导致企业股价的波动和管理层与企业的声誉受损，而且主要领导和责任人还会有面临行政处罚甚至刑事处罚的可能。分析师关注度越高，越有助于企业提高环境合法性认知度，企业为避免环境污染承受处罚或相应的经济后果，会采取积极的环境治理行为。另一方面，分析师关注既可能是企业环境合法性危机的来源，也可能是企业取得环境合法性的途径，使得管理层有动机采取积极的环境治理行为，加大环保投入，实现产业和技术升级，进行企业形象管理，提高企业声誉（Aerts and Cormier，2009；Suttinee and Phapruke，2009；沈洪涛等，2014）。基于上述分析，本章提出研究假说 H3.4。

H3.4：与非重污染企业相比，绿色税制能够显著提高重污染企业绿色投资水平的这一现象在分析师关注度高的企业中更为明显。

3.3　研　究　设　计

3.3.1　样本选择与数据来源

环境保护税作为政府采用财政手段调控企业环境污染行为的重要工具，备受政府和理论界的关注。2016 年 12 月 25 日，《环境保护税法》获得表决通过，于 2018 年 1 月 1 日起正式施行，它是中国税制绿色化进程的里程碑，实现了排污费制度向环境保护税制度的改革。本章以第十二届全国人大常委会第二十五次会议通过的《环境保护税法》的出台为准自然实验，考察绿色税制对企业绿色投资的影响。为了保证实验事件发生前后的时间区间一致，选取 2015～2018 年为样本区间，研究对象为沪深两市 A 股上市公司。然后，剔除金融类公司、特别处理（ST）、退市风险（*ST）公司以及核心数据缺失的样本，同时保证政策出台前后样本具有可对比性，剔除仅有《环境保护税法》出台前或者《环境保护税法》出台后观测值的样本，最终获得 11 529 个样本观测值。企业新增绿色投资支出数据来源于公司年报附注中的在建工程项目，手工收集整理了环境治理、污水处理、环保设计与节能、脱硫设备的购建、三废回收、与环保有关的技术改造等数据。本章的上市公司财务数据来源于 CSMAR 和 Wind 金融数据库。为了减少离群值可能带来的影响，本章对所有连续变量进行 1%的缩尾处理（winsorize）。

3.3.2　模型设定和变量说明

为了考察绿色税制对企业绿色投资行为的影响，利用《环境保护税法》这一准自然实验，借鉴 Bertrand 和 Mullainathan（2003，2004）、刘运国和刘梦宁（2015）、崔广慧和姜英兵（2019）的研究设计，构建如下双重差分模型：

$$EPI = \alpha + \beta_1 \times Post \times Treat + \beta_2 \times Post + \beta_3 \times Treat + \beta_i \times \sum Controls + \varepsilon$$

$$(3.1)$$

其中，EPI 为被解释变量，表示企业绿色投资行为；α 为截距项；$\beta_1 \sim \beta_3$、β_i 为估计系数；ε 为误差项。借鉴 Patten（2005）、黎文靖和路晓燕（2015）、胡珺等（2017）、程博等（2018）、张琦等（2019）的研究，采用当年新增绿色投资支出金额占企业总资产的比例度量企业绿色投资水平，以此来表征企业绿色投资行为。

Post 为绿色税制的指示变量，《环境保护税法》出台后（即 2017～2018 年）Post 定义为 1，《环境保护税法》出台前（即 2015～2016 年）Post 定义为 0。Treat 为是不是重污染企业，参照刘运国和刘梦宁（2015）、胡珺等（2017）的研究，根据环境保护部公布的《上市公司环境信息披露指南》，结合证监会 2012 年修订的《上市公司行业分类指引》，本章将研究样本划为重污染行业（包括采掘业、纺织服务皮毛业、金属非金属业、生物医药业、石化塑胶业、造纸印刷业、水电煤气业和食品饮料业）和非重污染行业两组，对于重污染企业，Treat 定义为 1，否则 Treat 定义为 0。

Controls 为控制变量。参考以往研究常用设定（Cheng et al.，2022；黎文靖和路晓燕，2015；胡珺等，2017；程博等，2018），本章控制了产权性质（Soe）、分析师关注度（Follow）、公司规模（Size）、财务杠杆（Lev）、盈利能力（Roa）、成长能力（Growth）、上市年龄（Age）、现金持有水平（Cash）、经营现金流（Cashflow）、股权集中度（First）、两职合一（Dual）和独立董事比例（Indep）。此外，回归模型中还控制了行业、年度固定效应。主要变量定义如表 3.3 所示。

表 3.3 变量定义说明

变量	变量定义
EPI	企业绿色投资，企业当年新增绿色投资支出占企业总资产的比例×100
Post	《环境保护税法》出台的虚拟变量，2017 年及之后定义为 1，之前则定义为 0
Treat	是否为重污染企业，重污染企业取 1，非污染企业取 0
Soe	产权性质，国有性质时取 1，非国有性质时取 0
Follow	分析师关注度，分析师跟踪人数加 1 的自然对数
Size	公司规模，公司总资产的自然对数
Lev	财务杠杆，负债总额与资产总额之比
Roa	盈利能力，净利润与资产总额之比
Growth	成长能力，营业收入增长率
Age	上市年龄，公司首次公开发行（initial public offering，IPO）以来所经历年限加 1 的自然对数
Cash	现金持有水平，企业货币资金持有量与资产总额之比
Cashflow	经营现金流，企业经营活动产生的净现金流量与资产总额之比
First	股权集中度，第一大股东持股比例
Dual	两职合一，总经理兼任董事长时取 1，否则取 0
Indep	独立董事比例，独立董事人数与董事会人数之比
Industry	行业固定效应，行业虚拟变量
Year	年度固定效应，年度虚拟变量

3.4 实证结果分析

3.4.1 描述性统计分析

表 3.4 列出了主要变量的描述性统计结果。从中可以看出，样本企业中新增绿色投资支出占企业总资产的 0.078%，说明整体来看，企业绿色投资水

平较低。进一步来看，EPI 的标准差为 0.340，表明不同企业绿色投资水平的差异较大。Post 的均值为 0.544，表明《环境保护税法》出台后的样本约占总样本的 54%；Treat 的均值为 0.365，表明样本中有 36.5% 的重污染企业。此外，样本中有 32.0% 的国有企业，分析师关注度（Follow）的均值为 1.467，公司规模（Size）的均值为 22.252，财务杠杆（Lev）的均值为 0.423，盈利能力（Roa）的均值为 0.034，成长能力（Growth）的均值为 0.414；上市年龄的均值为 2.139，现金持有水平（Cash）的均值为 0.167，经营现金流（Cashflow）的均值为 0.043，股权集中度（First）的均值为 0.337，28.1% 的样本公司总经理兼任董事长（Dual），独立董事比例（Indep）的均值为 37.7%。

表 3.4　描述性统计

变量	样本量	均值	标准差	最小值	中位数	最大值
EPI	11 529	0.078	0.340	0.000	0.000	2.459
Post	11 529	0.544	0.498	0.000	1.000	1.000
Treat	11 529	0.365	0.482	0.000	0.000	1.000
Soe	11 529	0.320	0.467	0.000	0.000	1.000
Follow	11 529	1.467	1.131	0.000	1.386	3.689
Size	11 529	22.252	1.282	19.732	22.106	26.104
Lev	11 529	0.423	0.206	0.060	0.411	0.939
Roa	11 529	0.034	0.068	−0.322	0.035	0.194
Growth	11 529	0.414	1.076	−0.783	0.158	7.988
Age	11 529	2.139	0.872	0.000	2.197	3.258
Cash	11 529	0.167	0.113	0.016	0.138	0.586
Cashflow	11 529	0.043	0.069	−0.172	0.043	0.239
First	11 529	0.337	0.145	0.087	0.316	0.742
Dual	11 529	0.281	0.450	0.000	0.000	1.000
Indep	11 529	0.377	0.054	0.333	0.364	0.571

3.4.2　相关性统计分析

表 3.5 列出了变量的皮尔逊（Pearson）相关系数分析结果。可以发现，模型中变量的相关系数绝对值大部分在 0.30 以内，进一步对所有进入模型的解释变量和控制变量进行方差膨胀因子（variance inflation factor，VIF）诊断，结果显示方差膨胀因子均值为 1.38，最大值 2.09，最小值 1.02，均值小于 2，表明变量之间共线性问题不严重。

表 3.5 相关性分析

变量	EPI	Post	Treat	Soe	Follow	Size	Lev	Roa	Growth	Age	Cash	Cashflow	First	Dual	Indep
EPI	1.000														
Post	0.023**	1.000													
Treat	0.131***	-0.014	1.000												
Soe	0.064***	-0.049***	0.042**	1.000											
Follow	0.010	-0.084***	-0.022**	-0.050***	1.000										
Size	0.029***	0.027***	0.014	0.365***	0.372***	1.000									
Lev	0.040***	-0.004	-0.072***	0.273***	-0.006	0.495***	1.000								
Roa	0.017*	0.004	0.073***	-0.074***	0.347***	0.009	-0.362***	1.000							
Growth	-0.019*	-0.057***	-0.108***	0.036**	-0.035***	0.015	0.065***	0.002	1.000						
Age	0.009	-0.025**	0.060***	0.437***	-0.064***	0.413***	0.350***	-0.228***	0.060***	1.000					
Cash	-0.054***	-0.037***	-0.085***	-0.026***	0.060***	-0.158***	-0.264***	0.203***	0.043***	-0.125***	1.000				
Cashflow	0.037***	-0.033***	0.152***	0.020***	0.207***	0.060***	-0.178***	0.371***	-0.096***	-0.049***	0.143***	1.000			
First	0.007	-0.017*	0.041***	0.243***	0.070***	0.200***	0.044***	0.150***	-0.014	-0.092***	0.027***	0.136***	1.000		
Dual	-0.040***	0.033***	-0.044***	-0.285***	0.016	-0.176***	-0.124***	0.056***	-0.015	-0.230***	0.048***	-0.007	-0.028***	1.000	
Indep	-0.022**	0.013	-0.043***	-0.049***	-0.013	-0.013	-0.006	-0.031***	0.023**	-0.023**	0.026***	-0.014	0.038***	0.112***	1.000

***、**和*分别表示1%、5%和10%的显著性水平

3.4.3 基本回归结果分析

表 3.6 列出了绿色税制对企业绿色投资影响的基本回归结果。其中，第（1）列为全样本检验结果，交互项 Post×Treat 的系数 β_1 在 5% 的水平上显著为正（ $\beta_1 = 0.0296$, $t = 2.33$ ），对于回归结果的经济意义，第（1）列中交互项 Post×Treat 的系数为 0.0296，EPI 的均值为 0.078，这意味着绿色税制使得实验组企业（相比于控制组的企业）的绿色投资水平上升了约38%，本章研究假说 H3.1 得到验证。第（2）～（3）列为按照产权性质分组的检验结果，第（3）列交互项 Post×Treat 的系数 β_1 为正但不显著（ $\beta_1 = 0.0193$, $t = 1.26$ ），而第（2）列交互项 Post×Treat 的系数 β_1 在 1% 水平上显著为正（ $\beta_1 = 0.0657$, $t = 2.90$ ），表明与非国有企业相比，国有重污染企业的绿色投资水平更高，支持本章研究假说 H3.2 的预期。第（4）～（5）列为按照公司规模中位数分组的检验结果，第（5）列交互项 Post×Treat的系数 β_1 为正但不显著（ $\beta_1 = 0.0008$, $t = 0.04$ ），而第（4）列交互项 Post×Treat 的系数 β_1 在 1% 水平上显著为正（ $\beta_1 = 0.0556$, $t = 2.90$ ），表明与小规模公司相比，大规模重污染企业的绿色投资水平更高，支持本章研究假说 H3.3 的预期。第（6）～（7）列为按照分析师关注度中位数分组的检验结果，第（7）列交互项 Post×Treat 的系数 β_1 为正但不显著（ $\beta_1 = 0.0151$, $t = 0.80$ ），而第（6）列交互项 Post×Treat 的系数 β_1 在 1% 水平上显著为正（ $\beta_1 = 0.0533$, $t = 2.89$ ），表明与分析师关注度低的公司相比，分析师关注度高的重污染企业的绿色投资水平更高，支持本章研究假说 H3.4 的预期。

表 3.6 双重差分模型的基本回归结果

变量	(1) 全样本	(2) 国有企业	(3) 非国有企业	(4) 公司规模大	(5) 公司规模小	(6) 分析师关注度高	(7) 分析师关注度低
Post×Treat	0.029 6**	0.065 7***	0.019 3	0.055 6***	0.000 8	0.053 3***	0.015 1
	(2.33)	(2.90)	(1.26)	(2.90)	(0.04)	(2.89)	(0.80)
Post	0.010 7	−0.006 9	0.006 7	0.002 1	0.006 4	0.010 8	0.005 2
	(1.43)	(−0.55)	(0.83)	(0.23)	(0.63)	(1.06)	(0.45)
Treat	0.060 9***	0.116 6***	0.035 8**	0.094 5***	0.032 0*	0.075 4***	0.044 9**
	(3.82)	(3.01)	(2.34)	(3.70)	(1.68)	(3.63)	(1.99)
Soe	0.045 5***			0.057 7***	0.041 5**	0.039 2*	0.050 4***
	(3.18)			(2.96)	(2.03)	(1.76)	(3.08)

续表

变量	（1）	（2）	（3）	（4）	（5）	（6）	（7）
	全样本	国有企业	非国有企业	公司规模大	公司规模小	分析师关注度高	分析师关注度低
Follow	0.002 4	0.005 8	0.000 8	0.006 4	−0.004 8	0.012 7	0.006 6
	（0.45）	（0.46）	（0.15）	（0.94）	（−0.62）	（0.93）	（0.61）
Size	−0.000 9	−0.007 7	0.003 2	−0.023 0***	0.026 7***	−0.010 7	0.007 4
	（−0.18）	（−0.73）	（0.64）	（−2.78）	（2.72）	（−1.27）	（1.35）
Lev	0.076 1***	0.053 6	0.062 3**	0.060 7	0.093 0***	0.110 8**	0.054 4*
	（2.66）	（0.89）	（2.11）	（1.25）	（2.68）	（2.23）	（1.69）
Roa	0.074 0*	0.008 3	0.095 3**	0.077 3	0.030 6	−0.056 9	0.109 7**
	（1.70）	（0.08）	（2.02）	（0.92）	（0.62）	（−0.59）	（2.33）
Growth	0.000 8	0.001 6	−0.000 2	−0.001 0	0.000 2	0.001 3	−0.000 4
	（0.19）	（0.18）	（−0.05）	（−0.14）	（0.06）	（0.29）	（−0.07）
Age	−0.012 4*	−0.010 9	−0.011 7*	−0.008 1	−0.021 7***	−0.011 7	−0.013 3
	（−1.95）	（−0.59）	（−1.82）	（−0.68）	（−2.75）	（−1.25）	（−1.59）
Cash	−0.078 5**	−0.180 4***	−0.028 6	−0.104 0**	−0.030 0	−0.067 9	−0.072 1*
	（−2.29）	（−2.95）	（−0.71）	（−2.01）	（−0.69）	（−1.41）	（−1.70）
Cashflow	0.103 5**	0.159 6	0.072 6	0.125 0	0.081 6	0.113 1	0.102 2*
	（2.01）	（1.46）	（1.31）	（1.57）	（1.31）	（1.38）	（1.74）
First	−0.047 8	−0.077 5	−0.035 6	−0.075 0*	−0.003 1	−0.035 4	−0.057 0
	（−1.48）	（−1.22）	（−1.04）	（−1.73）	（−0.07）	（−0.75）	（−1.57）
Dual	−0.013 2	0.043 6	−0.024 0**	−0.000 8	−0.019 7	−0.027 9**	−0.000 1
	（−1.42）	（1.36）	（−2.54）	（−0.06）	（−1.61）	（−2.08）	（−0.01）
Indep	−0.031 3	−0.104 3	0.014 1	−0.060 5	0.034 2	0.022 1	−0.058 1
	（−0.45）	（−0.88）	（0.16）	（−0.66）	（0.33）	（0.22）	（−0.68）
Industry	控制	控制	控制	控制	控制	控制	控制
Year	控制	控制	控制	控制	控制	控制	控制
常数项	0.064 7	0.296 1	−0.029 7	0.564 7***	−0.541 1**	0.212 9	−0.085 3
	（0.63）	（1.37）	（−0.28）	（3.16）	（−2.45）	（1.35）	（−0.69）
调整的 R^2	0.063 2	0.071 1	0.069 6	0.104 4	0.030 5	0.061 7	0.070 0
N	11 529	3 693	7 836	5 765	5 764	5 728	5 801

注：括号中为 t 值，并经过了 White（1980）异方差修正，回归考虑了公司层面的聚类（cluster）效应

***、**和*分别表示 1%、5%和 10%的显著性水平

3.5　稳健性检验

为了保证研究结论的稳健性，本章进一步通过倾向评分匹配检验、固定效应模型检验、安慰剂检验、动态效应分析检验以及替代性假说排除检验等方法对基本回归进行稳健性测试。

3.5.1　倾向评分匹配检验

为了控制可能因样本选择带来的估计偏误，本章使用倾向评分匹配与双重差分模型相结合的方法对模型进行重新回归。具体地，以公司规模（Size）、财务杠杆（Lev）、盈利能力（Roa）、成长能力（Growth）为特征变量进行可重复 1∶1 最近邻匹配，匹配后的检验结果如表 3.7 所示。第（1）列为全样本回归结果，交互项 Post×Treat 的系数 β_1 在 10% 的水平上显著为正（ $\beta_1 = 0.0259$，$t = 1.92$），意味着绿色税制使得实验组企业（相比于控制组的企业）的绿色投资水平上升了约 33%，本章研究假说 H3.1 再次得到验证。第（2）～（7）列为按照产权性质、公司规模、分析师关注度分组的检验结果，可以看出，交互项 Post×Treat 的系数 β_1 在第（2）、（4）、（6）列中均显著为正，而在第（3）、（5）、（7）列中均不显著，这表明绿色税制能够显著提高重污染企业绿色投资水平的现象在国有性质、规模大、分析师关注度高的公司中更为明显，以上检验结果依旧很好地支持了本章研究假说 H3.2～H3.4。

表 3.7　倾向评分匹配与双重差分模型相结合的检验结果

变量	（1）全样本	（2）国有企业	（3）非国有企业	（4）公司规模大	（5）公司规模小	（6）分析师关注度高	（7）分析师关注度低
Post×Treat	0.0259*	0.0577**	0.0187	0.0564***	−0.0068	0.0502**	0.0065
	(1.92)	(2.48)	(1.13)	(2.85)	(−0.35)	(2.49)	(0.33)
Post	0.0123	0.0046	0.0075	0.0224*	0.0056	0.0147	0.0167
	(1.40)	(0.34)	(0.68)	(1.76)	(0.44)	(1.05)	(1.30)
Treat	0.0625***	0.1360***	0.0318*	0.0983***	0.0312	0.0697***	0.0539**
	(3.64)	(3.14)	(1.92)	(3.59)	(1.50)	(3.09)	(2.24)
Soe	0.0517***			0.0661***	0.0429*	0.0498*	0.0522***
	(2.99)			(2.74)	(1.86)	(1.86)	(2.63)
Follow	0.0062	0.0124	0.0026	0.0091	0.0001	0.0114	0.0148
	(1.01)	(0.80)	(0.46)	(1.10)	(0.00)	(0.69)	(1.16)

续表

变量	（1）全样本	（2）国有企业	（3）非国有企业	（4）公司规模大	（5）公司规模小	（6）分析师关注度高	（7）分析师关注度低
Size	−0.0033	−0.0124	0.0033	−0.0260**	0.0287***	−0.0143	0.0071
	（−0.53）	（−0.91）	（0.58）	（−2.51）	（2.70）	（−1.40）	（1.01）
Lev	0.0839**	0.0637	0.0727**	0.0582	0.1081***	0.1314**	0.0529
	（2.39）	（0.81）	（2.10）	（1.00）	（2.58）	（2.11）	（1.36）
Roa	0.0674	0.0053	0.0895	0.0630	0.0219	−0.0710	0.1125*
	（1.13）	（0.04）	（1.41）	（0.58）	（0.31）	（−0.57）	（1.73）
Growth	0.0014	0.0051	−0.0011	0.0001	0.0007	−0.0012	0.0019
	（0.22）	（0.37）	（−0.26）	（0.01）	（0.13）	（−0.21）	（0.21）
Age	−0.0097	−0.0106	−0.0100	−0.0060	−0.0194**	−0.0104	−0.0090
	（−1.32）	（−0.46）	（−1.36）	（−0.43）	（−2.24）	（−0.95）	（−0.94）
Cash	−0.0807*	−0.2093***	−0.0141	−0.1293**	−0.0126	−0.0775	−0.0728
	（−1.94）	（−2.77）	（−0.29）	（−2.04）	（−0.24）	（−1.34）	（−1.40）
Cashflow	0.1557**	0.1449	0.1401*	0.1630	0.1417*	0.1960**	0.1322
	（2.33）	（1.00）	（1.90）	（1.58）	（1.68）	（1.96）	（1.59）
First	−0.0554	−0.0724	−0.0448	−0.0668	−0.0231	−0.0349	−0.0760*
	（−1.43）	（−0.90）	（−1.08）	（−1.23）	（−0.47）	（−0.61）	（−1.76）
Dual	−0.0168	0.0349	−0.0279**	−0.0052	−0.0230	−0.0276*	−0.0056
	（−1.55）	（0.94）	（−2.52）	（−0.32）	（−1.63）	（−1.73）	（−0.44）
Indep	−0.0864	−0.1401	−0.0366	−0.0963	−0.0466	0.0127	−0.1742*
	（−1.04）	（−1.00）	（−0.36）	（−0.85）	（−0.40）	（0.11）	（−1.68）
Industry	控制	控制	控制	控制	控制	控制	控制
Year	控制	控制	控制	控制	控制	控制	控制
常数项	0.1208	0.3766	−0.0158	0.6315***	−0.5700**	0.2579	−0.0342
	（0.93）	（1.37）	（−0.12）	（2.80）	（−2.32）	（1.34）	（−0.21）
调整的 R^2	0.0584	0.0699	0.0488	0.0925	0.0274	0.0569	0.0589
N	8683	2805	5878	4341	4342	4413	4270

注：括号中为 t 值，并经过了 White（1980）异方差修正，回归考虑了公司层面的聚类效应

***、**和*分别表示1%、5%和10%的显著性水平

3.5.2　固定效应模型检验

为了控制个体公司特征带来的估计偏误，本章引入公司固定效应（Firm）控制非时变因素对于被解释变量的影响，回归结果如表 3.8 所示。从中可

以发现，交互项 Post×Treat 的系数 β_1 在第（1）、（2）、（4）、（6）列中均显著为正，而在第（3）、（5）、（7）列中均不显著，这表明绿色税制能够显著提高重污染企业绿色投资水平，并且这一现象在国有性质、规模大、分析师关注度高的公司中更为明显，以上检验结果仍然很好地支持了本章研究假说 H3.1～H3.4。

表 3.8　固定效应模型检验结果

变量	（1）全样本	（2）国有企业	（3）非国有企业	（4）公司规模大	（5）公司规模小	（6）分析师关注度高	（7）分析师关注度低
Post×Treat	0.036 8***	0.058 1***	0.024 4	0.061 1***	0.013 2	0.042 3**	0.010 2
	(2.88)	(2.62)	(1.53)	(3.33)	(0.77)	(2.34)	(0.56)
Post	−0.012 7	−0.031 9*	−0.012 8	−0.027 1**	−0.024 6	−0.009 6	−0.034 8***
	(−1.25)	(−1.95)	(−1.18)	(−2.14)	(−1.56)	(−0.71)	(−2.68)
Treat	−0.054 5	−0.014 9	−0.049 6	−0.099 8*	0.016 6	−0.179 0	0.004 2
	(−1.41)	(−0.41)	(−0.95)	(−1.68)	(0.34)	(−1.63)	(0.12)
Soe	−0.034 1			−0.036 9	−0.046 8	−0.007 1	0.005 4
	(−0.98)			(−0.60)	(−1.24)	(−0.19)	(0.20)
Follow	0.011 5**	0.019 0	0.008 4	0.012 5*	0.006 9	0.012 1	0.013 8
	(2.12)	(1.61)	(1.42)	(1.68)	(0.88)	(1.10)	(1.25)
Size	−0.001 4	−0.002 4	0.005 9	−0.007 1	0.037 3*	−0.002 9	−0.002 8
	(−0.13)	(−0.09)	(0.56)	(−0.35)	(1.65)	(−0.14)	(−0.23)
Lev	0.028 2	0.056 0	0.020 8	−0.044 6	0.090 2*	−0.044 7	0.070 9*
	(0.78)	(0.55)	(0.57)	(−0.68)	(1.66)	(−0.67)	(1.78)
Roa	0.087 2*	0.024 8	0.099 4**	0.085 1	0.057 6	−0.070 9	0.175 0***
	(1.75)	(0.19)	(1.99)	(0.94)	(0.90)	(−0.80)	(2.66)
Growth	0.000 8	0.000 3	0.001 2	0.001 4	0.000 6	−0.001 1	−0.000 4
	(0.36)	(0.08)	(0.40)	(0.43)	(0.15)	(−0.13)	(−0.15)
Age	0.057 0***	0.106 0	0.055 4***	0.111 5**	0.042 2*	0.065 0**	0.074 8***
	(3.16)	(1.63)	(2.95)	(2.41)	(1.82)	(2.38)	(2.60)
Cash	0.010 6	−0.126 8	0.049 3	−0.012 5	0.018 5	0.077 4	−0.011 8
	(0.26)	(−1.04)	(1.19)	(−0.16)	(0.38)	(1.23)	(−0.21)
Cashflow	0.008 2	−0.048 7	0.042 2	−0.032 8	−0.016 3	0.034 9	0.012 3
	(0.18)	(−0.57)	(0.76)	(−0.51)	(−0.24)	(0.40)	(0.21)
First	−0.080 1	−0.151 1	−0.033 4	0.038 4	−0.012 3	0.114 6	−0.017 2
	(−0.76)	(−0.70)	(−0.32)	(0.42)	(−0.06)	(1.02)	(−0.13)

续表

变量	（1）全样本	（2）国有企业	（3）非国有企业	（4）公司规模大	（5）公司规模小	（6）分析师关注度高	（7）分析师关注度低
Dual	0.002 7	0.015 5	−0.000 9	0.006 2	0.000 9	−0.010 3	−0.013 4
	(0.26)	(0.69)	(−0.07)	(0.36)	(0.06)	(−0.69)	(−0.86)
Indep	−0.040 7	−0.198 1	0.085 7	−0.092 6	−0.015 2	−0.011 9	−0.065 3
	(−0.49)	(−1.27)	(0.92)	(−0.81)	(−0.12)	(−0.09)	(−0.49)
Firm	控制	控制	控制	控制	控制	控制	控制
Industry	控制	控制	控制	控制	控制	控制	控制
Year	控制	控制	控制	控制	控制	控制	控制
调整的 R^2	0.009 6	0.019 3	0.009 3	0.018 3	0.009 7	0.018 3	0.006 6
N	11 529	3 693	7 836	5 765	5 764	5 728	5 801

注：括号中为 t 值，并经过了 White（1980）异方差修正，回归考虑了公司层面的聚类效应
***、**和*分别表示 1%、5%和 10%的显著性水平

3.5.3　安慰剂检验

前文研究发现，绿色税制显著提高了重污染企业绿色投资水平，但如果实验组和控制组企业绿色投资水平差异在《环境保护税法》出台之前已经存在，那么就有理由质疑《环境保护税法》事件并非完全的外生冲击事件。为了消除这一问题的影响，借鉴王茂斌和孔东民（2016）的方法，本章将政策事件前置 2 年，选择 2015 年作为虚拟的《环境保护税法》出台事件年度，定义 2015～2016 年 Post 取值为 1，2013～2014 年 Post 取值为 0。表 3.9 列出了安慰剂检验结果，从中可以看出，各列中交互 Post×Treat 的系数 β_1 均为负，这与前文的基木回归结果并不一致，意味着前文的分析结果不是由常规性的随机因素导致的，而是 2016 年底的《环境保护税法》出台事件导致了本章的实证发现。由此，本章的研究假说进一步得到支持。

表 3.9　安慰剂检验结果

变量	（1）全样本	（2）国有企业	（3）非国有企业	（4）公司规模大	（5）公司规模小	（6）分析师关注度高	（7）分析师关注度低
Post×Treat	−0.0189	−0.0261	−0.0114	−0.0356*	−0.0077	−0.0129	−0.0230
	(−1.52)	(−1.24)	(−0.72)	(−1.91)	(−0.43)	(−0.66)	(−1.33)

续表

变量	（1）全样本	（2）国有企业	（3）非国有企业	（4）公司规模大	（5）公司规模小	（6）分析师关注度高	（7）分析师关注度低
Post	0.0028	0.0155	−0.0111	0.0038	−0.0026	−0.0128	0.0081
	(0.35)	(1.34)	(−1.22)	(0.37)	(−0.25)	(−1.03)	(0.85)
Treat	0.0868***	0.1491***	0.0524***	0.1371***	0.0397**	0.0932***	0.0800***
	(4.68)	(3.61)	(2.90)	(4.28)	(2.31)	(3.07)	(3.89)
Soe	0.0300**			0.0283*	0.0331**	0.0248	0.0326**
	(2.47)			(1.77)	(2.03)	(1.35)	(2.21)
Follow	0.0024	0.0012	0.0018	0.0035	0.0003	0.0069	0.0017
	(0.53)	(0.14)	(0.34)	(0.53)	(0.05)	(0.60)	(0.21)
Size	−0.0002	−0.0028	0.0030	−0.0142*	0.0166**	−0.0037	0.0024
	(−0.06)	(−0.36)	(0.58)	(−1.74)	(2.03)	(−0.51)	(0.43)
Lev	0.0508*	0.0294	0.0531*	0.0644	0.0509	0.0332	0.0613**
	(1.85)	(0.57)	(1.71)	(1.42)	(1.56)	(0.68)	(2.03)
Roa	−0.0842	−0.0379	−0.0688	−0.1033	−0.1283*	−0.3194***	0.0204
	(−1.29)	(−0.29)	(−0.92)	(−0.79)	(−1.85)	(−2.72)	(0.27)
Growth	−0.0027	−0.0015	−0.0039*	−0.0057*	−0.0008	−0.0005	−0.0040**
	(−1.55)	(−0.48)	(−1.96)	(−1.84)	(−0.41)	(−0.14)	(−1.99)
Age	−0.0080	0.0053	−0.0111*	0.0128	−0.0216***	−0.0073	−0.0075
	(−1.30)	(0.38)	(−1.69)	(1.35)	(−3.07)	(−0.82)	(−0.91)
Cash	−0.0776***	−0.1597***	−0.0406	−0.0996**	−0.0412	−0.1011**	−0.0554
	(−2.81)	(−2.97)	(−1.26)	(−2.20)	(−1.23)	(−2.37)	(−1.59)
Cashflow	0.0991**	0.1484	0.0689	0.1199	0.0909	0.1697**	0.0839
	(2.07)	(1.63)	(1.28)	(1.63)	(1.57)	(2.26)	(1.42)
First	−0.0252	−0.0486	−0.0160	−0.0205	−0.0302	−0.0570	0.0058
	(−0.82)	(−0.94)	(−0.41)	(−0.50)	(−0.71)	(−1.21)	(0.16)
Dual	0.0039	0.0536*	−0.0087	−0.0015	0.0096	−0.0025	0.0106
	(0.41)	(1.93)	(−0.88)	(−0.11)	(0.74)	(−0.17)	(0.93)
Indep	−0.0630	−0.1263	−0.0138	−0.1274	−0.0033	−0.0191	−0.0853
	(−0.95)	(−1.12)	(−0.17)	(−1.41)	(−0.03)	(−0.20)	(−1.00)
Industry	控制	控制	控制	控制	控制	控制	控制
Year	控制	控制	控制	控制	控制	控制	控制
常数项	0.0741	0.1606	0.0029	0.3800**	−0.2921*	0.1518	0.0031
	(0.78)	(1.02)	(0.03)	(2.18)	(−1.66)	(0.95)	(0.02)

续表

变量	（1）	（2）	（3）	（4）	（5）	（6）	（7）
	全样本	国有企业	非国有企业	公司规模大	公司规模小	分析师关注度高	分析师关注度低
调整的 R^2	0.0465	0.0640	0.0377	0.0818	0.0227	0.0460	0.0453
N	9903	3619	6284	4951	4952	4923	4980

注：括号中为 t 值，并经过了 White（1980）异方差修正，回归考虑了公司层面的聚类效应

***、**和*分别表示 1%、5%和 10%的显著性水平

3.5.4 动态效应分析检验

双重差分模型估计的前提条件是实验组（重污染企业）与控制组（非重污染企业）在《环境保护税法》出台之前具有同趋势性。为了更清楚地识别绿色税制对企业绿色投资的影响，在模型中引入 Year2016×Treat、Year2017×Treat、Year2018×Treat 变量[①]，进一步考察绿色税制对企业绿色投资的动态影响，检验结果如表 3.10 所示。从中可以看出，交互项 Year2016×Treat 的系数为负且不显著，而在《环境保护税法》出台之后，Year2017×Treat、Year2018×Treat 的系数均显著为正。这说明在《环境保护税法》出台之前，重污染企业与非重污染企业绿色投资没有显著性差异，而在《环境保护税法》出台之后，重污染企业与非重污染企业绿色投资存在显著性差异。

表 3.10　动态效应检验结果

变量	（1）	（2）
Treat	0.101 7***	0.084 5***
	(8.23)	(5.29)
Year2016	0.002 7	0.002 7
	(0.77)	(0.75)
Year2017	0.001 7	0.003 8
	(0.53)	(1.12)
Year2018	0.006 0*	0.008 4**
	(1.68)	(2.07)
Year2016×Treat	−0.003 9	−0.004 4
	(−0.33)	(−0.38)
Year2017×Treat	0.027 9*	0.027 6*
	(1.94)	(1.92)

① Year2016、Year2017、Year2018 分别为 2016 年、2017 年、2018 年的年度虚拟变量。

续表

变量	（1）	（2）
Year2018×Treat	0.032 0**	0.031 2*
	（1.98）	（1.94）
Soe		0.043 0***
		（3.54）
Follow		0.003 7
		（0.90）
Size		−0.003 2
		（−0.79）
Lev		0.049 8**
		（2.04）
Roa		0.036 8
		（0.95）
Growth		0.001 7
		（0.42）
Age		0.000 1
		（0.00）
Cash		−0.055 8*
		（−1.92）
Cashflow		0.133 8***
		（3.00）
First		−0.018 7
		（−0.73）
Dual		−0.003 0
		（−0.41）
Indep		−0.065 7
		（−1.16）
Industry	控制	控制
Year	控制	控制
常数项	0.017 0***	0.093 4
	（6.45）	（1.11）
调整的 R^2	0.040 0	0.064 5
N	11 529	11 529

注：括号中为 t 值，并经过了 White（1980）异方差修正，回归考虑了公司层面的聚类效应

***、**和*分别表示 1%、5%和 10%的显著性水平

3.5.5　替代性假说排除检验

前文研究结果表明，绿色税制显著提升了重污染企业绿色投资水平。由于环境污染具有外部性特征，环境治理的收益小于成本，从理性经济人出发，治理者并没有积极进行环境治理的动力。为此，政府会对企业绿色投资予以资金和政策支持，给予一定的环保补贴，激励企业更好地履行环境治理责任。那么，绿色税制使得重污染企业较非重污染企业绿色投资水平增加，是否因为重污染企业较非重污染企业获得的政府环保补助差异而导致这一现象呢？基于这一考虑，本章构建如下双重差分模型：

$$Subsidy = \alpha + \beta_1 \times Post \times Treat + \beta_2 \times Post + \beta_3 \times Treat \\ + \beta_i \times \sum Controls + \varepsilon \tag{3.2}$$

其中，Subsidy 为被解释变量，表示企业获得的政府环保补助。Subsidy 包括了政府环保补助金额加 1 后的自然对数（Subsidy_1）、政府环保补助金额占企业营业收入的比例（Subsidy_2）、政府环保补助金额占企业总资产的比例（Subsidy_3）三种度量方式，互为稳健性检验。政府环保补贴数据来源于公司年报附注中的政府补助项目，手工收集整理了企业获得的环境污染物在线监测、烟气脱硫、COD（chemical oxygen demand，化学需氧量）减排奖励、废水处理、环境治理等环保补助数据。其他变量同前文式（3.1）。表 3.11 列出了考虑政府补助的排他性检验结果，可以看出，各列中交互项 Post×Treat 的系数 β_1 均显著为负，表明《环境保护税法》出台之后，重污染企业并没有比非重污染企业获得更多的政府环保补助，反而有所减少，一定程度上可以排除政府环保补贴替代性假说，很好地支持了本章的研究假说 H3.1。

表 3.11　考虑政府环保补贴的排他性检验结果

变量	（1） Subsidy_1	（2） Subsidy_2	（3） Subsidy_3
Post×Treat	−0.706 4***	−0.007 0*	−0.002 9*
	（−3.08）	（−1.79）	（−1.76）
Post	−1.560 1***	−0.019 1***	−0.007 1***
	（−9.90）	（−7.15）	（−6.84）
Treat	1.601 8***	0.016 9***	0.008 3***
	（4.87）	（3.09）	（3.52）

续表

变量	（1）	（2）	（3）
	Subsidy_1	Subsidy_2	Subsidy_3
Soe	0.866 5***	0.009 0***	0.004 5***
	(3.88)	(2.70)	(3.33)
Follow	−0.182 6**	−0.001 9*	−0.000 4
	(−2.38)	(−1.76)	(−1.02)
Size	0.560 6***	−0.002 4*	−0.002 0***
	(5.79)	(−1.66)	(−3.36)
Lev	1.682 9***	0.019 4**	0.014 7***
	(3.44)	(2.29)	(4.27)
Roa	0.695 8	−0.044 7**	0.001 2
	(0.68)	(−2.33)	(0.17)
Growth	−0.173 2***	0.000 3	−0.000 5
	(−2.87)	(0.26)	(−1.16)
Age	0.241 3**	−0.000 2	0.000 3
	(2.25)	(−0.14)	(0.44)
Cash	−2.886 2***	−0.025 1***	−0.013 1***
	(−4.41)	(−2.65)	(−3.54)
Cashflow	3.522 9***	−0.013 4	0.008 8
	(3.58)	(−0.85)	(1.24)
First	−0.992 8	−0.009 6	−0.002 5
	(−1.64)	(−1.08)	(−0.70)
Dual	−0.302 3*	−0.001 7	−0.001 0
	(−1.81)	(−0.64)	(−0.93)
Indep	−3.788 4***	−0.019 7	−0.006 0
	(−2.83)	(−1.04)	(−0.73)
Industry	控制	控制	控制
Year	控制	控制	控制
常数项	−3.108 8	0.132 9***	0.069 0***
	(−1.45)	(3.63)	(4.94)
调整的 R^2	0.116 0	0.046 0	0.042 5
N	11 529	11 529	11 529

注：括号中为 t 值，并经过了 White（1980）异方差修正，回归考虑了公司层面的聚类效应
***、**和*分别表示 1%、5%和 10%的显著性水平

此外，为了进一步避免变量极端值对本章回归结果可能产生的影响，本章改变极值处理方法重新检验，对相关连续变量均在 3%和 5%分位数进行了缩尾处理，本章的检验结果与前文一致，这表明本章的研究结论具有较好的稳健性。

3.6　本 章 小 结

本章实证检验了在新兴市场和转型经济体制背景下政治成本如何影响企业环境行为。利用 2016 年 12 月 25 日出台的《环境保护税法》这一具有自然实验性质的外生事件，以 2015～2018 年中国 A 股上市公司数据为研究样本，构造双重差分模型识别和审视绿色税制对重污染企业绿色投资的影响。研究结果显示，与控制组相比，重污染企业在《环境保护税法》出台后其绿色投资水平显著增加，经济意义和统计意义均显著。进一步研究显示，上述现象在规模大、国有性质、分析师关注度高的重污染企业中尤为明显，并进行了一系列稳健性检验，结果基本一致。总体来看，政治成本确是导致重污染企业提高绿色投资水平的重要原因，本章系统识别和审视绿色税制对企业环境行为的影响，不仅可以缓解内生性问题的困扰，而且从环境治理视角为绿色税制的效果评估提供了微观证据，丰富和拓展了环境治理与税制改革方面的研究文献，对理解新兴市场国家中政治成本如何影响企业环境行为，以及理解政府采用财政手段如何调整和影响企业环境行为及其后续税制改革和相关环境规制的制定具有一定的启示意义。

本章的发现对于绿色税制和环境治理具有重要的政策含义。首先，绿色税制在促进绿色生产和调节绿色消费方面能发挥税收的激励与限制作用，有助于解决生态环境保护与经济发展之间的矛盾与冲突，促进企业高质量可持续发展。当务之急，为调整消费结构、推行绿色消费、保护生态环境，有必要建立和完善以环境保护税为主体，以资源税、消费税、车船使用税、城镇土地使用税等涉及环境保护税种为补充的多层次绿色税收法律体系，采用综合财政税收政策调控企业环境行为，提高环境保护效率。其次，环境规制可通过压力效应促使企业积极参与环境治理，但也应注意政治成本的不同会带来企业绿色投资水平的"不对称性"的现象。在今后环境监管中，可以视企业所处的发展阶段及其自身特点采取渐进递增的动态环保税率，并辅以对环境保护税减免或环保补助，以降低企业环境治理成本，调动企业治污减排的积极性，激发企业减排治污的创新动力。同时，既要抓重点排污源头，又要兼顾公平与效率相统一的原则，对规模大小、行业差异、不同性质的企业应同等对待，切实提高企业环境治理水平。再次，环境保护税征收以现行排污费收费标准作为税额下限，税额上限为最低税额标准的 10 倍，具体适用税额由各省份自行确定。值得注意的是，各省份的差异化税率可能引发"上有政策，下有对策"政策执行困境，或将导致污染转移（如厂址搬迁）。政府监管部门在引导企业加强环境保护和治理的同时，应在制度保障上引入社会公众、媒体等社会力量来监督企业环境行为。例如，2020 年 3 月，中共中央办公厅、国务院办公厅印发《关于构建现代环境治理体系的指导意见》指出，提高治污能力和水平。加强企业环境治理责任制度建设，督促企业严格执行法律法规，接受社会监督。最后，环境治理是一项系统工程，仅靠政府部门监管是不够的，更为重要的是要沿着"政府监管—市场监督—市场治理"的逻辑渐进式推进，充分发挥市场力量，增加企业环境污染的违法成本，强化环境评估和考核在 IPO 申请、再融资、募集资金投向等环节的应用，运用资本市场投资者的市场反应这一市场机制来倒逼企业提高环境治理水平，促进企业转型升级，实现绿色可持续发展。

第4章　绿色税制与企业技术创新

"波特效应"假说认为,严格合理的环境规制有利于提高企业技术创新。为了更好地检验"波特效应"假说,本章重点探讨绿色税制对企业技术创新的影响。毋庸置疑,企业创新是协同环境保护与经济发展的重要途径,即环境规制对企业技术创新具有溢出效应。绿色税制是政府采用财政手段协调经济发展与环境治理之间矛盾的重要工具,2016年12月25日我国《环境保护税法》的出台,堪称中国税制绿色化进程的里程碑事件。本章借助这一准自然实验的外生事件,采用双重差分模型检验了绿色税制对企业技术创新水平的影响。研究结果显示,与非重污染企业相比,绿色税制使得重污染企业技术创新水平上升了32.31%,相当于专利申请量平均增加约 1.381 项,即《环境保护税法》的出台对企业技术创新具有溢出效应。进一步的研究结果表明,与非重污染企业相比,绿色税制显著提高了重污染企业技术创新水平的现象在非国有性质、低融资约束、行业竞争程度低的企业中更为明显。此外,政府给予企业的环保补贴对绿色税制的企业技术创新溢出效应的激励作用有限,企业绿色投资对企业技术创新并不存在挤出效应。以上结果在经过一系列稳健性测试后依然稳健。

4.1　问题的提出

中国经济自改革开放以来保持了40多年的高速增长,成为仅次于美国的世界第二大经济体。为此,党和政府高度重视,党的十八大提出了"大力推进生态文明建设"的战略决策;党的十九大报告指出要坚决打好防范化解重大风险、精准脱贫、污染防治的攻坚战,并提出要"像对待生命一样对待生态环境""实行最严格的生态环境保护制度""构建政府为主导、企业为主体、社会组织和公众共同参与的环境治理体系"。鉴于环境治理是一个系统工程,需要综合运用行政、经济、市场、法治、科技等多种手段,2016年12月25日,中华人民共和国第十二届全国人民代表大会常务委员会通过了《环境保护税法》,与现有的《环保法》《中华人民共和国大气污染防治法》《中华人民共和国噪声污染防治法》《中华人民共和国水污染防治法》《中华人民共和国土壤污染防治法》《中华人民共和国固体废物污染环境防治法》《企业事业单位突发环境事件应急预案备案管理办法（试行）》《企业突发环境事件风险评估报告编制指南（试行）》《建设项目环境保护管理条例》《建设项目环境影响评价分类管理名录》等环境相关法律法规共同构筑了一个完整的环境保护制度体系。他山之石，可以攻玉，政府通过向企业征收环境保护税，从被动治理向主动治理转变，倒逼企业进行排污减排，从而遏制环境污染的蔓延，大力推进生态文明建设。

中央绿色发展理念能否切实转化为企业环境治理的动力，取决于作为污染主体的企业对中央环保政策的回应策略。环境问题具有外部性特征，治理环境污染的关键在于将环境的外部性成本制度化和内在化。庇古的外部效应理论和双重红利理论认为，税收调控是将环境污染带来的外部性问题转化为排污者排污的内部成本的有效措施，从而实现环境治理的目标（Pearce，1991；Gradus and Smulders，1993）。"波特效应"假说认为，严格合理的环境规制有利于提高企业技术创新水平，从而抵消掉部分或全部的环境成本，使得企业在市场上占据有利地位（Porter，1991；Lee et al.，2011）。2016 年 12 月，《环境保护税法》出台，这是一项利用财政税收政策来调控和改善生态环境的重要制度设计。《环境保护税法》是我国首部专门体现绿色税制、大力推进生态文明建设的单行税法，实现了费改税的平稳转移；体现了"谁污染，谁付费，谁治理"的基本原则，旨在将企业环境污染的社会成本内部化，势必会对企业生产经营活动、投资决策、环境信息披露等方面产生重要影响。面对逐渐增强的环境规制，企业是选择被动接受污染处罚继续生产，还是主动加大创新力度实现绿色生产？这是一个有待检验而且十分有趣的科学问题。《环境保护税法》的出台这一准自然实验的外生事件，为检验环境规制的"波特效应"假说提供了难得的实验场景，也对识别和审视绿色税制推动企业技术创新具有积极意义。

鉴于此，本章利用 2016 年 12 月 25 日出台的《环境保护税法》为准自然实验，以 2015～2018 年中国 A 股上市公司数据为研究样本，基于"波特效应"假说的理论分析框架，构造双重差分模型对绿色税制能否推动企业创新活动进行实证研究。本章研究发现：①总体而言，《环境保护税法》的出台对企业创新具有溢出效应，即与非重污染企业相比，绿色税制使重污染企业技术创新水平上升了 32.31%，相当于专利申请量平均增加约 1.381 项；②绿色税制显著提高了重污染企业技术创新水平的现象在非国有性质、低融资约束、行业竞争程度低的企业中更为明显；③政府给予企业的环保补贴对绿色税制的企业技术创新溢出效应的激励作用有限，同时发现企业绿色投资对企业技术创新并不存在挤出效应。

与已有文献相比，本章的研究贡献主要体现在以下几方面。首先，利用《环境保护税法》出台这一外生政策冲击，检验了绿色税制在中国能否实现"波特效应"假说，从政府财税政策调控视角丰富和拓展了绿色税制改革和企业技术创新研究的相关文献，也为"波特效应"假说提供了一个可能的理论支撑。其次，借助《环境保护税法》为自然实验事件，构造双重差分模型，系统识别和审视绿色税制对企业技术创新水平的影响，不仅可以缓解内生性问题的困扰，而且从企业技术创新水平视角为绿色税制的效果评估提供了微观证据，这对于理解政府采用财政手段如何调整影响企业环境行为、推动企业技术创新及其后续税制改革和相关环境规制的制定具有一定的参考价值。最后，绿色税制是政府采用财政手段将企业环境污染的社会成本内部化的重要工具，本章的研究为政府完善税收体系，引导企业遵守《环境保护税法》并主动防污减排提供了理论基础和决策依据，同时也有助于增强企业的环保意识和社会责任感，加快企业转型升级步伐，加大治污减排力度，进而实现可持续发展。

4.2 理论分析与研究假说

制度是一种兼具激励与约束功能的行为规范，行为人在进行成本与效益的比较以后最终决定是否遵守制度（葛守昆和李慧，2010）。事实上，制度建设是环境污染治理的决定因素，只有实行最严格的制度和最严密的法治，才能实现环境保护与经济发展的协同。这也折射出环境规制政策改革的紧迫性和必要性（胡珺等，2017）。已有研究发现，企业创新是协同环境保护与经济发展的重要途径，即环境规制对企业技术创新具有溢出效应，支持"波特效应"假说（Porter，1991；Innes，2006；Horbach，2008；Johnstone et al.，2010；Lee et al.，2011；曾义等，2016；李园园等，2019；胡珺等，2020）。但也有研究持不同的观点，认为环境规制对企业技术创新并非存在溢出效应，而是挤出效应或是一种非线性关系（Jorgenson and Wilcoxen，1990；Dean and Brown，1995；Daddi et al.，2010；Ramanathan et al.，2010；Kneller and Manderson，2012；蒋伏心等，2013）。至今，理论界对于环境规制与企业技术创新之间关系尚未形成完全一致的结论，产生分歧的原因可能是环境规制主体和作用机制不同，或是选取样本企业的行业以及市场环境差异所致。

以高耗能和高污染为特征的粗放型增长推动我国经济快速发展，与之相应的环境规制也在渐进中前行。环境治理是一项系统工程，单一的环境规制工具难以起到理想的效果，需要综合运用行政、经济、市场、法治、科技等多种手段环境规制工具组合，才能实现环境保护与治理的目标。庇古的外部效应理论和双重红利理论认为，财政税收手段是将环境污染带来的外部性问题转化为排污者排污内部成本的最有效环境规制工具之一（Pearce，1991；Gradus and Smulders，1993）。我国《环境保护税法》于 2016 年 12 月正式出台，是一项兼顾行政和经济等多种手段的综合性环境规制工具，是利用财政税收政策来调控、规范和改善生态环境的重要制度设计，也是我国税制绿色化改革的里程碑事件。这为本章利用外生政策冲击事件，检验综合性环境规制工具对企业创新的影响提供了契机。环境保护税主要通过价格机制内化环境污染的外部性成本，主要针对大气污染物、水污染物、固体废物和噪声等四大类 117 种主要污染因子进行征税。

本章认为，绿色税制至少在以下三方面对企业技术创新存在积极的推动效应。首先，通过企业技术创新来缓解环境成本压力。《环境保护税法》的出台不仅从法律层面弥补了《排污费征收标准管理办法》不足，而且从制度层面初步构建起了我国的环境保护税体系的基本框架，使得企业面临的环境成本和环境不当行为风险急剧增加。若企业维持原有生产技术、工艺和生产方式，不仅难以满足环境监管的要求，而且环境成本也会进一步增加，这与企业追求利润最大化的目标相悖，从而使得企业管理层有动机"以变应变"，通过企业技术创新来改进生产技术和淘汰落后工艺，最终缓解环境成本压力（Lanoie et al.，2008；曾义等，2016；胡珺等，2020）。其次，通过企业技术创新来规避政治成本压力。绿色税制提高了税收的合规性和纳税人的环保意识以及环境治理的主观能动性，更为重要的是激发了企业管理层创新的意愿。往往污染排放的重要源头企业更容易引起环保部门、税务部门、社会公众和其他利益相关者的关注，使其面临较高的政治成本（刘运国和刘梦宁，2015；Cheng et al.，2022）。企业为了规避或者减轻监管部门和社会公众关注过多面临的政治成本，有强烈的意愿提高企业技术创新能力来应对环境风险，缓解政治成本压力。最后，潜在收益增强企业管理层创新动机。一方面，创新的不确定性削弱了管理层创新动力（Tian and Wang，2014），但绿色税制增加了企业技术创新的约束条件，明确了企业技术创新的路径选择，有助于激发管理层的创新潜能和提高企业技术创新的成功率（曾义等，2016）；另一方面，企业技术创新有助于降低生产成本、提高产品差异化以及塑造企业形象，从而获得产品市场竞争优势，赢得消费者、社会公众以及利益相关者的认可。并且，管理层进行创新的动机随企业技术创新的潜在收益增加而随之增强（胡珺等，2020）。基于以上分析，提出本章的研究假说 H4.1。

H4.1：与非重污染企业相比，绿色税制对重污染企业技术创新具有溢出效应。

非国有企业多以经济目标为导向，而国有企业则与其不同，国有企业董事长、总经理由上级政府主管部门任命（Wong，2016），使得国有企业与政府保持着天然的紧密联系，以至于国有企业具有多目标任务，除了经济目标以外，还承担着扩大就业、维护稳定、财政负担、环境治理等多元化的政治目标（Lin and Tan，1999；Chen et al.，2011；林毅夫和李志赟，2004；刘瑞明和石磊，2010；唐松和孙铮，2014）。本章认为，与国有企业相比，绿色税制对重污染企业技术创新具有溢出效应的现象在非国有企业中更为明显，这是有以下两方面原因。一方面，绿色税制虽然可以倒逼企业技术创新，但国有企业较非国有企业所承担的政策性负担可能耗费企业资源并且影响生产经营活动以及降低企业的资源配置效率，进而可能挤兑企业技术创新投入；同时，企业技术创新具有期限长、风险大、收益不确定性等特征，其决策很大程度上受管理层动机的影响。非国有企业面临绿色税制带来的环境成本压力、政治成本压力以及创新的潜在收益，通过企业技术创新迎合政策获取资源（如银行贷款、政府补贴、税收优惠等）以及缓解压力（如环境成本压力和政治成本压力）的动机更强。基于以上分析，提出本章的研究假说 H4.2。

H4.2：与非重污染企业相比，绿色税制对重污染企业技术创新具有溢出效应的现象在非国有企业中更为明显。

企业技术创新带有很大的不确定性，往往需要较长的时间、需要投入大量资金并且冒很大的风险才能实现预期收益（Chen and Hsu，2009）。已有文献表明，企业面临的融资约束会抑制企业技术创新活动的开展（Brown et al.，2009；Hsu et al.，2014；Cornaggia et al.，2015；解维敏和方红星，2011；鞠晓生等，2013）。本章认为，与融资约束水平高的企业相比，绿色税制对重污染企业技术创新具有溢出效应的现象在融资约束水平低的企业中更为明显，这是有以下两方面原因。一方面，创新过程需要大量的资金来维持长期的投入，并且创新过程具有高度的信息不对称，创新产出一般是无形的，难以作为抵押品获得银行贷款，使得创新活动面临严重的外部融资约束（Brown et al.，2009；Hottenrott and Peters，2012；余明桂等，2019）。另一方面，由于金融市场尚不够完善，银行贷款仍然是企业获得外部融资的主要来源，由于企业技术创新具有周期长、不确定性高、风险收益不确定等特征，加剧了企业贷款难度，进而影响企业技术创新活动。因此，绿色税制对重污染企业技术创新具有溢出效应的影响会受到企业融资约束的影响，若企业不存在融资约束，意味着企业有足够的资金支持创新活动。相反，随着企业融资约束加剧，企业技术创新活动资金安排必将受到约束和限制。基于以上分析，提出本章的研究假说 H4.3。

H4.3：与非重污染企业相比，绿色税制对重污染企业技术创新具有溢出效应的现象在融资约束水平低的企业中更为明显。

毋庸置疑，绿色税制对重污染企业技术创新具有溢出效应的现象还会受到行业竞争程度的影响。本章认为，与处在行业竞争程度高的企业相比，绿色税制对重污染企业技术创新具有溢出效应的现象在行业竞争程度低的企业中更为明显，这是有以下两方面原因。一方面，企业技术创新需要耗费大量的资金，并且短期内难以为企业带来直接的经济利益。因而，行业竞争程度越高，意味着该行业内的竞争越激烈，处在该行业内的企业面临更高的经营风险和压力（Hou and Robinson，2006），同时企业面临竞争对手的威胁也随之增多，面临绩效考核和雇佣风险的双重压力，引发企业管理层的职业忧虑，进而诱发其短视行为，以至于逐利的企业管理层有较强动机采取减少企业技术创新投入来增加现金流和改善企业业绩。另一方面，行业竞争压力主要源自企业的产品价格、生产成本控制、产品质量方面等与同行业竞争对手相比的不利差异（温日光和汪剑锋，2018），绿色税制将环境污染带来的外部性问题转化为排污者排污的内部成本，使得企业环境成本增加，在这种情况下，企业就有较强的动机通过削减创新投入来应对产品市场风险和压力，以解燃眉之急。基于以上分析，提出本章的研究假说 H4.4。

H4.4：与非重污染企业相比，绿色税制对重污染企业技术创新具有溢出效应的现象在行业竞争程度低的行业中更为明显。

4.3　研　究　设　计

4.3.1　模型设定与变量定义

为了考察绿色税制对企业技术创新水平的影响，本章利用《环境保护税法》出台这一准自然实验外生事件，借鉴 Bertrand 和 Mullainathan（2003，2004）、崔广慧和姜英兵（2019）的研究设计，构建如下双重差分模型：

$$PAT = \alpha + \beta_1 \times Post \times Treat + \beta_2 \times Post + \beta_3 \times Treat$$
$$+ \beta_i \times \sum Controls + \varepsilon \qquad (4.1)$$

其中，PAT 为被解释变量，表示企业技术创新水平；$\beta_1 \sim \beta_3$、β_i 为估计系数；ε 为误差项。借鉴 Balkin 等（2000）、Makri 等（2006）、Hsu 等（2014）、付明卫等（2015）、江轩宇（2016）等的做法，本章以企业专利申请数量衡量其企业技术创新水平（PAT_1）。同时，出于稳健性考虑，本章以企业发明专利申请量作为企业技术创新的另一个度量指标（PAT_2），以求更准确地刻画企业技术创新能力和水平。

Post 为《环境保护税法》出台的虚拟变量，《环境保护税法》出台前（即 2015～2016 年）Post 定义为 0，《环境保护税法》出台后（即 2017～2018 年）Post 定义为 1。参照刘运国和刘梦宁（2015）、胡珺等（2017）的研究，根据环境保护部公布的《上市公司环境信息披露指南》，结合证监会 2012 年修订的《上市公司行业分类指引》，本章将研究样本划为重污染行业（包括采掘业、纺织服务皮毛业、金属非金属业、生物医药业、石化塑胶业、造纸印刷业、水电煤气业和食品饮料业）和非重污染行业两组，对于重污染企业，Treat 定义为 1，否则 Treat 定义为 0。

Soe、SA 和 HHI 为分组变量。Soe 为产权性质，国有性质企业定义为 1，非国有企业定义为 0。SA 为企业融资约束水平，借鉴 Hadlock 和 Pierce（2010）的研究，采用 SA 指数衡量企业融资约束水平，具体计算公式为 $SA = -0.737 \times Size + 0.043 \times Size^2 - 0.04 \times Age$，其中 Size 为企业总资产的自然对数，Age 为上市年龄。HHI 为行业竞争程度，采用赫芬达尔指数来衡量，具体计算公式为 $HHI = \sum (X_i / X)^2$。其中 X_i 为公司 i 的市场份额，X 为行业内市场总规模。

Controls 为控制变量。参考已有文献常用设定（黎文靖和路晓燕，2015；胡珺等，2017；程博等，2018），回归模型中控制了产权性质（Soe）、公司规模（Size）、财务杠杆（Lev）、盈利能力（Roa）、成长能力（Growth）、研发投入（R&D）、上市年龄（Age）、经营现金流（Cashflow）、股权集中度（First）、两职合一（Dual）和独立董事比例（Indep）。此外，模型中控制公司（Firm）和年度（Year）固定效应。主要变量定义如表 4.1 所示。

表 4.1　变量定义说明

变量	变量定义
PAT 1	企业技术创新水平，企业当年专利申请总量加 1 的自然对数
Post	《环境保护税法》出台的虚拟变量，2017 年及之后定义为 1，之前则定义为 0
Treat	是否为重污染企业，重污染企业取 1，非重污染企业取 0
Soe	产权性质，国有性质企业定义为 1，非国有性质企业定义为 0
SA	融资约束水平，采用 SA 指数衡量企业融资约束程度
HHI	行业竞争程度，行业中所有企业市场份额的平方和（赫芬达尔指数）
Size	公司规模，企业总资产的自然对数
Lev	财务杠杆，企业负债总额与资产总额之比
Roa	盈利能力，企业净利润与资产总额之比
Growth	成长能力，企业营业收入增长率
R&D	研发投入，企业当年研发投入占主营业务收入的比例
Age	上市年龄，企业 IPO 以来所经历年限加 1 的自然对数
Cashflow	经营现金流，企业经营活动产生的净现金流量与资产总额之比
First	股权集中度，企业第一大股东持股比例
Dual	两职合一，总经理兼任董事长时取 1，否则取 0
Indep	独立董事比例，独立董事人数与董事会人数之比
Firm	公司固定效应
Year	年度固定效应

4.3.2　样本选择与数据来源

本章选择的准自然实验发生在 2016 年 12 月，因此将《环境保护税法》出台后年份定义为实验期（即 2017～2018 年），为保证实验事件发生前后的时间区间一致，选取 2015～2018 年为样本区间，研究对象为沪深两市 A 股上市公司。然后，剔除金融类公司、ST、*ST 公司以及核心数据缺失的样本，同时保证政策出台前后样本具有可比性，剔除仅有《环境保护税法》出台前或者《环境保护税法》出台后观测值的样本，最终获得 11 529 个公司–年度观测值。本章的研究数据来自 CSMAR 和 Wind 数据库，并结合上市公司年报、东方财富网、新浪财经网、金融界、巨潮资讯网、深圳证券交易所、上海证券交易所等专业网站所披露的信息对研究相关数据进行了核实和印证。为了保证数据有效性并消除异常值对研究结论的干扰，对相关连续变量均进行 1%的缩尾处理。

4.4 实证结果分析

4.4.1 描述性统计分析

表 4.2 报告了主要变量的描述性统计结果。从中可以看出，样本企业中企业技术创新水平（PAT_1）的均值为 0.424，标准差为 1.132，最小值为 0.000，最大值为 4.913，说明样本中企业技术创新水平差异较大。Post 的均值为 0.544，表明《环境保护税法》出台后的样本约占总样本的 54.4%；Treat 的均值为 0.365，表明样本中有 36.5% 的重污染企业。其他变量也存在一定的差异。

表 4.2 变量描述性统计

变量	样本量	均值	标准差	最小值	中位数	最大值
PAT_1	11 529	0.424	1.132	0.000	0.000	4.913
Post	11 529	0.544	0.498	0.000	1.000	1.000
Treat	11 529	0.365	0.482	0.000	0.000	1.000
Soe	11 529	0.320	0.467	0.000	0.000	1.000
SA	11 529	4.878	1.542	2.156	4.641	9.936
HHI	11 529	0.257	0.278	0.028	0.128	1.000
Size	11 529	22.252	1.282	19.732	22.106	26.104
Lev	11 529	0.423	0.206	0.060	0.411	0.939
Roa	11 529	0.034	0.068	−0.322	0.035	0.194
Growth	11 529	0.414	1.076	−0.783	0.158	7.988
R&D	11 529	0.037	0.042	0.000	0.031	0.233
Age	11 529	2.139	0.872	0.000	2.197	3.258
Cashflow	11 529	0.043	0.069	−0.172	0.043	0.239
First	11 529	0.337	0.145	0.087	0.316	0.742
Dual	11 529	0.281	0.450	0.000	0.000	1.000
Indep	11 529	0.377	0.054	0.333	0.364	0.571

4.4.2 相关性统计分析

表 4.3 报告了变量的皮尔逊相关系数分析结果。可以发现，模型中大部分变量的相关系数绝对值没有超过 0.30，进一步对所有进入模型的解释变量和控制变量进行方差膨胀因子诊断，结果显示方差膨胀因子均值为 1.33，最大值为 1.73，最小值为 1.02，均小于 2，表明变量之间共线性问题不严重。

表 4.3　变量的皮尔逊相关系数分析结果

变量	PAT_1	Post	Treat	Soe	SA	HHI	Size	Lev	Roa	Growth	R&D	Age	Cashflow	First	Dual	Indep
PAT_1	1.000															
Post	-0.073***	1.000														
Treat	0.037**	-0.014	1.000													
Soe	-0.013	-0.049***	0.042***	1.000												
SA	-0.016*	0.028***	0.012	0.360***	1.000											
HHI	-0.037***	0.075***	-0.112***	0.063***	0.050***	1.000										
Size	-0.016	0.027***	0.014	0.365***	0.998***	0.050***	1.000									
Lev	-0.046***	-0.004	-0.072***	0.273***	0.493***	0.047***	0.495***	1.000								
Roa	0.059***	0.004	0.073***	-0.074***	0.011	-0.035***	0.009	-0.362***	1.000							
Growth	-0.018*	-0.057***	-0.108***	0.036***	0.015	-0.042***	0.015	0.065***	0.002	1.000						
R&D	0.098***	0.050***	-0.176***	-0.247***	-0.248***	-0.079***	-0.252***	-0.295***	0.006	0.023**	1.000					
Age	-0.051***	-0.025***	0.060***	0.437***	0.387***	0.025***	0.413***	0.350***	-0.228***	0.060***	-0.256***	1.000				
Cashflow	0.030***	-0.033***	0.152***	0.030***	0.060***	0.004	0.060***	-0.178***	0.371***	-0.096***	-0.039***	-0.049***	1.000			
First	-0.017*	-0.017*	0.041***	0.243***	0.208***	0.024***	0.200***	0.044***	0.150***	-0.014	-0.147***	-0.092***	0.136***	1.000		
Dual	-0.002	0.033***	-0.044***	-0.285***	-0.170***	-0.014	-0.176***	-0.124***	0.056***	-0.015	0.146***	-0.230***	-0.007	-0.028***	1.000	
Indep	-0.014	0.013	-0.043***	-0.049***	-0.006	0.007	-0.013	-0.006	-0.031***	0.023***	0.058***	-0.023***	-0.014	0.038***	0.112***	1.000

***、**和*分别表示 1%、5%和 10%的显著性水平

4.4.3　平行趋势假定检验

双重差分模型估计的前提条件是实验组与控制组在《环境保护税法》出台这一外生政策冲击之前具有同趋势性。因而，在进行双重差分模型估计之前需要检验是否满足平行趋势假定。表 4.4 报告了平行趋势假定检验结果。其中，第（1）列的回归结果显示，交互项 Year2016[①]×Treat 的回归系数为 –0.059，未通过显著性检验（$t = -1.084$），而交互项 Year2017×Treat 系数为正，且在 1%水平上显著（$\beta_1 = 0.208$，$t = 3.632$），交互项 Year2018×Treat 系数为正，且在 1%水平上显著（$\beta_1 = 0.241$，$t = 4.178$）；第（2）列进一步控制公司特征变量后，交互项 Year2016×Treat 的回归系数为–0.060，仍未通过显著性检验（$t = -1.101$），而交互项 Year2017×Treat 系数为正，且在 1%水平上显著（$\beta_1 = 0.205$，$t = 3.599$），交互项 Year2018×Treat 系数为正，且在 1%水平上显著（$\beta_1 = 0.231$，$t = 3.999$）。这表明《环境保护税法》出台这一外生政策冲击事件发生之前实验组样本与控制组样本之间的企业技术创新水平并不存在显著性差异，而在《环境保护税法》出台这一外生政策冲击事件发生之后实验组样本与控制组样本之间的企业技术创新水平存在显著性差异。以上检验结果说明，本章构建的双重差分模型满足平行趋势假定，采用本章的检验模型可以有效检验绿色税制对企业技术创新水平的影响。

表 4.4　平行趋势假定检验结果

变量	（1）	（2）
Treat	–0.071	–0.180***
	（–1.320）	（–2.833）
Year2016	–0.332***	–0.342***
	（–9.515）	（–9.804）
Year2017	–0.356***	–0.375***
	（–9.636）	（–10.104）
Year2018	–0.421***	–0.433***
	（–11.348）	（–11.520）
Year2016×Treat	–0.059	–0.060
	（–1.084）	（–1.101）
Year2017×Treat	0.208***	0.205***
	（3.632）	（3.599）

---

① 本章 Year2016、Year2017、Year2018 分别为 2016 年、2017 年、2018 年的年度固定效应。

续表

变量	（1）	（2）
Year2018×Treat	0.241***	0.231***
	（4.178）	（3.999）
Soe		0.091**
		（2.366）
Size		0.034**
		（2.535）
Lev		0.009
		（0.114）
Roa		0.738***
		（4.009）
Growth		−0.002
		（−0.186）
R&D		2.040***
		（4.459）
Age		−0.031*
		（−1.664）
Cashflow		0.137
		（0.797）
First		−0.205**
		（−2.036）
Dual		−0.037
		（−1.188）
Indep		−0.215
		（−0.834）
常数项	0.683***	−0.136
	（19.416）	（−0.457）
Firm	控制	控制
Year	控制	控制
调整的 R^2	0.018	0.058
N	11 529	11 529

注：括号中为 t 值，并经过了 White（1980）异方差修正，回归考虑了公司层面的聚类效应
***、**和*分别表示 1%、5%和 10%的显著性水平

4.4.4　基本回归结果分析

表 4.5 报告了绿色税制对企业技术创新水平影响的基本回归结果。其中，第（1）列为全样本检验结果，交互项 Post×Treat 的系数 β_1 在 1% 的水平上显著为正（$\beta_1 = 0.137$，$t = 3.551$），对于回归结果的经济意义，第（1）列中交互项 Post×Treat 的系数为 0.137，因为企业技术创新水平的均值为 0.424，这意味着绿色税制使得实验组企业（相比于控制组的企业）的企业技术创新水平上升了 32.31%，即平均增加了 $e^{0.3231}$ 项，约 1.381 项专利，由此本章研究假说 H4.1 得到验证。第（2）～（3）列为按照产权性质分组的检验结果，第（2）列交互项 Post×Treat 的系数 β_1 为正但不显著（$\beta_1 = 0.101$，$t = 1.567$），而第（3）列交互项 Post×Treat 的系数 β_1 在 1% 水平上显著为正（$\beta_1 = 0.156$，$t = 3.168$），表明与国有企业相比，非国有性质的重污染企业技术创新水平更高，支持本章研究假说 H4.2 的预期。第（4）～（5）列为按照融资约束水平（SA）中位数分组的检验结果，第（4）列交互项 Post×Treat 的系数 β_1 为正但不显著（$\beta_1 = 0.078, t = 1.403$），而第（5）列交互项 Post×Treat 的系数 β_1 在 1% 水平上显著为正（$\beta_1 = 0.197$，$t = 3.592$），表明与融资约束水平高的企业相比，融资约束水平低的重污染企业技术创新水平更高，支持本章研究假说 H4.3 的预期。第（6）～（7）列为按照行业竞争程度（HHI）中位数分组的检验结果，第（6）列交互项 Post×Treat 的系数 β_1 为正但不显著（$\beta_1 = 0.085$，$t = 1.432$），而第（7）列交互项 Post×Treat 的系数 β_1 在 5% 水平上显著为正（$\beta_1 = 0.128$，$t = 2.082$），表明与行业竞争程度高的企业相比，行业竞争程度低的重污染企业技术创新水平更高，支持本章研究假说 H4.4 的预期。

表 4.5　基本回归检验结果

变量	（1）全样本	（2）国有企业	（3）非国有企业	（4）高融资约束	（5）低融资约束	（6）行业竞争程度高	（7）行业竞争程度低
Post×Treat	0.137***	0.101	0.156***	0.078	0.197***	0.085	0.128**
	(3.551)	(1.567)	(3.168)	(1.403)	(3.592)	(1.432)	(2.082)
Post	−0.231***	−0.030	−0.393***	−0.108*	−0.415***	−0.210***	−0.298***
	(−6.328)	(−0.476)	(−8.312)	(−1.888)	(−6.754)	(−3.185)	(−4.666)
Treat	0.026	0.076	−0.057	0.296**	−0.211	−0.145	0.230
	(0.271)	(0.231)	(−0.617)	(2.083)	(−1.363)	(−0.936)	(1.311)

续表

变量	（1） 全样本	（2） 国有 企业	（3） 非国有 企业	（4） 高融资 约束	（5） 低融资 约束	（6） 行业竞争 程度高	（7） 行业竞争 程度低
Soe	0.078			0.242	−0.090	−0.089	0.300
	(0.576)			(1.133)	(−0.657)	(−0.427)	(1.191)
Size	−0.154***	−0.104	−0.140***	−0.154*	−0.202***	−0.219***	−0.088
	(−3.931)	(−1.589)	(−2.852)	(−1.825)	(−2.707)	(−3.761)	(−1.250)
Lev	−0.025	0.207	−0.071	0.232	−0.129	−0.091	−0.177
	(−0.177)	(0.827)	(−0.421)	(0.849)	(−0.730)	(−0.421)	(−0.780)
Roa	0.483***	0.810**	0.169	0.829**	0.245	0.310	0.321
	(2.578)	(2.426)	(0.763)	(2.410)	(1.038)	(1.240)	(1.055)
Growth	−0.008	0.004	−0.019	−0.003	−0.009	0.005	−0.021
	(−0.851)	(0.280)	(−1.615)	(−0.286)	(−0.560)	(0.309)	(−1.589)
R&D	1.766**	3.523**	1.345*	0.889	1.047	1.147	2.607**
	(2.576)	(2.216)	(1.762)	(0.803)	(1.382)	(1.095)	(2.389)
Age	−0.153**	−0.374	0.011	−0.160	−0.029	−0.093	−0.095
	(−2.344)	(−1.637)	(0.158)	(−1.029)	(−0.360)	(−0.878)	(−0.943)
Cashflow	0.034	−0.055	0.079	−0.023	−0.036	−0.143	0.465
	(0.190)	(−0.168)	(0.375)	(−0.078)	(−0.161)	(−0.551)	(1.560)
First	0.571**	−0.016	0.676*	0.385	0.640	0.033	1.423***
	(2.150)	(−0.044)	(1.767)	(1.012)	(1.189)	(0.082)	(2.889)
Dual	0.036	0.041	0.041	0.074	−0.002	−0.012	0.060
	(0.942)	(0.670)	(0.851)	(1.231)	(−0.041)	(−0.201)	(1.053)
Indep	0.052	−0.003	0.030	0.241	−0.011	0.141	0.074
	(0.154)	(−0.006)	(0.066)	(0.491)	(−0.022)	(0.273)	(0.139)
常数项	4.008***	3.577**	3.519***	3.830**	4.936***	5.643***	2.050
	(4.667)	(2.288)	(3.222)	(1.990)	(3.107)	(4.419)	(1.337)
Firm	控制	控制	控制	控制	控制	控制	控制
Year	控制	控制	控制	控制	控制	控制	控制
调整的 R^2	0.033	0.006	0.053	0.012	0.056	0.042	0.029
N	11 529	3 693	7 836	5 765	5 764	5 698	5 831

注：括号中为 t 值，并经过了 White（1980）异方差修正，回归考虑了公司层面的聚类效应

***、**和*分别表示 1%、5%和 10%的显著性水平

4.5 稳健性检验

为了保证研究结论的稳健性，本章进一步通过倾向评分匹配检验、更换被解释变量检验、安慰剂检验以及替代性假说排除等方法进行稳健性测试。

4.5.1 倾向评分匹配检验

为了缓解样本选择带来的估计偏误，本章使用倾向评分匹配与双重差分模型相结合的方法对模型进行重新回归。具体而言，以公司规模（Size）、财务杠杆（Lev）、盈利能力（Roa）、成长能力（Growth）为匹配特征变量进行可重复 1∶1 最近邻匹配，匹配后的回归结果如表 4.6 所示。第（1）列为全样本回归结果，交互项 Post×Treat 的系数 β_1 在 1%的水平上显著为正（$\beta_1 = 0.151$，$t = 3.297$），意味着绿色税制使得实验组企业（相比于控制组的企业）的企业技术创新水平上升了 35.61%，即平均增加了 $e^{0.3561}$ 项，约 1.428 项专利，本章研究假说 H4.1 得到验证。第（2）～（7）列为按照产权性质、融资约束、行业竞争程度分组的检验结果，可以看出，交互项 Post×Treat 的系数 β_1 在第（3）、（5）、（7）列中均显著为正，而在第（2）、（4）、（6）列中均不显著，这表明绿色税制能够显著提高重污染企业技术创新水平的现象在非国有性质、低融资约束、行业竞争程度低的企业中更为明显，以上检验结果依旧很好地支持了本章研究假说 H4.2～H4.4。

表 4.6 倾向评分匹配与双重差分模型相结合的检验结果

变量	（1）全样本	（2）国有企业	（3）非国有企业	（4）高融资约束	（5）低融资约束	（6）行业竞争程度高	（7）行业竞争程度低
Post×Treat	0.151***	0.125	0.157***	0.063	0.217***	0.096	0.151**
	(3.297)	(1.592)	(2.734)	(0.959)	(3.432)	(1.391)	(2.021)
Post	−0.236***	−0.084	−0.371***	−0.107	−0.367***	−0.214***	−0.323***
	(−4.879)	(−0.934)	(−6.042)	(−1.425)	(−5.513)	(−2.729)	(−3.736)
Treat	−0.043	−0.111	−0.063	0.294*	−0.234	−0.277	0.216
	(−0.345)	(−0.192)	(−0.550)	(1.769)	(−0.968)	(−1.470)	(1.034)
Soe	−0.033			0.155	−0.154	−0.039	0.213
	(−0.277)			(1.189)	(−1.388)	(−0.285)	(1.163)
Size	−0.170***	−0.069	−0.163***	−0.147	−0.222**	−0.237***	−0.058
	(−3.321)	(−0.721)	(−2.637)	(−1.359)	(−2.423)	(−3.204)	(−0.621)

续表

变量	（1）全样本	（2）国有企业	（3）非国有企业	（4）高融资约束	（5）低融资约束	（6）行业竞争程度高	（7）行业竞争程度低
Lev	0.164	0.175	0.180	0.444	0.153	−0.002	0.181
	(0.938)	(0.574)	(0.844)	(1.391)	(0.711)	(−0.007)	(0.659)
Roa	0.717***	0.913*	0.503*	0.732*	0.561**	0.394	0.729*
	(3.080)	(1.960)	(1.810)	(1.754)	(1.964)	(1.217)	(1.890)
Growth	0.001	0.003	−0.003	−0.026	0.026	0.008	−0.021
	(0.070)	(0.129)	(−0.169)	(−1.497)	(1.171)	(0.346)	(−1.090)
R&D	2.038**	2.484	2.050*	0.886	1.302	0.282	4.166***
	(2.094)	(0.937)	(1.894)	(0.635)	(1.180)	(0.196)	(2.687)
Age	−0.176**	−0.255	−0.053	−0.117	−0.070	−0.035	−0.148
	(−2.222)	(−1.007)	(−0.606)	(−0.599)	(−0.720)	(−0.283)	(−1.196)
Cashflow	0.038	0.179	−0.057	0.094	−0.124	0.028	0.733*
	(0.162)	(0.404)	(−0.203)	(0.230)	(−0.428)	(0.075)	(1.788)
First	0.612*	−0.108	0.940*	−0.111	1.087*	0.182	0.979
	(1.842)	(−0.237)	(1.905)	(−0.234)	(1.707)	(0.373)	(1.525)
Dual	0.022	0.059	0.020	0.092	−0.034	−0.027	0.036
	(0.461)	(0.712)	(0.349)	(1.202)	(−0.530)	(−0.381)	(0.474)
Indep	0.559	0.069	0.801	0.488	0.696	0.921	0.229
	(1.407)	(0.109)	(1.563)	(0.796)	(1.277)	(1.554)	(0.340)
常数项	4.174***	2.608	3.618***	3.558	4.939***	5.606***	1.409
	(3.752)	(1.171)	(2.658)	(1.439)	(2.627)	(3.469)	(0.675)
Firm	控制	控制	控制	控制	控制	控制	控制
Year	控制	控制	控制	控制	控制	控制	控制
调整的 R^2	0.030	0.002	0.048	0.006	0.056	0.038	0.027
N	8683	2805	5878	4373	4310	4336	4347

注：括号中为 t 值，并经过了 White（1980）异方差修正，回归考虑了公司层面的聚类效应

***、**和*分别表示 1%、5%和 10%的显著性水平

4.5.2 更换被解释变量检验

借鉴 Balkin 等（2000）、Makri 等（2006）、Hsu 等（2014）、付明卫等（2015）、江轩宇（2016）、程博等（2021a）等的做法，以企业发明专利申请数量衡量其企业技术创新水平（PAT_2），检验结果如表 4.7 所示。可以

看出，交互项 Post×Treat 的系数 β_1 在第（1）、（3）、（5）、（7）列中均显著为正，而在第（2）、（4）、（6）列中均不显著，这表明绿色税制能够显著提高重污染企业技术创新水平，并且这一现象在非国有性质、低融资约束、行业竞争程度低的企业中更为明显，以上检验结果仍然很好地支持了本章研究假说 H4.1～H4.4。

表 4.7　更换被解释变量的检验结果

变量	（1）全样本	（2）国有企业	（3）非国有企业	（4）高融资约束	（5）低融资约束	（6）行业竞争程度高	（7）行业竞争程度低
Post×Treat	0.073**	0.052	0.083**	0.052	0.087**	0.038	0.153***
	(2.242)	(0.943)	(2.021)	(1.084)	(1.967)	(0.744)	(3.192)
Post	−0.165***	−0.002	−0.293***	−0.066	−0.286***	−0.226***	−0.276***
	(−5.372)	(−0.028)	(−7.589)	(−1.293)	(−5.900)	(−4.229)	(−6.738)
Treat	0.010	0.069	−0.063	0.229**	−0.141	0.242	−0.028
	(0.131)	(0.249)	(−0.883)	(1.999)	(−1.081)	(1.626)	(−0.671)
Soe	0.099			0.248	−0.040	0.315	0.063
	(0.849)			(1.304)	(−0.441)	(1.421)	(1.546)
Size	−0.125***	−0.094	−0.111***	−0.148*	−0.157***	−0.080	0.033**
	(−3.795)	(−1.634)	(−2.747)	(−1.961)	(−2.622)	(−1.363)	(2.282)
Lev	−0.042	0.182	−0.084	0.148	−0.147	−0.249	0.101
	(−0.363)	(0.876)	(−0.602)	(0.634)	(−1.038)	(−1.351)	(1.246)
Roa	0.402**	0.670**	0.140	0.643**	0.179	0.292	0.794***
	(2.535)	(2.364)	(0.757)	(2.021)	(0.971)	(1.184)	(4.437)
Growth	−0.007	0.002	−0.015	−0.004	−0.007	−0.018	0.004
	(−0.893)	(0.181)	(−1.597)	(−0.391)	(−0.580)	(−1.591)	(0.328)
R&D	1.383**	2.876**	1.010	1.006	0.537	2.055**	4.279***
	(2.310)	(2.010)	(1.522)	(1.061)	(0.837)	(2.099)	(8.175)
Age	−0.102*	−0.327*	0.036	−0.134	−0.002	−0.043	−0.046**
	(−1.881)	(−1.669)	(0.597)	(−0.952)	(−0.037)	(−0.512)	(−2.257)
Cashflow	0.019	−0.005	0.036	0.049	−0.098	0.411	0.009
	(0.129)	(−0.018)	(0.200)	(0.191)	(−0.529)	(1.629)	(0.049)
First	0.419*	−0.113	0.547*	0.208	0.712*	1.043***	−0.179*
	(1.864)	(−0.354)	(1.749)	(0.619)	(1.677)	(2.585)	(−1.708)
Dual	0.018	0.033	0.018	0.047	−0.016	0.019	−0.020
	(0.581)	(0.650)	(0.467)	(0.902)	(−0.395)	(0.419)	(−0.609)

续表

变量	（1）全样本	（2）国有企业	（3）非国有企业	（4）高融资约束	（5）低融资约束	（6）行业竞争程度高	（7）行业竞争程度低
Indep	0.016	−0.160	0.090	0.088	0.027	0.082	−0.297
	(0.057)	(−0.360)	(0.249)	(0.200)	(0.071)	(0.191)	(−1.042)
常数项	3.225***	3.272**	2.722***	3.743**	3.720***	1.828	−0.216
	(4.479)	(2.381)	(3.063)	(2.175)	(2.937)	(1.431)	(−0.696)
Firm	控制	控制	控制	控制	控制	控制	控制
Year	控制	控制	控制	控制	控制	控制	控制
调整的 R^2	0.026	0.004	0.043	0.009	0.045	0.037	0.033
N	11 529	3 693	7 836	5 765	5 764	5 699	5 831

注：括号中为 t 值，并经过了 White（1980）异方差修正，回归考虑了公司层面的聚类效应
***、**和*分别表示 1%、5%和 10%的显著性水平

4.5.3 安慰剂检验

前文的检验强有力地支持了绿色税制显著提高重污染企业技术创新水平，但如果实验组和控制组企业技术创新水平差异在《环境保护税法》出台之前已经存在，那么就有理由质疑《环境保护税法》政策事件并非完全的外生冲击。为了进一步消除这一问题的影响，借鉴王茂斌和孔东民（2016）的方法，本章将政策冲击事件前置 2 年，选择 2015 年作为虚拟的《环境保护税法》出台事件年度，定义 2013～2014 年 Post 取值为 0，2015～2016 年 Post 取值为 1。表 4.8 列出了安慰剂检验结果。从中可以看出，各列中交互 Post×Treat 的系数 β_1 为正但均不显著，这与前文的基本回归结果不一致，意味着前文的分析结果并不是由常规性的随机因素导致的，而是 2016 年底的《环境保护税法》出台事件导致了本章的实证发现。由此，进一步支持了前文的研究结论。

表 4.8　安慰剂检验结果

变量	（1）PAT_1	（2）PAT_2
Post×Treat	0.042	0.032
	(1.013)	(0.929)
Post	0.279***	0.208***
	(7.010)	(6.204)

续表

变量	（1）	（2）
	PAT_1	PAT_2
Treat	−0.007	−0.008
	（−0.071）	（−0.100）
Soe	0.194	0.143
	（1.051）	（0.896）
Size	−0.035	−0.020
	（−1.231）	（−0.875）
Lev	0.090	0.063
	（0.681）	（0.562）
Roa	0.390*	0.311
	（1.675）	（1.595）
Growth	−0.008	−0.007
	（−0.969）	（−0.920）
R&D	1.472*	1.087*
	（1.961）	（1.675）
Age	0.047	0.072
	（0.586）	（1.106）
Cashflow	0.033	0.034
	（0.186）	（0.232）
First	−0.174	−0.135
	（−0.744）	（−0.657）
Dual	0.018	0.007
	（0.422）	（0.199）
Indep	−0.150	−0.136
	（−0.471）	（−0.521）
常数项	0.977	0.551
	（1.506）	（1.063）
Firm	控制	控制
Year	控制	控制
调整的 R^2	0.025	0.021
N	9903	9903

注：括号中为 t 值，并经过了 White（1980）异方差修正，回归考虑了公司层面的聚类效应
***和*分别表示 1% 和 10% 的显著性水平

4.5.4 基于环保补贴的考察

前文已证实了绿色税制显著提升了重污染企业技术创新水平。由于环境污染具有外部性特征，环境治理的收益小于成本，从理性经济人出发，治理者并没有积极进行环境治理的动力。为此，政府会对企业转型升级、节能减排予以资金和政策支持，给予一定环保补贴，激励企业更好地履行环境治理责任。那么，绿色税制使得重污染企业较非重污染企业技术创新水平增加，是否因为重污染企业较非重污染企业获得的政府环保补助差异而导致这一现象呢？基于这一考虑，本章构建如下双重差分模型：

$$PAT = \alpha + \beta_1 \times Post \times Treat \times Subsidy + \beta_2 \times Post \times Treat$$
$$+ \beta_3 \times Subsidy \times Post + \beta_4 \times Subsidy \times Treat + \beta_5 \times Post \quad (4.2)$$
$$+ \beta_6 \times Treat + \beta_7 \times Subsidy + \beta_i \times \sum Controls + \varepsilon$$

其中，α 为截距项；$\beta_1 \sim \beta_7$、β_i 为估计系数；Subsidy 为企业获得的政府环保补助；ε 为误差项。参考孔东民等（2013b）的方法，Subsidy 包括了政府环保补贴金额占企业总资产的比例（Subsidy_1）和政府环保补贴金额占企业营业收入的比例（Subsidy_2）两种度量方式，互为稳健性检验。政府环保补贴数据来源于公司年报附注中的政府补助项目，手工收集整理了企业获得的环境污染物在线监测、烟气脱硫、COD 减排奖励、废水处理、环境治理等环保补贴数据。其他变量同前文式（4.1）。表 4.9 报告了考虑政府补助影响的检验结果，可以看出，各列中交互项 Subsidy×Post×Treat 的系数 β_1 为正但均不显著，表明政府给予的环保补贴对绿色税制的创新溢出效应的激励作用有限，一定程度上可以排除前文结果受政府环保补贴的影响。

表 4.9 考虑政府补助影响的检验结果

变量	（1） Subsidy_1	（2） Subsidy_2
Subsidy×Post×Treat	0.527	0.156
	(0.417)	(0.335)
Post×Treat	0.067	0.064
	(1.415)	(1.358)
Subsidy×Post	0.115	0.148
	(0.119)	(0.412)
Subsidy×Treat	−2.276**	−1.049***
	(−2.254)	(−2.800)
Post	−0.249***	−0.253***
	(−8.357)	(−8.497)

续表

变量	（1）	（2）
	Subsidy_1	Subsidy_2
Treat	0.021	0.030
	（0.432）	（0.611）
Subsidy	1.964***	0.623**
	（2.603）	（2.151）
Soe	0.132***	0.135***
	（2.640）	（2.697）
Size	0.098***	0.097***
	（5.112）	（5.047）
Lev	0.118	0.127
	（1.204）	（1.295）
Roa	0.948***	0.965***
	（4.029）	（4.096）
Growth	−0.013	−0.013
	（−0.961）	（−0.986）
R&D	4.704***	4.678***
	（8.470）	（8.438）
Age	−0.060**	−0.060**
	（−2.535）	（−2.538）
Cashflow	0.090	0.107
	（0.428）	（0.510）
First	−0.265*	−0.268*
	（−1.919）	（−1.936）
Dual	−0.014	−0.014
	（−0.359）	（−0.346）
Indep	−0.490	−0.491
	（−1.501）	（−1.503）
常数项	−1.419***	−1.388***
	（−3.442）	（−3.370）
Firm	控制	控制
Year	控制	控制
调整的 R^2	0.032	0.032
N	11 529	11 529

注：括号中为 t 值，并经过了 White（1980）异方差修正，回归考虑了公司层面的聚类效应

***、**和*分别表示 1%、5%和 10%的显著性水平

4.5.5　基于绿色投资的考察

值得注意的是，"费"改"税"的绿色税制不仅会对企业技术创新起

到积极推动作用，而且会调控企业环境行为、增加企业绿色投资和提高环境保护效率。然而，传统的新古典经济理论则认为环境规制的机会成本太高，不仅会增加企业的环境成本，而且会使得企业技术创新投入减少。那么，企业绿色投资是否会对企业技术创新存在挤出效应呢？基于这一考虑，本章构建如下双重差分模型：

$$
\begin{aligned}
\mathrm{PAT} = &\ \alpha + \beta_1 \times \mathrm{Post} \times \mathrm{Treat} \times \mathrm{ENV} + \beta_2 \times \mathrm{Post} \times \mathrm{Treat} \\
&+ \beta_3 \times \mathrm{ENV} \times \mathrm{Post} + \beta_4 \times \mathrm{ENV} \times \mathrm{Treat} + \beta_5 \times \mathrm{Post} \quad (4.3) \\
&+ \beta_6 \times \mathrm{Treat} + \beta_7 \times \mathrm{ENV} + \beta_i \times \sum \mathrm{Controls} + \varepsilon
\end{aligned}
$$

其中，ENV 为企业新增绿色投资；ε 为误差项。借鉴 Patten（2005）、黎文靖和路晓燕（2015）、胡珺等（2017）、程博等（2018）、张琦等（2019）的研究，采用当年新增绿色投资支出金额占企业总资产的比例（ENV_1）、当年新增绿色投资支出金额占企业营业收入的比例（ENV_2）两种度量方式，互为稳健性检验。企业新增绿色投资支出数据来源于公司年报附注中的在建工程项目，手工收集整理了环境治理、污水处理、环保设计与节能、脱硫设备的购建、三废回收、与环保有关的技术改造等数据。表 4.10 报告了考虑企业绿色投资影响的检验结果，可以看出，各列中交互项 ENV× Post×Treat 的系数 β_1 为正但均不显著，并未发现企业绿色投资对企业技术创新的挤出效应，一定程度上可以排除前文结果受企业绿色投资的影响。

表 4.10　考虑企业绿色投资影响的检验结果

变量	（1）	（2）
	ENV_1	ENV_2
ENV×Post×Treat	0.152	0.042
	(1.166)	(0.854)
Post×Treat	0.123***	0.134***
	(3.079)	(3.356)
ENV×Post	0.015	0.013
	(0.155)	(0.324)
ENV×Treat	−0.069	−0.039
	(−0.645)	(−0.979)
Post	−0.233***	−0.407***
	(−9.532)	(−12.116)
Treat	0.051	0.052
	(1.251)	(1.265)

续表

变量	(1)	(2)
	ENV_1	ENV_2
ENV	−0.011	−0.010
	(−0.136)	(−0.286)
Soe	0.056	0.053
	(1.429)	(1.350)
Size	0.018	0.023*
	(1.321)	(1.690)
Lev	0.050	0.036
	(0.638)	(0.451)
Roa	0.851***	0.863***
	(4.528)	(4.547)
Growth	−0.020**	−0.019**
	(−2.214)	(−2.114)
R&D	3.090***	3.151***
	(7.508)	(7.624)
Age	−0.055***	−0.050**
	(−2.811)	(−2.558)
Cashflow	0.059	0.075
	(0.333)	(0.420)
First	−0.205*	−0.223**
	(−1.938)	(−2.102)
Dual	−0.039	−0.037
	(−1.199)	(−1.136)
Indep	−0.254	−0.272
	(−0.932)	(−0.997)
常数项	0.220	0.261
	(0.726)	(0.861)
Firm	控制	控制
Year	控制	控制
调整的 R^2	0.024	0.031
N	11 529	11 529

注：括号中为 t 值，并经过了 White（1980）异方差修正，回归考虑了公司层面的聚类效应

***、**和*分别表示 1%、5%和 10%的显著性水平

4.6　本章小结

中央绿色发展理念能否切实转化为企业环境治理的动力，取决于作为污染主体的企业对中央环保政策的回应策略。而绿色税制是政府采用财政手段协调经济发展与环境保护之间矛盾的重要工具，本章以《环境保护税法》的出台作为外生政策冲击，基于"波特效应"假说的分析框架，采用双重差分模型检验绿色税制对企业技术创新水平的影响。本章研究发现：绿色税制通过增加环境成本压力、政治成本压力以及创新带来的潜在收益三方面显著推动了企业技术创新活动的开展，且该溢出效应在经过多种稳健性测试后依然成立。进一步研究发现，绿色税制对重污染企业技术创新的推动作用在非国有性质、低融资约束、行业竞争程度低的企业中更为明显。此外，环保补贴对绿色税制的企业技术创新溢出效应的激励作用有限，也未发现企业绿色投资对企业技术创新存在挤出效应。总体来看，综合性环境规制工具是推动企业技术创新、协调环境治理和经济发展之间矛盾的有效手段。本章系统识别和审视绿色税制对企业技术创新行为的影响，不仅可以缓解内生性问题的困扰，而且从企业技术创新视角为绿色税制的效果评估提供了微观证据，丰富和拓展了企业技术创新与绿色税制改革方面的研究文献，对于全面认识绿色税制促进企业技术创新、推动经济可持续发展以及后续税制改革和相关环境规制的制定具有一定的启示意义。

第5章 环保补贴与企业绿色投资

环境外部性使得企业缺乏足够的环境治理动机，政府环保补贴作为一项重要的支持政策，能否有效地激励企业进行绿色投资在深化环境治理、推动绿色发展等方面具有重要的理论价值和现实意义。鉴于此，本章从资源获取和信号传递的角度探讨环保补贴对企业绿色投资的影响，并考察产权性质、行业属性和环保经历等企业异质性特征对环保补贴有效性的调节效应。实证结果发现，环保补贴政策对企业绿色投资行为起到了积极的推动作用，并且环保补贴对企业绿色投资的促进作用在国有企业、重污染企业和有环保经历的企业中更为明显。进一步研究发现，绿色投资有助于企业获得更多的信贷资金和提升股票流动性。以上结果在经过一系列稳健性测试后依然稳健。

5.1　问题的提出

绿色发展作为经济发展的新动能，是建立在生态环境容量和资源承载力的约束条件下，将环境保护作为实现可持续发展重要支柱的一种新型发展模式，也是未来中国经济可持续发展的关键。如何有效落实绿色发展理念，缓解环境污染的负外部性，推动经济可持续发展一直是学术界和实务界迫切需要解决的问题。环境问题的负外部性特征使得企业缺乏足够的环境治理动机，而环境外部成本制度化和内在化以及采取适当的激励措施是解决这一问题的有效路径。现有文献大多聚焦在如何将环境外部成本制度化以及如何将外部成本转化为内部成本方面（Pearce，1991；Gradus and Smulders，1993；Taylor et al.，2005；Aerts and Cormier，2009；Lanoie et al.，2008；Leiter et al.，2011；Tang Z and Tang J T，2016；Kim et al.，2017；Zhang et al.，2019；沈洪涛和马正彪，2014；刘隆亨和翟帅，2016；梁平汉和高楠，2014；张济建等，2016；叶金珍和安虎森，2017；崔广慧和姜英兵，2019；张琦等，2019；唐国平和刘忠全，2019），较少涉及环境激励机制与政策对企业绿色发展影响方面的探讨，这与当前管理实践与环境治理问题的迫切性存在某种脱节。

"波特效应"假说认为，绿色投资能够促使企业加大清洁技术的创新与运用，进而抵消部分甚至全部的环境成本，最终实现环境治理与营利目标的双赢（Porter，1991；Porter and van der Linde，1995；张琦等，2019）。不言而喻，绿色投资需要耗费大量的资金，短期受益方是社会而非企业，并且可能会使企业短期财务状况变得更"糟糕"，以至于偏好短期确定利润和自身经济效益的理性企业家增加绿色投资的动力略显不足（Orsato，2006；宋马林和王舒鸿，2013；张济建等，2016）。本章数据显示，企业绿色投资各年差异较大，在2015年之前，呈现下降趋势，而在2015年之后呈现上升趋势（图5.1）。随着环境规制的增强，企业绿色投资规模也随之增加，图5.1中的拐点在2015年，正是"史上最严"的环境保护法的施行改变了企业绿色投资趋势。

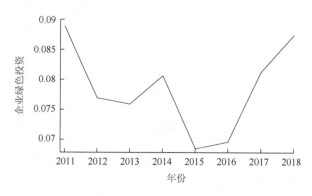

图5.1　企业绿色投资趋势

值得注意的是，实现绿色发展的一个关键因素是解决绿色投资不足的问题。除了环境规制的约束外，政府环保补贴作为一项重要的支持政策，能否有效地激励企业进行绿色投资在深化环境治理、推动绿色发展等方面具有重要的理论价值和现实意义，而现有的研究并没有给予足够的关注和重视。实际上，为激励企业节能减排、污染防治和绿色生产，环境法律法规已有明确的规定。例如，《环保法》（2015年1月1日施行）第十一条和《环境保护税法》（2018年1月1日施行）第二十四条均明确规定了对经济主体的环境保护行为予以鼓励和支持。那么，环保补贴政策能否激励企业绿色投资？产权性质、行业属性及环保经历差异是否影响环保补贴政策对企业绿色投资激励效果？

为了回答上述问题，本章以2011～2018年中国A股上市公司数据为研究样本，考察了环保补贴对企业绿色投资的影响以及产权性质、行业属性和环保经历等企业异质性特征对环保补贴有效性的调节效应。研究发现：①环保补贴政策对企业绿色投资行为起到了积极的推动作用，即与无环保补贴的企业比较，获得环保补贴的企业绿色投资规模显著增加了5.5%；②环保补贴对企业绿色投资的促进作用在国有企业、重污染企业和有环保经历的企业中更为明显；③绿色投资有助于企业获得更多的信贷资金和提升股票流动性。

相比以往文献，本章可能的贡献主要体现在以下几方面。首先，现有研究文献大多集中在环境规制如何将环境外部成本制度化和内部化方面（Lanoie et al.，2008；Leiter et al.，2011；Tang Z and Tang J T，2016；Zhang et al.，2019；张济建等，2016；Cheng et al.，2022；崔广慧和姜英兵，2019；张琦等，2019；唐国平和刘忠全，2019），较少涉及环境激励机制和政策对绿色投资的影响，而本章则是从资源获取和信号传递的角度探讨环保补贴政策对企业绿色投资的影响，丰富和拓展了绿色投资及环境治理方面的文献。其次，将产权性质、行业属性和环保经历等企业异质性特征嵌入环保补贴有效性研究框架中，不仅弥补了以往较少关注情景机制的不足，而且为评估环保补贴政策有效性提供了微观证据，有助于更好地理解不同资源禀赋特征企业绿色投资行为。最后，本章从资源获取和信号传递的角度剖析了环保补贴对企业绿色投资行为的影响机理，而且从企业债务融资和股票流动性两个角度考察了绿色投资的经济后果，这不仅丰富了绿色投资影响因素及其经济后果方面的文献，而且对进一步完善环保补贴相关政策的制定及政府部门加强对企业环境治理的督导与监管具有一定的参考价值。

5.2　理论分析与研究假说

学术界关于政府提供环保补贴对企业环境治理的有效性主要有以下三种观点。第一，环境外部性特征使得理性经济人增加绿色投资的动力略显不足，政府提供的环保补贴可以降低企业环境治理的边际成本，有助于纠正绿色投资中的市场失灵（崔广慧和姜英兵，2019）。第二，环境问题的专业性和隐蔽性加剧了资金提供者与企业之间的信息不对称，而政府提供的环保补贴不仅可以缓解企业融资约束，而且具有质量甄别和信号传递作用，有助于减少企业与资金提供者之间的信息不对称（Richardson and Welker，2001，Verrecchia，2001；Dhaliwal et al.，2012；刘常建等，2019）。第三，由于资源的稀缺性，企业为获取环保补贴进行寻租，从而扭曲了环保补贴激励企业绿色投资的初衷（范俊玉，2011；张彦博和李琪，2013）。至今，学术界对环保补贴能否激励企业绿色投资并未得到一致的结论。为了更直观地识别环保补贴和企业绿色投资之间关系，本章使用企业绿色投资规模数据，描述有无环保补贴的两类企业的绿色投资水平差异。图 5.2 描述了有无环保补贴两类企业各年的绿色投资规模的变化趋势。可以看出，无环保补贴的企业绿色投资规模明显低于有环保补贴的企业绿色投资规模。这初步说明，环保补贴对企业绿色投资具有积极的推动作用。

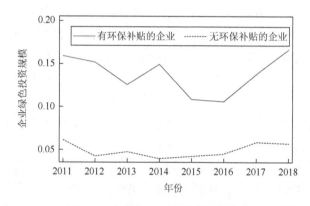

图5.2　两类企业绿色投资规模趋势

事实上，政府提供的环保补贴对企业绿色投资的促进作用可以归结为以下两方面。首先，企业绿色投资具有投资期限长、成本高、收益不确定等特点，并不能在短时间内改善企业财务绩效（张济建等，2016；崔广慧和姜英兵，2019）。基于资源基础观视角，环保补贴能够补充企业自身缺乏的资源，降低企业自身环保投资的边际成本、不确定性以及分散企业绿色投资活动的风险。因此，政府对环境治理给予一定的补贴措施，使得企业有强烈的动机加大绿色投资力度，这不仅可以获得政府提供的环保补贴、资金扶持等稀缺性资源，而且有助于其与地方政府建立良好的互动关系，为未来获取政府资源赢得先机。其次，基于信号理论视角，政府提供的环保补贴具有质量甄别和信号传递的作用，利好的投资信号传递给私人投资者，帮助企业贴上被政府认可的标签，进而缓解企业融资约束和帮助企业获取相应的资源；同时，也会向投资者、债权人、消费者等利益相关者传递绿色发展的信号，赢得利益相关者的认可。基于此，无论从资源获取还是信号传递角度，环保补贴可以激励企业加大绿色投资规模。据此，提出如下研究假说 H5.1。

H5.1：其他条件不变，与无环保补贴的企业相比，获得环保补贴的企业绿色投资规模更大。

由于不同企业自身资源禀赋的差异，环保补贴对绿色投资决策的影响也会有所差异。其中，不同产权性质的企业在自身资源禀赋和制度逻辑两方面存在差异以至于其在利用环保补贴进行绿色投资的资源获取和信号传递两个具体机制方面表现有所不同（杨洋等，2015）。首先，与非国有企业相比，国有企业在环境治理中起模范带头作用，政府部门也会给予一定的补贴，激励其加大环境治理力度（Chen et al.，2011；Liang et al.，2012）。其次，"绿水青山就是金山银山"的生态治理与绿色发展理念是中国经济未来可持续发展的关键，政府对于环境污染的治理正以前所未有的关注度和力度积极推进。与非国有企业不同，国有企业本身的主要制度逻辑为政府主导逻辑，其响应政策导向的主动性更强，管理层在利用环保补贴对外传递信息的动机上，与非国有企业存在显著差异。对于国有企业而言，其管理层通常由上级主管部门通过行政手段任命，因此他们传达信号的目的不仅限于吸引外部资源以展示自身价值，而且是向上级主管机构展现其业绩和贡献。因此，与非国有企业相比，国有企业管理层通过环保补贴这一途径获取资源和信号传递的作用被进一步放大，最终使得企业绿色投资规模加大。据此，提出如下研究假说 H5.2。

H5.2：其他条件不变，与非国有企业相比，环保补贴对企业绿色投资的促进作用在国有企业中更为明显。

与非重污染企业相比，重污染企业作为政府环境监管的重要对象，环保补贴对其绿色投资规模的影响可能更大，这是因为以下两点。首先，重污染企业作为工业企业污染排放的重要源头，受公众、媒体、监管部门及其利益相关者关注的程度也较高，环境治理的压力也随之增大；基于资源观视角，政府提供的环保补贴可以降低企业环境治理的边际成本，从而使得重污染企业较非重污染企业获取环保补贴加大绿色投资决策动机也存在差异。其次，基于信号理论视角，重污染企业有强烈动机通过获取环保补贴发送信号来规避或者减轻公众和监管部门关注过多面临的政治成本并且获取相应的资源，进而加大绿色投资规模。据此，提出如下研究假说 H5.3。

H5.3：其他条件不变，与非重污染企业相比，环保补贴对企业绿色投资的促进作用在重污染企业中更为明显。

企业董监高成员作为管理和监督的核心，为了应对来自外界或内部的环保压力，其绿色投资行为可能会受到环保经历的影响。已有文献发现，具有高水平环保意识的高管会出于社会责任和道德约束开展绿色创新活动（徐建中等，2017），并且能够显著提高企业绿色转型水平（毕茜等，2019）。首先，由于环境保护工作具有长期性、自主性，具有环保经历的企业能够更好把握环境规制和资源获取机会，有动机响应政策需求，获取环保补贴，进而降低绿色投资的风险和环境治理的边际成本（黎文靖和郑曼妮，2016）。其次，环保经历提高了企业环境风险感知，更能了解投资者、债权人、社会公众及监管部门的诉求，进一步放大了环保补贴的信号传递功能，从而促使企业加大绿色投资水平（毕茜等，2019）。据此，提出如下研究假说 H5.4。

H5.4：其他条件不变，与无环保经历的企业相比，环保补贴对企业绿色投资的促进作用在有环保经历的企业中更为明显。

5.3　研　究　设　计

5.3.1　样本选择与数据来源

本章选取中国 A 股上市公司为研究样本，考察环保补贴对企业绿色投资规模的影响。在数据处理时，选取 2011～2018 年为样本区间[①]，剔除金融类公司、ST、*ST 公司以及核心数据缺失的样本，最终筛选出 20 465 个公司–年度观测值。本章的企业绿色投资数据来源于公司年报附注中的在建工程项目，具体包括脱硫项目、脱硝项目、污水处理、环保设计与节能、三废回收以及与环保有关的技术改造等绿色投资项目数据加总，取得企业当年绿色投资增加额数据；政府环保补贴数据来源于公司年报附注中的政府补助明细项目，主要包括企业是否获得环境污染物在线监测、烟气脱硫、COD 减排奖励、废水处理、环境治理等环保补贴数据。其他财务数据来源于 CSMAR 和 Wind 金融数据库。为了减轻异常值可能带来的影响，本章对所有连续变量均在 1%和 99%的水平上进行了缩尾处理。

5.3.2　回归模型设定与变量说明

首先，回归模型［式（5.1）］检验在不考虑企业异质性特征时，政府环保补贴对企业绿色投资规模的影响。其中，GREEN_INV 为被解释变量，代表企业绿色投资规模，取值为企业环保投资水平。参照 Patten

---

① 因为后文检验需要考虑《环保法》的影响，《环保法》实施为 2015 年，为保持事件前后区间一致，故选择 2011～2018 年为样本区间。

（2005）、黎文靖和路晓燕（2015）、胡珺等（2017）、程博等（2018）、张琦等（2019）的研究，采用当年新增绿色投资支出金额占企业总资产的比例度量企业环保投资水平。SUB 为关键解释变量，代表企业是否获得政府环保补贴，取值为 1 代表该企业当年获得政府环保补贴，取值为 0 代表该企业当年未获得政府环保补贴。α 为截距项；$\beta_1 \sim \beta_3$、η 为估计系数；IND 为行业固定效应；YEAR 为年份固定效应；χ 为一系列的控制变量，ε 为误差项。

$$GREEN\_INV = \alpha + \beta_1 \times SUB + \eta \times \chi + IND + YEAR + \varepsilon \quad （5.1）$$

其次，为了考察企业异质性特征对环保补贴与企业绿色投资二者关系的调节效应，设定回归模型式（5.2）～式（5.4）。其中，SOE 为产权性质，取值为 1 代表国有企业，取值为 0 代表非国有企业。POLL 为行业属性，参照刘运国和刘梦宁（2015）、胡珺等（2017）的研究，根据环境保护部公布的《上市公司环境信息披露指南》，结合证监会 2012 年修订的《上市公司行业分类指引》，将研究样本划为重污染行业（包括采掘业、纺织服务皮毛业、金属非金属业、生物医药业、石化塑胶业、造纸印刷业、水电煤气业和食品饮料业）和非重污染行业两组，取值为 1 代表重污染企业，取值为 0 代表非重污染企业。EXP 为环保经历，借鉴毕茜等（2019）的做法，企业董监高人员有在政府环保部门或环保协会任职、环保公司任职、参与过环保有关的项目、取得过与环保相关的学位证书或专利技术等经历时，取值为 1，代表有环保经历的企业，取值为 0，代表无环保经历的企业。

$$GREEN\_INV = \alpha + \beta_1 \times SUB \times SOE + \beta_2 \times SUB + \beta_3 \times SOE \\ + \eta \times \chi + IND + YEAR + \varepsilon \quad （5.2）$$

$$GREEN\_INV = \alpha + \beta_1 \times SUB \times POLL + \beta_2 \times SUB + \beta_3 \times POLL \\ + \eta \times \chi + IND + YEAR + \varepsilon \quad （5.3）$$

$$GREEN\_INV = \alpha + \beta_1 \times SUB \times EXP + \beta_2 \times SUB + \beta_3 \times EXP \\ + \eta \times \chi + IND + YEAR + \varepsilon \quad （5.4）$$

参考已有文献设定，本章回归模型中选取了公司规模（SIZE）、财务杠杆（LEV）、盈利能力（ROA）、成长能力（GROWTH）、上市年龄（AGE）、经营现金流（CASH）、股权集中度（FIRST）、两职合一（DUAL）和独立董事比例（INDEP）作为主要控制变量。此外，回归模型中还控制了行业固定效应（IND）和年度（YEAR）固定效应。主要变量定义如表 5.1 所示。

表 5.1　变量定义说明

变量	变量定义
GREEN_INV	企业绿色投资规模，企业当年新增绿色投资支出占企业总资产的比例×100
SUB	企业是否获得政府环保补贴，若企业当年获得政府环保补贴时取 1，否则取 0
SOE	产权性质，国有企业时取 1，非国有企业时取 0
POLL	行业属性，若企业是重污染企业定义 POLL = 1，否则定义 POLL = 0
EXP	环保经历，企业董监高有从事过与环保活动相关的经历时 EXP = 1，否则定义 EXP = 0
SIZE	公司规模，企业总资产的自然对数
LEV	财务杠杆，负债总额与资产总额之比
ROA	盈利能力，净利润与资产总额之比
GROWTH	成长能力，营业收入增长率
AGE	上市年龄，企业 IPO 以来所经历年限加 1 的自然对数
CASH	经营现金流，企业经营活动产生的净现金流量与资产总额之比
FIRST	股权集中度，第一大股东持股比例
DUAL	两职合一，总经理兼任董事长时取 1，否则取 0
INDEP	独立董事比例，独立董事人数与董事会人数之比
IND	行业固定效应行业虚拟变量
YEAR	年度固定效应年度虚拟变量

5.4　实证结果分析

5.4.1　描述性统计分析

表 5.2 对主要变量进行了描述性统计分析。结果显示，样本期内企业绿色投资规模（GREEN_INV）均值为 0.0788，标准差为 0.3474，最小值为 0.0000，最大值为 2.4267，表明不同企业之间绿色投资规模具有一定的差异。样本期内企业是否获得政府环保补贴（SUB）的均值为 0.3372，表明有 33.72% 的样本公司获得政府环保补贴。样本期内产权性质（SOE）的均值为 0.3569，表明样本中有 35.69% 的国有企业；样本期内行业属性（POLL）的均值为 0.4138，表明样本中有 41.38% 的重污染企业；样本期内环保经历（EXP）的均值为 0.1308，表明样本中有 13.08% 的样本公司有环保经历。其他变量也存在一定程度的差异。

表 5.2　变量描述性统计

变量	样本量	均值	标准差	最小值	中位数	最大值
GREEN_INV	20 465	0.078 8	0.347 4	0.000 0	0.000 0	2.426 7
SUB	20 465	0.337 2	0.472 8	0.000 0	0.000 0	1.000 0
SOE	20 465	0.356 9	0.479 1	0.000 0	0.000 0	1.000 0
POLL	20 465	0.413 8	0.492 5	0.000 0	0.000 0	1.000 0
EXP	20 465	0.130 8	0.337 2	0.000 0	0.000 0	1.000 0
SIZE	20 465	22.098 4	1.288 2	19.539 7	21.924 3	26.018 8
LEV	20 465	0.429 6	0.215 2	0.049 7	0.418 0	0.953 3
ROA	20 465	0.036 1	0.061 0	−0.265 9	0.035 5	0.197 6
GROWTH	20 465	0.409 9	1.151 2	−0.737 3	0.136 7	8.694 1
AGE	20 465	2.085 2	0.862 1	0.000 0	2.197 2	3.218 9
CASH	20 465	0.040 1	0.071 1	−0.193 1	0.039 8	0.238 2
FIRST	20 465	0.346 9	0.148 6	0.087 7	0.327 2	0.750 1
DUAL	20 465	0.266 9	0.442 4	0.000 0	0.000 0	1.000 0
INDEP	20 465	0.374 7	0.053 6	0.333 3	0.333 3	0.571 4

5.4.2　相关性统计分析

表 5.3 对主要变量进行了皮尔逊相关系数分析。结果显示，企业是否获得政府环保补贴（SUB）与企业绿色投资规模（GREEN_INV）在 1% 水平上显著正相关，这表明有环保补贴的企业绿色投资规模更大，初步支持本章研究假说 H5.1 的预期。产权性质（SOE）、行业属性（POLL）、环保经历（EXP）的系数分别为 0.051、0.146、0.099，且均在 1% 的水平上显著，这表明国有企业、重污染企业、有环保经历的企业绿色投资规模更大。

5.4.3　基本回归结果分析

表 5.4 列示了企业异质性、政府环保补贴与企业绿色投资规模三者关系的基本回归结果。其中，表 5.4 的第（1）列为回归基准模型，结果显示，企业是否获得政府环保补贴（SUB）的系数在 1% 的水平上显著为正（$\beta_1 = 0.055$，$t = 6.50$），并且在第（2）～（5）列的检验中依旧稳健，这表明相比于无环保补贴的企业而言，获得环保补贴的企业绿色投资规模显著增加了 5.5%，证实了本章研究假说 H5.1 的预期。第（2）～（4）列引入了环保补贴与企业异质性特征的交互项，检验了产权性质、行业属性

表 5.3　变量相关性分析

变量	GREEN_INV	SUB	SOE	POLL	EXP	SIZE	LEV	ROA	GROWTH	AGE	CASH	FIRST	DUAL	INDEP
GREEN_INV	1.000													
SUB	0.100***	1.000												
SOE	0.051***	0.060***	1.000											
POLL	0.146***	0.087***	0.037***	1.000										
EXP	0.099***	0.050***	0.025***	0.079***	1.000									
SIZE	0.039***	-0.019***	0.359***	0.009	0.060***	1.000								
LEV	0.049***	0.048***	0.309***	-0.039***	0.032***	0.473***	1.000							
ROA	-0.005	-0.067***	-0.100***	0.031***	0.011	0.004	-0.388***	1.000						
GROWTH	-0.029***	0.003	0.020***	-0.117***	-0.007	0.009	0.080***	0.006	1.000					
AGE	0.011	0.025***	0.437***	0.041***	-0.012*	0.374***	0.411***	-0.228***	0.076***	1.000				
CASH	0.025***	-0.015**	0.027***	0.125***	0.012*	0.075***	-0.164***	0.356***	-0.094***	-0.006	1.000			
FIRST	0.009	-0.016**	0.228***	0.019***	0.011	0.221***	0.039***	0.127***	-0.01	-0.094***	0.103***	1.000		
DUAL	-0.018*	-0.021***	-0.288***	-0.030***	-0.031***	-0.180***	-0.146***	0.052***	-0.012*	-0.236***	-0.021***	-0.038***	1.000	
INDEP	-0.025***	-0.018*	-0.053***	-0.060***	-0.002	0.003	-0.01	-0.023***	0.027***	-0.020***	-0.011	0.044***	0.108***	1.000

***、**和*分别表示 1%、5%和 10%的显著性水平

以及环保经历的调节效应；第（5）列为全样本回归。第（2）列的回归结果显示，交互项 SUB×SOE 的系数在 5%的水平上显著为正（$\beta_1 = 0.035$，$t = 2.00$），这表明相对于非国有企业而言，环保补贴对企业绿色投资的促进作用在国有企业中更为明显，检验结果支持研究假说 H5.2。第（3）列的回归结果显示，交互项 SUB×POLL 的系数在 5%的水平上显著为正（$\beta_1 = 0.034$，$t = 1.96$），这表明相对于非重污染企业而言，环保补贴对企业绿色投资的促进作用在重污染企业中更为明显，检验结果支持研究假说 H5.3。第（4）列的回归结果显示，交互项 SUB×EXP 的系数在 5%的水平上显著为正（$\beta_1 = 0.060$，$t = 2.03$），这表明相对于无环保经历的企业而言，环保补贴对企业绿色投资的促进作用在有环保经历的企业中更为明显，检验结果支持研究假说 H5.4。第（5）列的全样本回归结果显示，交互项 SUB×SOE、SUB×POLL、SUB×EXP 依旧显著为正。

表 5.4　基本回归结果

变量	（1）	（2）	（3）	（4）	（5）
SUB×SOE		0.035**			0.033*
		(2.00)			(1.89)
SUB×POLL			0.034**		0.030*
			(1.96)		(1.73)
SUB×EXP				0.060**	0.056*
				(2.03)	(1.91)
SUB	0.055***	0.041***	0.039***	0.046***	0.020*
	(6.50)	(4.00)	(4.25)	(5.58)	(1.85)
SOE	0.025**	0.012	0.025**	0.025**	0.012
	(2.15)	(1.06)	(2.17)	(2.15)	(1.12)
POLL	0.087***	0.086***	0.074***	0.087***	0.076***
	(6.29)	(6.29)	(5.55)	(6.31)	(5.65)
EXP	0.064***	0.064***	0.064***	0.040***	0.041***
	(4.52)	(4.52)	(4.53)	(3.02)	(3.13)
SIZE	0.003	0.003	0.003	0.003	0.003
	(0.81)	(0.86)	(0.79)	(0.82)	(0.84)
LEV	0.071***	0.070***	0.071***	0.071***	0.070***
	(2.87)	(2.83)	(2.89)	(2.88)	(2.83)
ROA	0.016	0.019	0.019	0.014	0.019
	(0.35)	(0.41)	(0.43)	(0.31)	(0.42)

续表

变量	（1）	（2）	（3）	（4）	（5）
GROWTH	−0.002	−0.002	−0.002	−0.002	−0.002
	(−0.89)	(−0.90)	(−0.92)	(−0.94)	(−0.97)
AGE	−0.012**	−0.012**	−0.012**	−0.012**	−0.012**
	(−2.19)	(−2.16)	(−2.28)	(−2.21)	(−2.22)
CASH	0.042	0.043	0.039	0.043	0.042
	(1.00)	(1.03)	(0.95)	(1.04)	(1.03)
FIRST	−0.022	−0.023	−0.021	−0.021	−0.022
	(−0.77)	(−0.82)	(−0.76)	(−0.75)	(−0.78)
DUAL	0.005	0.004	0.005	0.005	0.005
	(0.53)	(0.50)	(0.55)	(0.55)	(0.54)
INDEP	−0.059	−0.061	−0.062	−0.059	−0.064
	(−0.96)	(−1.00)	(−1.02)	(−0.96)	(−1.04)
常数项	−0.037	−0.035	−0.025	−0.037	−0.024
	(−0.44)	(−0.42)	(−0.29)	(−0.43)	(−0.28)
IND	控制	控制	控制	控制	控制
YEAR	控制	控制	控制	控制	控制
调整的 R^2	0.061	0.062	0.062	0.062	0.063
F	8.362	8.198	8.317	8.244	7.956
N	20 465	20 465	20 465	20 465	20 465

注：括号中为 t 值，并经过了 White（1980）异方差修正，回归考虑了公司层面的聚类效应

***、**和*分别表示 1%、5%和 10%的显著性水平

为了直观地展示企业异质性特征对环保补贴与企业绿色投资规模关系的影响，本章绘制了这三个调节变量的交互效应示意图，如图 5.3～图 5.5 所示。从图 5.3 可以发现，无论是国有企业还是非国有企业，环保补贴对企业绿色投资规模都有正向的激励作用，但可以清晰看出，与非国有企业相比，环保补贴对企业绿色投资规模的激励作用在国有企业中更为明显。图 5.4 和图 5.5 分别展示了行业属性和环保经历对环保补贴与企业绿色投资关系的调节作用，类似地可以发现，环保补贴对企业绿色投资规模的激励作用在重污染企业和有环保经历的企业中更为明显。

5.4.4 经济后果检验

前文的理论分析表明，无论从资源获取还是信号传递角度，环保补贴可以激励企业加大绿色投资规模。为了验证其经济后果，本章以企业债务

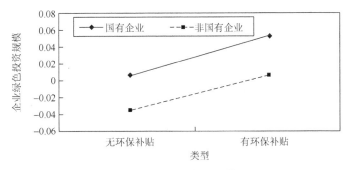

图 5.3　产权性质的调节作用

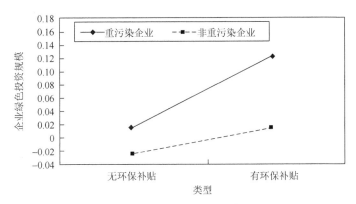

图 5.4　行业属性的调节作用

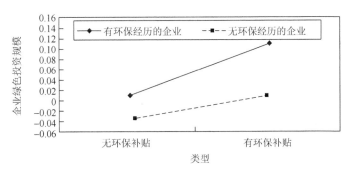

图 5.5　环保经历的调节作用

融资（LOAN）和股票流动性（ILLIQUIDITY）来衡量经济后果。之所以
选择这两个变量，这是因为以下原因。

首先，已有文献表明，积极的环境治理行为和高质量的环境信息披露
有助于企业债务融资（Thompson and Cowton，2004；Clarkson et al.，2008；
Sharfman and Fernando，2008；el Ghoul et al.，2018；沈洪涛和马正彪，2014；
苏冬蔚和连莉莉，2018；刘常建等 2019）。事实上，《关于落实环保政策法
规防范信贷风险的意见》（2007 年发布）、《绿色信贷指引》（2012 年发布）、

《能效信贷指引》（2015 年发布）、《中国人民银行 财政部 发展改革委 环境保护部 银监会 证监会 保监会关于构建绿色金融体系的指导意见》（2016 年发布）等政策的相继出台，促使绿色信贷这一保护环境与节能减排的重要市场工具更加规范化和制度化。绿色信贷政策要求银行业金融机构从战略高度推进绿色信贷，落实激励约束措施，拒绝对环境和社会表现不合规的企业或项目授信，以期引导企业改善环境（苏冬蔚和连莉莉，2018）。因此，本章预期，积极的绿色投资行为有助于企业债务融资。

其次，股票流动性是资本市场价格发现和资源配置效率的最直接体现，流动性的提高不仅有利于降低企业融资成本，而且有助于增加企业价值（Butler et al.，2005；Fang et al.，2009；熊家财和苏冬蔚，2016）。信息是影响股票流动性的关键因素，企业出色的环境治理行为和高质量的环境信息披露能够形成"广告效应"，帮助企业建立良好的声誉，并强化企业与利益相关者之间的认知纽带。这一"广告效应"不仅可以减少企业内部人和外部投资者之间的信息不对称，而且可以增加公司层面的特质信息含量，并提高企业的股票流动性（Indjejikian，2007；Lambert and Verrecchia，2015；孟为和陆海天，2018；常莹莹和裴红梅，2020）。因此，本章预期，积极的绿色投资行为有助于增加股票流动性。

值得注意的是，本章的研究假说 H5.1 认为，环保补贴对企业绿色投资的影响机制包括直接的资源获取和间接的信号传递。为此，本章以企业债务融资（LOAN）和股票流动性（ILLIQUIDITY）来衡量经济后果，构建如下检验模型。

$$
\begin{aligned}
\mathrm{LOAN}\,/\,\mathrm{ILLIQUIDITY} = {} & \alpha + \beta_1 \times \mathrm{GREEN\_INV} + \eta \times \chi \\
& + \mathrm{IND} + \mathrm{YEAR} + \varepsilon
\end{aligned}
\tag{5.5}
$$

其中，LOAN、ILLIQUIDITY 为被解释变量，LOAN 为企业债务融资，参考叶康涛和祝继高（2009）、张敏等（2010）的做法，以短期银行借款、一年内到期的长期借款与长期借款的总和占企业总资产的比例来度量。其他变量定义同前文式（5.1）。ILLIQUIDITY 为股票流动性，本章采用 Amihud（2002）的非流动指标来度量股票流动性，该指标直观地度量了单位成交金额对股票收益的冲击，因而得到了广泛使用（熊家财和苏冬蔚，2016；邓柏峻等，2016；孟为和陆海天，2018）。ILLIQUIDITY 定义如下：

$$
\mathrm{ILLIQUIDITY} = \frac{1}{D_{i,t}} \times \sum_{d=1}^{D_{i,t}} \left(\frac{|r_{i,t,d}|}{V_{i,t,d}} \right) \times 10^6
\tag{5.6}
$$

其中，$r_{i,t,d}$ 为股票 i 在 t 年的第 d 天的收益；$V_{i,t,d}$ 为股票 i 在 t 年的第 d 天

的交易量；$D_{i,t}$ 为股票 i 在 t 年的交易天数，该指标越大，表明单位成交金额引起的股票价格变化越大，股票流动性越低，反之，该指标越小，表明单位成交金额引起的股票价格变化越小，股票流动性越强。

　　表 5.5 列示了经济后果的检验结果。第（1）列回归结果显示，企业绿色投资规模（GREEN_INV）的系数在 1%的水平上显著为正（$\beta_1 = 0.014$，$t = 4.37$），表明企业绿色投资规模越大，获得的银行借款也会显著增加；第（2）列回归结果显示，企业绿色投资规模（GREEN_INV）的系数在 1%的水平上显著为负（$\beta_1 = -0.032$，$t = -4.94$），表明企业绿色投资显著提升了企业股票流动性。以上检验结果表明，企业绿色投资可以为企业获取更多的信贷资源和提升股票流动性，也进一步验证了本章研究假说 H5.1 的逻辑推理。

表 5.5　经济后果的检验结果

变量	（1） LOAN	（2） ILLIQUIDITY
GREEN_INV	0.014***	−0.032***
	(4.37)	(−4.94)
SOE	0.014***	−0.032***
	(4.37)	(−4.94)
SIZE	−0.018***	0.101***
	(−4.28)	(11.23)
LEV	0.008***	−0.064***
	(4.27)	(−19.37)
GROWTH	0.500***	0.248***
	(47.04)	(12.77)
AGE	−0.007***	0.011***
	(−5.69)	(3.41)
CASH	−0.002	−0.236***
	(−1.10)	(−24.31)
FIRST	−0.157***	0.083*
	(−9.47)	(1.74)
DUAL	−0.030***	−0.031
	(−2.74)	(−1.23)
INDEP	0.003	−0.010
	(0.92)	(−1.14)

续表

变量	(1)	(2)
	LOAN	ILLIQUIDITY
常数项	0.033	−0.007
	(1.37)	(−0.12)
IND	控制	控制
YEAR	控制	控制
调整的 R^2	0.571	0.173
F	146.684	36.059
N	20 465	20 465

注：括号中为 t 值，并经过了 White（1980）异方差修正，回归考虑了公司层面的聚类效应
***和*分别表示 1%和 10%的显著性水平

5.5　稳健性检验

5.5.1　《环保法》施行的影响

　　前文图 5.1 表明，2015 年 1 月 1 日《环保法》施行之后，出现了企业绿色投资趋势的拐点。那么，前文发现的主要结论是环保补贴带来企业绿色投资的增加，还是《环保法》施行带来企业绿色投资增加呢？为了检验《环保法》施行的这一替代性解释，本章将全样本按照期间分为两个子样本，即《环保法》施行前（2011～2014 年）和《环保法》施行后（2015～2018 年）。两个子样本的检验结果如表 5.6 所示。表 5.6 结果显示，无论是《环保法》施行前的子样本，还是《环保法》施行后的子样本，企业是否获得政府环保补贴（SUB）的系数均在 1%的水平上显著为正，并且两组的系数无显著性差别（$p = 0.1330$），这表明相比于无环保补贴的企业而言，获得环保补贴的企业绿色投资规模显著增加，这一结果并没有因《环保法》施行产生实质性的影响。

表 5.6　《环保法》施行影响的检验结果

变量	(1)	(2)
	2015～2018 年样本	2011～2014 年样本
SUB	0.046***	0.064***
	(4.95)	(5.10)
SOE	0.037***	0.007
	(2.74)	(0.46)

续表

变量	（1）	（2）
	2015～2018 年样本	2011～2014 年样本
POLL	0.076***	0.099***
	（5.37）	（4.97）
EXP	0.069***	0.055**
	（4.36）	（2.50）
SIZE	−0.001	0.009
	（−0.23）	（1.48）
LEV	0.073***	0.065*
	（2.69）	（1.89）
ROA	0.080*	−0.098
	（1.68）	（−1.18）
GROWTH	0.001	−0.006***
	（0.26）	（−2.66）
AGE	−0.012*	−0.009
	（−1.90）	（−1.03）
CASH	0.086*	0.007
	（1.73）	（0.11）
FIRST	−0.044	−0.001
	（−1.40）	（−0.01）
DUAL	−0.011	0.027*
	（−1.21）	（1.82）
INDEP	−0.014	−0.129
	（−0.20）	（−1.44）
常数项	0.011	−0.129
	（0.13）	（−1.05）
IND	控制	控制
YEAR	控制	控制
调整的 R^2	0.073	0.050
F	7.970	7.023
N	11 529	8 936
系数比较检验	Chi^2 = 2.26，p = 0.133 0	

注：括号中为 t 值，并经过了 White（1980）异方差修正，回归考虑了公司层面的聚类效应

***、**和*分别表示 1%、5%和 10%的显著性水平

5.5.2　工具变量回归检验

前文的研究发现，环保补贴政策对企业绿色投资行为起到了积极的推动作用，但仍需要考虑回归模型可能存在的内生性。比如，是政府环保补贴导致企业绿色投资增加，还是企业绿色投资增加之后获得了更多的环保补贴呢？为了缓解这一内生性问题，借鉴陈红等（2018）的方法，采用分年分行业环保补贴的均值作为环保补贴的工具变量，重新对前文式（5.1）进行回归分析，结果如表 5.7 所示。其中，HSUB_1 和 HSUB_2 分别以分年分行业企业获得的政府环保补贴金额占企业总资产和企业营业收入的比例。表 5.7 结果显示，HSUB_1 和 HSUB_2 的系数均在 1%的水平上显著为正，这表明相比于无环保补贴的企业而言，获得环保补贴的企业绿色投资规模显著增加，意味着前文的研究结论依旧稳健。

表 5.7　工具变量回归检验结果

变量	（1）	（2）
HSUB_1	0.015^{***}	
	(3.33)	
HSUB_2		0.990^{***}
		(3.23)
SOE	0.028^{**}	0.027^{**}
	(2.37)	(2.35)
POLL	0.090^{***}	0.090^{***}
	(6.44)	(6.43)
EXP	0.077^{***}	0.077^{***}
	(5.00)	(5.01)
SIZE	0.004	0.004
	(1.11)	(1.10)
LEV	0.081^{***}	0.081^{***}
	(3.21)	(3.23)
ROA	0.028	0.031
	(0.60)	(0.65)
GROWTH	-0.004^{*}	-0.004
	(−1.69)	(−1.63)
AGE	-0.013^{**}	-0.012^{**}
	(−2.22)	(−2.19)

续表

变量	（1）	（2）
CASH	0.043	0.045
	(1.02)	(1.07)
FIRST	−0.023	−0.024
	(−0.81)	(−0.84)
DUAL	0.002	0.002
	(0.25)	(0.25)
INDEP	−0.087	−0.087
	(−1.42)	(−1.41)
常数项	−0.022	−0.010
	(−0.26)	(−0.11)
IND	控制	控制
YEAR	控制	控制
调整的 R^2	0.045	0.045
F	9.128	9.138
N	20 465	20 465

注：括号中为 t 值，并经过了 White（1980）异方差修正，回归考虑了公司层面的聚类效应
***、**和*分别表示 1%、5%和 10%的显著性水平

5.5.3　倾向评分匹配检验

为了缓解样本选择带来的估计偏误，本章使用倾向评分匹配方法对模型进行重新回归。具体而言，以公司规模（SIZE）、财务杠杆（LEV）、盈利能力（ROA）、成长能力（GROWTH）为匹配特征变量进行可重复半径匹配（半径为 0.01），匹配后的回归结果如表 5.8 所示。各列中企业是否获得政府环保补贴（SUB）的系数均显著为正，验证了本章的研究假说 H5.1。交互项 SUB×SOE、SUB×POLL、SUB×EXP 的系数均显著为正，以上检验结果依旧很好地支持了本章研究假说 H5.2～H5.4。

表 5.8　倾向评分匹配检验结果

变量	（1）	（2）	（3）	（4）	（5）
SUB×SOE		0.036**			0.034*
		(2.02)			(1.92)
SUB×POLL			0.033*		0.030*
			(1.91)		(1.72)

续表

变量	（1）	（2）	（3）	（4）	（5）
SUB×EXP				0.054*	0.050*
				(1.81)	(1.69)
SUB	0.054***	0.040***	0.038***	0.046***	0.019*
	(6.35)	(3.85)	(4.19)	(5.55)	(1.81)
SOE	0.027**	0.012	0.026**	0.027**	0.013
	(2.19)	(1.07)	(2.19)	(2.19)	(1.11)
POLL	0.092***	0.091***	0.078***	0.092***	0.079***
	(6.26)	(6.26)	(5.46)	(6.27)	(5.54)
EXP	0.067***	0.067***	0.067***	0.044***	0.045***
	(4.46)	(4.46)	(4.48)	(3.04)	(3.14)
SIZE	0.003	0.003	0.003	0.003	0.003
	(0.70)	(0.74)	(0.71)	(0.71)	(0.73)
LEV	0.073***	0.072***	0.072***	0.073***	0.071***
	(2.76)	(2.71)	(2.75)	(2.77)	(2.71)
ROA	0.046	0.049	0.047	0.044	0.049
	(0.99)	(1.05)	(1.03)	(0.95)	(1.07)
GROWTH	−0.003	−0.003	−0.003	−0.003	−0.003
	(−0.90)	(−0.93)	(−0.92)	(−0.95)	(−0.99)
AGE	−0.013**	−0.013**	−0.013**	−0.013**	−0.013**
	(−2.14)	(−2.12)	(−2.20)	(−2.15)	(−2.17)
CASH	0.038	0.039	0.037	0.039	0.038
	(0.87)	(0.89)	(0.85)	(0.90)	(0.88)
FIRST	−0.027	−0.028	−0.027	−0.026	−0.027
	(−0.91)	(−0.95)	(−0.90)	(−0.88)	(−0.91)
DUAL	0.004	0.003	0.004	0.004	0.004
	(0.39)	(0.35)	(0.42)	(0.40)	(0.39)
INDEP	−0.062	−0.064	−0.064	−0.061	−0.066
	(−0.95)	(−0.98)	(−0.99)	(−0.94)	(−1.01)
常数项	−0.031	−0.028	−0.019	−0.031	−0.017
	(−0.35)	(−0.32)	(−0.22)	(−0.34)	(−0.18)
IND	控制	控制	控制	控制	控制
YEAR	控制	控制	控制	控制	控制
调整的 R^2	0.064	0.064	0.064	0.064	0.065
F	8.068	7.907	8.055	7.956	7.685
N	18 610	18 610	18 610	18 610	18 610

注：括号中为 t 值，并经过了 White（1980）异方差修正，回归考虑了公司层面的聚类效应

***、**和*分别表示 1%、5%和 10%的显著性水平

5.5.4 改变变量测量的检验

参考黎文靖和路晓燕（2015）、胡珺等（2017）、程博等（2018）的做法，采用当年新增绿色投资支出金额加 1 后的自然对数度量企业绿色投资规模，检验结果如表 5.9 所示。结果显示，各列中企业是否获得政府环保补贴（SUB）的系数均在 1%的水平上显著为正；交互项 SUB×SOE、SUB×POLL、SUB×EXP 的系数均显著为正。以上检验结果依然支持本章的研究假说 H5.1～H5.4 的预期。

表 5.9 改变绿色投资测量的检验结果

变量	（1）	（2）	（3）	（4）	（5）
SUB×SOE		1.331***			1.264***
		(4.57)			(4.34)
SUB×POLL			0.947***		0.762***
			(3.40)		(2.72)
SUB×EXP				0.794*	0.758*
				(1.88)	(1.74)
SUB	1.378***	0.861***	0.925***	1.265***	0.474***
	(10.15)	(5.40)	(6.02)	(9.32)	(2.63)
SOE	0.885***	0.388**	0.880***	0.885***	0.391**
	(4.42)	(2.06)	(4.39)	(4.42)	(2.07)
POLL	1.836***	1.827***	1.486***	1.838***	1.537***
	(7.39)	(7.41)	(6.11)	(7.40)	(6.35)
EXP	1.270***	1.266***	1.274***	0.954***	1.109***
	(5.58)	(5.59)	(5.60)	(4.25)	(4.84)
SIZE	0.373***	0.381***	0.370***	0.374***	0.363***
	(5.07)	(5.20)	(5.04)	(5.09)	(4.99)
LEV	1.241***	1.204***	1.227***	1.243***	1.259***
	(3.21)	(3.13)	(3.19)	(3.22)	(3.28)
ROA	−1.943**	−1.840**	−1.870**	−1.968**	−1.762**
	(−2.30)	(−2.18)	(−2.22)	(−2.33)	(−2.09)
GROWTH	−0.017	−0.017	−0.018	−0.018	−0.016
	(−0.43)	(−0.44)	(−0.47)	(−0.47)	(−0.42)
AGE	0.041	0.047	0.035	0.040	0.024
	(0.45)	(0.52)	(0.39)	(0.44)	(0.27)

续表

变量	（1）	（2）	（3）	（4）	（5）
CASH	1.613**	1.654**	1.553**	1.634**	1.658**
	(2.35)	(2.41)	(2.28)	(2.38)	(2.42)
FIRST	0.353	0.308	0.362	0.362	0.336
	(0.66)	(0.58)	(0.68)	(0.68)	(0.63)
DUAL	−0.014	−0.025	−0.008	−0.012	−0.027
	(−0.11)	(−0.18)	(−0.06)	(−0.09)	(−0.20)
INDEP	0.515	0.436	0.427	0.521	0.239
	(0.45)	(0.38)	(0.37)	(0.45)	(0.21)
常数项	−7.940***	−7.863***	−7.604***	−7.933***	−7.733***
	(−4.72)	(−4.71)	(−4.52)	(−4.73)	(−4.83)
IND	控制	控制	控制	控制	控制
YEAR	控制	控制	控制	控制	控制
调整的 R^2	0.126	0.129	0.127	0.126	0.124
F	16.677	16.700	16.651	16.422	18.134
N	20 465	20 465	20 465	20 465	20 465

注：括号中为 t 值，并经过了 White（1980）异方差修正，回归考虑了公司层面的聚类效应
***、**和*分别表示 1%、5%和 10%的显著性水平

借鉴孔东民等（2013b）的方法，采用企业获得的政府环保补贴金额占企业总资产的比例度量环保补贴，检验结果如表 5.10 所示。结果显示，各列中企业是否获得政府环保补贴（SUB）的系数依然显著为正；交互项 SUB×SOE、SUB×POLL、SUB×EXP 的系数均显著为正。以上检验结果很好地支持了本章的研究假说 H5.1～H5.4。

表 5.10　改变环保补贴测量的检验结果

变量	（1）	（2）	（3）	（4）	（5）
SUB×SOE		0.003*			0.002*
		(1.83)			(1.65)
SUB×POLL			0.003**		0.003*
			(2.12)		(1.87)
SUB×EXP				0.004*	0.004*
				(1.95)	(1.80)
SUB	0.005***	0.004***	0.003***	0.004***	0.002**
	(6.90)	(4.38)	(4.18)	(5.91)	(2.09)

续表

变量	（1）	（2）	（3）	（4）	（5）
SOE	0.024**	0.011	0.024**	0.024**	0.012
	（2.08）	（1.02）	（2.08）	（2.08）	（1.12）
POLL	0.085***	0.085***	0.071***	0.085***	0.072***
	（6.23）	（6.23）	（5.38）	（6.24）	（5.49）
EXP	0.063***	0.063***	0.063***	0.040***	0.042***
	（4.47）	（4.48）	（4.49）	（3.05）	（3.18）
SIZE	0.002	0.002	0.002	0.002	0.002
	（0.55）	（0.58）	（0.53）	（0.56）	（0.56）
LEV	0.069***	0.068***	0.068***	0.069***	0.067***
	（2.78）	（2.74）	（2.78）	（2.80）	（2.74）
ROA	0.018	0.021	0.021	0.016	0.022
	（0.39）	（0.47）	（0.48）	（0.35）	（0.49）
GROWTH	−0.002	−0.002	−0.002	−0.002	−0.002
	（−0.85）	（−0.86）	（−0.88）	（−0.90）	（−0.94）
AGE	−0.012**	−0.012**	−0.012**	−0.012**	−0.012**
	（−2.22）	（−2.17）	（−2.32）	（−2.24）	（−2.25）
CASH	0.039	0.040	0.036	0.041	0.039
	（0.94）	（0.96）	（0.87）	（0.99）	（0.94）
FIRST	−0.021	−0.022	−0.021	−0.020	−0.021
	（−0.75）	（−0.80）	（−0.74）	（−0.73）	（−0.77）
DUAL	0.005	0.004	0.005	0.005	0.005
	（0.55）	（0.51）	（0.58）	（0.57）	（0.56）
INDEP	−0.058	−0.060	−0.061	−0.057	−0.063
	（−0.94）	（−0.99）	（−0.99）	（−0.94）	（−1.02）
常数项	−0.018	−0.014	−0.003	−0.017	−0.001
	（−0.21）	（−0.16）	（−0.04）	（−0.20）	（−0.01）
IND	控制	控制	控制	控制	控制
YEAR	控制	控制	控制	控制	控制
调整的 R^2	0.063	0.063	0.063	0.063	0.064
F	8.412	8.250	8.387	8.289	8.026
N	20 465	20 465	20 465	20 465	20 465

注：括号中为 t 值，并经过了 White（1980）异方差修正，回归考虑了公司层面的聚类效应

***、**和*分别表示 1%、5%和 10%的显著性水平

5.6　本 章 小 结

　　绿色发展作为经济发展的新动能，在未来中国经济可持续发展中肩负着重要的使命。然而，绿色投资不足是制约绿色发展的关键因素。政府环保补贴作为一项重要的支持政策，能否有效地激励企业进行绿色投资，不同的企业自然禀赋差异也会对环保补贴有效性产生影响。针对研究问题："环保补贴政策能否激励企业绿色投资？产权性质、行业属性及环保经历差异是否影响环保补贴政策对企业绿色投资激励效果？"本章以 2011～2018 年中国 A 股上市公司数据为研究样本，探讨了环保补贴对企业绿色投资的影响以及产权性质、行业属性和环保经历等企业异质性特征对环保补贴有效性的调节效应。研究结果显示：相较于无环保补贴的企业而言，获得环保补贴的企业绿色投资规模显著增加了 5.5%，证实环保补贴政策的有效性；环保补贴政策对企业绿色投资行为促进作用在国有企业、重污染企业和有环保经历的企业中更为明显。进一步研究表明，绿色投资有助于企业获得更多的信贷资金和提升股票流动性。

　　本章的发现为解释推进生态文明建设战略背景下环保补贴作用于企业绿色投资以及不同的情景因素如何影响这种关系提供了系统化的理论逻辑。本章的主要理论贡献在于将资源观整合到经济学的研究框架中，从资源获取和信号传递两个机制角度，为环保补贴政策有效性提供理论依据和经验证据。研究结论不仅拓展了绿色投资及环境治理方面的文献，而且从企业债务融资和股票流动性两个角度丰富了绿色投资的经济后果方面的文献。同时，研究结论对进一步完善环保补贴相关政策的制定及政府部门加强对企业环境治理的督导与监管具有一定的参考价值。

第6章 环境规制组合与企业绿色投资

政府环保补贴能否提高企业绿色投资水平以及这一影响是否受到不同环境规制的影响，不仅是一个有待检验的科学问题，而且探究这一问题对深化环境治理、推动绿色发展、全力以赴支持打赢蓝天保卫战等方面具有重要的理论价值和现实指导意义。本章基于两个外生政策冲击事件考察环境规制组合对环保补贴绩效（企业绿色投资水平）的影响。研究发现，单一的环境规制工具对环保补贴绩效的促进作用有限，而环境规制组合对环保补贴绩效起到显著的促进作用。以上结果在经过一系列稳健性测试后依然稳健。

6.1 问题的提出

近年来，以提高生态环境质量为核心，各级政府推出了节能减排、区域环评限批、排污权交易等政策和制度以遏制环境恶化，大力推动了绿色发展，打好蓝天、碧水、净土保卫战。生态环境部发布的《2018 中国生态环境状况公报》显示，2018 年中国地级以上城市环境空气质量达标的比例为 35.8%（121 个城市），环境空气质量超标的比例为 64.2%（217 个城市），全国地表水 I～III 类比例为 71.0%，全国 97.8% 的省级及以上工业集聚区建成污水集中处理设施并安装自动在线监控装置，神州大地的"颜值"和"气质"持续提升，环境治理成效较为明显。这些成绩取得与党和国家领导人高度重视紧密相关，更直接表现在我国环境法治体系建设之上。一直以来，协调经济发展与环境保护是解决民生问题的关键。党和国家对环境保护高度重视，党的十八大提出了"大力推进生态文明建设"的战略决策；党的十九大报告指出要坚决打好防范化解重大风险、精准脱贫、污染防治的攻坚战，并提出要"像对待生命一样对待生态环境""实行最严格的生态环境保护制度""构建政府为主导、企业为主体、社会组织和公众共同参与的环境治理体系"。为了保护和改善环境，习近平总书记曾多次提出"绿水青山就是金山银山"的生态治理与绿色发展理念，并且指出："只有实行最严格的制度、最严密的法治,才能为生态文明建设提供可靠保障。"①

法治建设在环境治理与保护中具有基础性的作用,并会影响到其他制度效应的发挥(王少波和郑建明,2007;李树和陈刚,2013;梁平汉和高楠,2014;范子英和赵仁杰,2019)。具体到我国环境立法建设,1989年12月26日,中华人民共和国第七届全国人民代表大会常务委员会第十一次会议通过了《中华人民共和国环境保护法》(以下简称旧《环保法》);2014年4月24日,中华人民共和国第十二届全国人民代表大会常务委员会第八次会议通过了全面修订的《中华人民共和国环境保护法》(以下简称新《环保法》②);继新《环保法》出台之后,2016年12月25日,中华人民共和国第十二届全国人民代表大会常务委员会第二十五次会议又通过了《环境保护税法》,这标志着以新《环保法》为主体的环境保护法制体系正式建立。环保法的颁布使得环境治理有法可依,通过开征环境保护税,充分体现"谁污染,谁付费,谁治理"的原则,可以转变各经济主体的环保意识,从被动治理向主动治理转变,倒逼企业进行节能减排,进而遏制环境污染的蔓延,大力推进生态文明建设。

事实上,政府对企业节能减排、环境治理的补贴和奖励是环境规制工具的重要内容之一,其目的是激励企业节能减排、污染防治和绿色生产,如新《环保法》第二十一条和《环境保护税法》第二十四条均明确规定了对经济主体的环境保护行为予以鼓励和支持的政策。以新《环保法》为主体的法规不仅在环境保护、监督管理、污染防治以及法律责任等方面做了相关规定,而且明确了各经济主体的环境治理义务,并且辅以适当的环保补贴措施激励各经济主体加大环境治理与保护力度。那么,环保补贴科学性和有效性如何?是否真正起到了激励作用,即环保补贴绩效如何?不同环境规制工具对环保补贴绩效究竟有何影响?厘清上述问题不仅可以为环保补贴及环境相关政策制定提供理论依据,而且可以丰富环境规制、环保补贴与环境治理互动关系方面的文献,在深化环境治理、推动绿色发展、全力以赴支持打赢蓝天保卫战等方面具有重要的理论价值和现实指导意义。

新《环保法》和《环境保护税法》相继出台的时点为本章检验单一环境规制工具和组合环境规制工具提供了一个很好的契机。基于此,本章利用新《环保法》和《环境保护税法》两个外生政策冲击事件,选取2011~

---

① 《习近平:用最严格制度最严密法治保护生态环境》,http://news.cnr.cn/native/gd/20180523/t20180523_524244032.shtml[2024-05-28]。

② 本章涉及1989年版《中华人民共和国环境保护法》和2014年版《中华人民共和国环境保护法》的对比,故2014年版《中华人民共和国环境保护法》简称新《环保法》。

2018 年中国 A 股上市公司数据为研究样本,探讨环境规制对环保补贴绩效的影响。本章研究发现:①政府环保补贴显著提高了企业绿色投资水平,即环保补贴每增加 1 个标准差,将使得企业绿色投资水平平均增加 24.37%;②相比于单一环境规制工具而言,环境规制组合对环保补贴绩效的提升更为有效,即与《环境保护税法》出台之前相比(新《环保法》已施行),《环境保护税法》出台之后(两种工具并存)环保补贴绩效增加了 65.64%;③上述结论在考虑工具变量回归、双重差分模型、改变变量测量、三重差分模型设计的替代性假说排除等一系列稳健性测试之后依然稳健;并且上述结论并不因是否为污染行业、所有权性质差异而改变。

本章的研究贡献主要体现在以下几方面。首先,现有探讨环境治理的文献大多集中在单一环境规制工具对企业绿色投资水平的影响(Leiter et al.,2011;Zhang et al.,2019;沈洪涛和冯杰 2012;包群等,2013;张济建等,2016;吴建祖和王蓉娟,2019;程博等,2018;崔广慧和姜英兵,2019;张琦等,2019;翟华云和刘亚伟,2019),较少涉及组合环境规制工具对企业绿色投资水平影响的考量,而本章结合新《环保法》和《环境保护税法》两个政策冲击事件时点差异,尝试从组合环境规制工具视角考察环保补贴绩效,可以有效弥补现有文献的不足,丰富和拓展企业绿色投资水平影响因素方面的文献。其次,现有研究并没有获得足够的微观证据回应环保补贴改善了企业绿色投资水平,而本章借助两个外生的政策冲击事件,较好地识别了单一环境规制工具和组合环境规制工具对企业绿色投资水平的影响,为政府环保补贴政策的科学性与有效性以及环境规制工具的制定提供了理论依据。最后,本章结论不仅有助于更全面地认识环保补贴对企业转型升级和实现绿色发展的作用,而且对进一步完善环保补贴相关政策,尤其是提升环保补贴绩效的激励作用提供了重要的启示。

6.2 理论分析与研究假说

已有文献表明,法治建设在环境治理与保护中具有基础性作用,环境规制强度可以影响企业绿色投资决策并有效地解释企业绿色投资行为差异(Dasgupta et al.,2001;Jackson and Apostolakou,2010;Kolk and Perego,2010;Pagell et al.,2013;Kim et al.,2017;葛察忠等,2015;王云等,2017;沈洪涛和周艳坤,2017;翟华云和刘亚伟,2019)。与 1989 年出台的旧《环保法》相比,2014 年修订的新《环保法》被称为"史上最严"的环境保护法,不仅强化了对污染企业的惩治力度与各级政府的环境监管责任，而且明确规定了对经济主体的环境保护行为予以鼓励和支持，充分体现"大棒加胡萝卜"奖罚并存的激励政策。2016 年修订的《环境保护税法》则采用财政税收手段将环境污染带来的外部性问题转化为排污者排污的内部成本，更加充分体现了"谁污染，谁付费，谁治理"的激励政策。

企业作为被规制的重要对象，基于环境规制的压力考量，会控制或减少污染行为，所以环境规制一定程度上可以提高环境治理的积极性，并促使企业加大环境治理力度。然而，由于生态资源是可以免费享受的公共产品，具有外部性特征，并且环境治理的短期收益远远小于成本，从理性经济人出发，企业增加环境治理投资的动力略显不足。因而，采用"大棒加胡萝卜"奖罚并存的激励政策对环境治理可能更为有效。旧《环保法》虽没有对经济主体的环境保护行为的鼓励和支持作出明确的规定，但各级政府为了保护和改善生活环境与生态环境，也会对所在地经济主体的节能减排行为予以一定的资金支持或补贴；而新《环保法》则将这一激励措施进行了明确规定，如新《环保法》第二十一条规定，国家采取财政、税收、价格、政府采购等方面的政策和措施，鼓励和支持环境保护技术装备、资源综合利用和环境服务等环境保护产业的发展；随后出台的《环境保护税法》第二十四条也相应地作出了规定，各级人民政府应当鼓励纳税人加大环境保护建设投入，对纳税人用于污染物自动监测设备的投资予以资金和政策支持。

本章认为，政府环保补贴至少在以下两方面对企业绿色投资存在积极的推动效应。一方面，企业绿色投资具有投资期限长、成本高、收益不确定等特点，并不能使企业短期财务状况产生"立竿见影"的改善（张济建等，2016；崔广慧和姜英兵，2019）；环境规制将环境污染带来的外部性问题转化为排污者排污的内部成本，增加了企业当期成本，这无论从成本角度，还是收益角度，都会削弱企业绿色投资的意愿。若政府给予一定的环保补贴，不仅可以降低企业环境治理的边际成本，而且可以增加企业现金流和改善企业业绩。另一方面，由于环境规制的约束，迫使企业淘汰落后的设备、生产技术、工艺和生产方式，加快企业转型升级的步伐，加大治污减排力度，实现绿色生产和绿色发展。若政府对企业环境保护给予一定的奖励或补贴，企业有动机加大绿色投资力度，不仅可以获得政府提供的环保补贴、资金扶持等稀缺资源，而且有助于与地方政府建立良好性互动关系，为未来获取政府资源赢得先机。此外，也会向投资者、债权人、消费者等利益相关者传递绿色发展的信号，赢得利益相关者的认可（Richardson and Welker，2001；刘常建等，2019）。综上，企业无论是基于成本与收益权衡，还是基于获取资源和传递信号的考量，"大棒加胡萝卜"激励政策会提高企业参与环境治理的积极性。基于上述分析，提出如下研究假说 H6.1。

H6.1：其他条件保持不变，环保补贴有助于提升企业绿色投资水平，即政府环保补贴与企业绿色投资水平显著正相关。

前已述及，企业绿色投资行为受制于环境规制的约束。唐国平等（2013）发现，在一定规制强度范围内，环境规制不但没有促进企业增加绿色投资，反而使得企业绿色投资水平有所降低。崔广慧和姜英兵（2019）研究发现，新《环保法》的施行未能有效提高企业积极参与环境治理的意愿，究其原因在于：新《环保法》施行迫使企业采取基于合规动机的应急措施来缓解巨大的环境治理压力，由于资源支持不足，会出现企业缩减生产规模的消极应对行为。具体到环保补贴绩效，本章认为，环境规制"组合拳"较单一环境规制工具对环保补贴绩效的影响更大，这是因为以下两点。

首先，新《环保法》这一环境规制工具加大了环境治理责任和政府环境监管责任，给企业带来巨大的环境压力，迫使其采取合规性环境行为，但并没有较好地将环境治理和环保补贴紧密挂钩，以至于激励不足。由于政府评估机构与企业之间的信息不对称，企业可能通过虚构环境治理事项，夸大节能减排成本，甚至将获得的环保补贴更改用途，用于其他收益高的投资项目，导致环保补贴的激励作用未能有效发挥（周苗苗，2013；张彦博和李琪，2013）。同时，由于资源的稀缺性，企业为获得环保补贴可能进行权力寻租，使得政府环保补贴资金错配，从而扭曲了环保补贴激励企业采取积极环境治理行为的初衷（范俊玉，2011）。因而，新《环保法》这一环境规制工具难以提升环保补贴绩效。

其次，继新《环保法》颁布后相继出台的《环境保护税法》，两法并举形成了一套环境规制"组合拳"，并且《环境保护税法》充分体现"谁污染，谁付费，谁治理"的原则，采用财政税收手段将环境污染成本内部化。虽然环境问题的专业性和隐蔽性加剧了资金提供者与企业之间的信息不对称，但《环境保护税法》则采用财政税收手段将环境污染带来的外部性问题转化为排污者排污的内部成本，政府可以从绿色投资、税收、治理效果等多个维度选择补贴对象和确定补贴金额，一定程度上可以减少政府与企业之间的信息不对称。同时，政府提供的环保补贴不仅可以缓解企业融资约束，而且更具有质量甄别和信号传递的作用，对企业寻租等不当行为具有一定的抑制作用（Richardson and Welker，2001；Dhaliwal et al.，2012；刘常建等，2019）。因此，无论是减少政府与企业之间的信息不对称，还是对企业寻租等不当行为有一定的抑制作用，一定程度上可以减少逆向选择和寻租行为而扭曲环保资金错配的现象发生，从而提高环保补贴绩效。基于上述分析，提出如下研究假说 H6.2。

H6.2：其他条件保持不变，与单一的环境规制工具相比，环境规制组合更有助于提升环保补贴绩效。

6.3   研 究 设 计

6.3.1   模型设定与变量定义

为了考察环境规制组合对环保补贴绩效的影响，本章设定如下待检验的模型：

$$ENV\_Perf = \alpha + \beta_1 \times SUBSIDY + \beta_2 \times POST + \beta_3 \times POST \times SUBSIDY$$
$$+ \beta_i \times \sum Controls + IND + YEAR + \varepsilon \qquad (6.1)$$

其中，α 为截距项；$\beta_1 \sim \beta_3$、β_i 为估计系数；ε 为误差项；被解释变量为 ENV_Perf，代表环保补贴绩效，参考 Patten（2005）、黎文靖和路晓燕（2015）、胡珺等（2017）、程博等（2018）、张琦等（2019）的研究，采用当年新增绿色投资支出金额占企业总资产的比例度量环保补贴绩效。SUBSIDY 为主要解释变量，借鉴孔东民等（2013b）的方法，采用政府环保补贴金额占企业总资产的比例度量政府环保补贴。

POST 为环境规制政策冲击变量。其中，POST1 为新《环保法》施行的指示变量，事件后（即 2015～2018 年）POST1 定义为 1，事件前（即 2011～2014 年）POST1 定义为 0；POST2 为《环境保护税法》出台的指示变量，《环境保护税法》出台后（即 2017～2018 年）POST2 定义为 1，出台前（即 2015～2016 年）POST2 定义为 0。需要说明的是，从环境保护的直接环境法制政策工具来看，前者认为是单一环境规制工具，而后者是在新《环保法》施行后，可以视作新《环保法》和《环境保护税法》组合运用，本章将其称为环境规制"组合拳"。

Controls 为控制变量。根据 Patten（2005）、黎文靖和路晓燕（2015）、胡珺等（2017）、程博等（2018）、张琦等（2019）等的研究，本章选取了产权性质（SOE）、企业规模（SIZE）、财务杠杆（LEV）、盈利能力（ROA）、成长能力（GROWTH）、上市年龄（AGE）、经营现金流（CASH）、股权集中度（TOP1）、两职合一（DUAL）和独立董事比例（INDEP）作为主要控制变量。此外，回归模型中还控制了行业和年度固定效应。变量定义说明如表 6.1 所示。

表 6.1 变量定义说明

变量符号	变量定义
ENV_Perf	环保补贴绩效,企业当年新增绿色投资支出占企业总资产的比例×100
SUBSIDY	政府环保补贴,企业当年收到政府环保补贴金额占企业总资产的比例×100
POST1	新《环保法》施行的指示变量,事件后(即 2015~2018 年)定义为 1,事件前(即 2011~2014 年)定义为 0
POST2	《环境保护税法》出台的指示变量,《环境保护税法》出台后(即 2017~2018 年)定义为 1,出台前则(即 2017~2018 年)定义为 0
SOE	产权性质,国有企业时取 1,非国有企业时取 0
SIZE	企业规模,企业总资产的自然对数
LEV	财务杠杆,负债总额与资产总额之比
ROA	盈利能力,净利润与资产总额之比
GROWTH	成长能力,营业收入增长率
AGE	上市年龄,企业 IPO 以来所经历年限加 1 的自然对数
CASH	经营现金流,企业经营活动产生的净现金流量与资产总额之比
TOP1	股权集中度,第一大股东持股比例
DUAL	两职合一,总经理兼任董事长时取 1,否则取 0
INDEP	独立董事比例,独立董事人数与董事会人数之比
IND	行业固定效应,行业虚拟变量
YEAR	年度固定效应,年度虚拟变量

6.3.2 样本选择与数据来源

本章借助新《环保法》和《环境保护税法》两个外生政策冲击事件,考察环境规制对环保补贴绩效的影响。新《环保法》施行为 2015 年 1 月 1 日,考虑研究样本区间的对称性,选取 2011~2018 年为样本区间,研究对象为所有 A 股上市企业。然后,剔除金融类公司、ST、*ST 公司以及核心数据缺失的样本,最终获得 20 465 个公司-年度观测值。其中,环保补贴绩效数据来源于公司年报附注中的在建工程项目,手工收集整理脱硫项目、脱硝项目、污水处理、环保设计与节能、三废回收以及与环保有关的技术改造等项目数据加总,取得企业当年绿色投资增加额数据;政府环保补贴数据来源于公司年报附注中的政府补助项目,手工收集整理企业获得的环境污染物在线监测、烟气脱硫、COD 减排奖励、废水处理、环境治理等环保补贴数据。新《环保法》和《环境保护税法》施行与出台时间根据生态环境部网站公布的相关政策文件确定,其他财务数据来源于 CSMAR 和 Wind 金融数据库。为了减少离群值可能带来的影响,本章对所有连续变量进行 1%的缩尾处理。

6.4 实证结果分析

6.4.1 描述性统计分析

表 6.2 提供了主要变量的描述性统计结果。从中可以看出，样本企业中新增绿色投资支出占企业总资产的 0.079%，ENV_Pref 的标准差为0.347，最小值为 0.000，最大值为 2.427，表明不同企业绿色投资水平差异较大。样本企业中环保补贴占资产总额的 0.032%，SUBSIDY 的标准差为0.116，最小值为 0.000，最大值为 0.869，表明不同企业的环保补贴也存在一定的差异。其他变量也存在一定程度的差异。

表 6.2　主要变量的描述性统计

变量	样本数	均值	标准差	最小值	中位数	最大值
ENV_Perf	20 465	0.079	0.347	0.000	0.000	2.427
SUBSIDY	20 465	0.032	0.116	0.000	0.000	0.869
POST1	20 465	0.563	0.496	0.000	1.000	1.000
POST2	11 529	0.544	0.498	0.000	1.000	1.000
SOE	20 465	0.357	0.479	0.000	0.000	1.000
SIZE	20 465	22.098	1.288	19.539	21.924	26.019
LEV	20 465	0.430	0.215	0.045 0	0.418	0.953
ROA	20 465	0.036	0.061	−0.266	0.036	0.198
GROWTH	20 465	0.410	1.151	−0.737	0.137	8.694
AGE	20 465	2.085	0.862	0.000	2.197	3.219
CASH	20 465	0.040	0.071	−0.193	0.039	0.238
TOP1	20 465	0.347	0.149	0.088	0.327	0.750
DUAL	20 465	0.267	0.442	0.000	0.000	1.000
INDEP	20 465	0.375	0.054	0.333	0.333	0.571

6.4.2 相关性统计分析

表 6.3 提供了主要变量的皮尔逊相关性分析结果。可以发现，政府环保补贴（SUBSIDY）与环保补贴绩效（ENV_Perf）的相关系数为 0.100，且在1%水平上显著正相关，这说明从整体上来看，政府环保补贴（SUBSIDY）与环保补贴绩效（ENV_Perf）具有较好的同步性，即环保补贴有助于改善企业绿色投资水平，初步支持本章研究假说 H6.1 的预期。另外，模型中主要变量的相关系数绝对值大部分在 0.30 以内，表明变量之间共线性问题并不严重。

表 6.3　主要变量皮尔逊相关性分析结果

变量符号	ENV_Perf	SUBSIDY	SOE	SIZE	LEV	ROA	GROWTH	AGE	CASH	TOP1	DUAL	INDEP
ENV_Perf	1.000											
SUBSIDY	0.100***	1.000										
SOE	0.051***	0.060***	1.000									
SIZE	0.039***	-0.019***	0.359***	1.000								
LEV	0.049***	0.048***	0.309***	0.473***	1.000							
ROA	-0.005	-0.067***	-0.100***	0.004	-0.388***	1.000						
GROWTH	-0.029***	0.003	0.020***	0.009	0.080***	0.006	1.000					
AGE	0.011	0.025***	0.437***	0.374***	0.411***	-0.228***	0.076***	1.000				
CASH	0.025***	-0.015**	0.027***	0.075***	-0.164***	0.356***	-0.094***	-0.006	1.000			
TOP1	0.009	-0.016**	0.228***	0.221***	0.039***	0.127***	-0.010	-0.094***	0.103***	1.000		
DUAL	-0.018**	-0.021***	-0.288***	-0.180***	-0.146***	0.052***	-0.012*	-0.236***	-0.021***	-0.038***	1.000	
INDEP	-0.025**	-0.018**	-0.053***	0.003	-0.010	-0.023***	0.027***	-0.020***	-0.011	0.044***	0.108***	1.000

***、**和*分别表示 1%、5%和 10%的显著性水平

6.4.3 基本回归结果分析

表 6.4 提供了环境规制组合对环保补贴绩效影响的基本回归结果。其中，第（1）～（4）列为考察新《环保法》政策冲击对环保补贴绩效影响的检验结果，各列中 SUBSIDY 的系数均在 1%的水平上显著为正，表明环保补贴显著提高了企业绿色投资水平，支持本章的研究假说 H6.1；第（2）列交互项 POST×SUBSIDY 的系数为正但不显著（$\beta_1 = 0.002$，$t = 0.024$），这表明新《环保法》的施行，并没有显著提高环保补贴绩效。由于样本区间涵盖了 2017～2018 年，为了剔除 2017～2018 年《环境保护税法》出台的影响，同时考虑事件前后样本期限一致（即新《环保法》施行前后各两年），仅保留 2013～2016 年的样本进行回归检验，检验结果详见第（3）和（4）列，由第（4）列的回归结果可以看出，交互项 POST×SUBSIDY 的系数为负但仍不显著（$\beta_1 = -0.048$，$t = -0.622$），这表明在剔除《环境保护税法》的影响后，仍然没有发现新《环保法》的施行改善了环保补贴绩效。第（5）～（6）列为考察新《环保法》《环境保护税法》两个政策工具组合冲击对环保补贴绩效影响的检验结果。可以发现，各列中 SUBSIDY 的系数均在 1%的水平上显著为正，同样表明环保补贴显著提高了企业绿色投资水平，第（6）列交互项 POST×SUBSIDY 的系数在 5%的水平上显著为正（$\beta_1 = 0.281$，$t = 2.106$），表明在新《环保法》施行后，《环境保护税法》出台显著提高了环保补贴绩效。对于回归结果的经济意义，以第（6）列为例，SUBSIDY 的系数为 0.166，这说明环保补贴每增加 1 个标准差，将使得企业绿色投资水平平均增加24.37%；交互项 POST×SUBSIDY 的系数为 0.281，与《环境保护税法》出台之前相比，《环境保护税法》出台之后环保补贴绩效增加了 65.64%，经济意义同样显著。以上检验结果并没有发现新《环保法》这一单一环境规制工具显著提升了环保补贴绩效的证据，而却发现继新《环保法》施行后，《环境保护税法》的出台显著提高了环保补贴绩效，这意味着环境规制组合对环保补贴绩效的提升更为有效，与本章研究假说 H6.2 的预期一致。

表 6.4   基本回归结果

变量符号	（1）	（2）	（3）	（4）	（5）	（6）
	POST1	POST1	POST1	POST1	POST2	POST2
SUBSIDY	0.236***	0.235***	0.173***	0.199***	0.264***	0.166***
	(5.426)	(3.884)	(3.179)	(2.581)	(4.425)	(2.658)

续表

变量符号	（1）	（2）	（3）	（4）	（5）	（6）
	POST1	POST1	POST1	POST1	POST2	POST2
POST		−0.019*		−0.003		0.018**
		（−1.788）		（−0.351）		（2.476）
POST× SUBSIDY		0.002		−0.048		0.281**
		（0.024）		（−0.622）		（2.106）
SOE	0.028**	0.028**	0.028**	0.028**	0.041***	0.041***
	（2.381）	（2.382）	（2.154）	（2.146）	（2.968）	（2.968）
SIZE	0.008*	0.008*	0.003	0.003	0.002	0.002
	（1.854）	（1.854）	（0.625）	（0.624）	（0.544）	（0.543）
LEV	0.078***	0.078***	0.065**	0.066**	0.078***	0.078***
	（3.144）	（3.144）	（2.261）	（2.263）	（2.816）	（2.802）
ROA	0.029	0.029	−0.068	−0.068	0.097**	0.097**
	（0.620）	（0.620）	（−1.106）	（−1.109）	（2.222）	（2.221）
GROWTH	−0.004	−0.004	−0.004*	−0.004*	−0.001	−0.001
	（−1.595）	（−1.593）	（−1.757）	（−1.775）	（−0.142）	（−0.160）
AGE	−0.012**	−0.012**	−0.008	−0.008	−0.011*	−0.011*
	（−2.094）	（−2.093）	（−1.179）	（−1.171）	（−1.751）	（−1.765）
CASH	0.063	0.063	0.103**	0.103**	0.109**	0.108**
	（1.470）	（1.470）	（1.996）	（1.991）	（2.115）	（2.107）
TOP1	−0.023	−0.023	−0.025	−0.025	−0.046	−0.046
	（−0.806）	（−0.806）	（−0.731）	（−0.721）	（−1.432）	（−1.414）
DUAL	0.001	0.001	0.002	0.002	−0.014	−0.014
	（0.099）	（0.100）	（0.188）	（0.177）	（−1.531）	（−1.531）
INDEP	−0.092	−0.092	−0.081	−0.081	−0.042	−0.040
	（−1.478）	（−1.478）	（−1.141）	（−1.141）	（−0.596）	（−0.578）
常数项	−0.108	−0.108	−0.013	−0.014	−0.036	−0.032
	（−1.248）	（−1.248）	（−0.132）	（−0.141）	（−0.400）	（−0.353）
IND	控制	控制	控制	控制	控制	控制
YEAR	控制	控制	控制	控制	控制	控制
调整的 R^2	0.050	0.050	0.042	0.041	0.063	0.064
N	20 465	20 465	9 903	9 903	11 529	11 529
样本区间	2011～2018 年	2011～2018 年	2013～2016 年	2013～2016 年	2015～2018 年	2015～2018 年

注：括号中为 t 值，并经过了 White（1980）异方差修正，回归考虑了公司层面的聚类效应

***、**和*分别表示 1%、5%和 10%的显著性水平

6.5　稳健性检验

尽管前文的检验结果为环境规制组合提升环保补贴绩效提供了一定的证据，但仍需要考虑回归模型可能存在的内生性问题。比如，那些本身绿色投资较多的企业获得的政府环保补贴可能更多，这类企业面临环境规制约束时，是否表现出更为积极的环境行为呢？为了保证研究结论的稳健性，本章进一步通过工具变量回归、双重差分模型、三重差分模型、改变变量测量设计的替代性假说排除等方面进行稳健性测试。

6.5.1　工具变量回归检验

借鉴陈红等（2018）的方法，采用分年分行业环保补贴的均值作为环保补贴的工具变量，重新对前文模型（6.1）进行回归分析，结果如表 6.5 所示。各列中 SUBSIDY 的系数均在 1%的水平上显著为正，本章的研究假说 H6.1 仍然得到支持。第（2）列交互项 POST×SUBSIDY 的系数为正但不显著（$\beta_1 = 0.155, t = 0.464$），第（4）列交互项 POST×SUBSIDY 的系数为负但不显著（$\beta_1 = -0.565, t = -1.585$）；而第（6）列交互项 POST× SUBSIDY 的系数在 1%的水平上显著为正（$\beta_1 = 2.652, t = 4.195$）。以上检验结果再次表明，与单一环境规制工具相比，环境规制组合对环保补贴绩效的提升更为明显，强有力地支持了本章的研究假说 H6.2。

表 6.5　工具变量回归结果

变量符号	（1）	（2）	（3）	（4）	（5）	（6）
	POST1	POST1	POST1	POST1	POST2	POST2
SUBSIDY	2.401***	1.753***	2.047***	2.285***	2.038***	1.398***
	(8.534)	(5.258)	(6.703)	(4.211)	(4.862)	(3.665)
POST		−0.029**		0.019		0.001
		(−2.164)		(1.443)		(0.025)
POST× SUBSIDY		0.155		−0.565		2.652***
		(0.464)		(−1.585)		(4.195)
SOE	0.027**	0.032***	0.027**	0.033**	0.045***	0.044***
	(2.319)	(2.663)	(2.127)	(2.492)	(3.183)	(3.126)
SIZE	0.003	0.006	−0.001	0.001	−0.001	−0.001
	(0.879)	(1.386)	(−0.212)	(0.017)	(−0.025)	(−0.063)

续表

变量符号	（1）	（2）	（3）	（4）	（5）	（6）
	POST1	POST1	POST1	POST1	POST2	POST2
LEV	0.093***	0.082***	0.083***	0.077***	0.080***	0.080***
	(3.863)	(3.372)	(2.950)	(2.640)	(2.856)	(2.867)
ROA	0.073	0.042	−0.016	−0.020	0.124***	0.120***
	(1.562)	(0.922)	(−0.247)	(−0.321)	(2.842)	(2.742)
GROWTH	−0.006***	−0.005**	−0.006***	−0.006**	−0.002	−0.003
	(−2.751)	(−2.182)	(−2.753)	(−2.532)	(−0.575)	(−0.653)
AGE	−0.011*	−0.010*	−0.007	−0.006	−0.009	−0.009
	(−1.908)	(−1.774)	(−1.000)	(−0.947)	(−1.456)	(−1.459)
CASH	0.075*	0.096**	0.113**	0.120**	0.144***	0.139***
	(1.718)	(2.223)	(2.152)	(2.284)	(2.794)	(2.688)
TOP1	−0.031	−0.032	−0.034	−0.030	−0.054	−0.054
	(−1.092)	(−1.106)	(−1.003)	(−0.874)	(−1.640)	(−1.627)
DUAL	−0.001	0.001	0.001	0.001	−0.015	−0.015
	(−0.058)	(0.083)	(0.120)	(0.099)	(−1.600)	(−1.567)
INDEP	−0.116*	−0.113*	−0.106	−0.111	−0.065	−0.062
	(−1.858)	(−1.776)	(−1.490)	(−1.544)	(−0.913)	(−0.873)
常数项	−0.046	−0.064	0.039	0.012	−0.001	0.028
	(−0.556)	(−0.741)	(0.398)	(0.122)	(−0.005)	(0.319)
IND	控制	控制	控制	控制	控制	控制
YEAR	控制	控制	控制	控制	控制	控制
调整的 R^2	0.024	0.035	0.024	0.026	0.046	0.049
N	20 465	20 465	9 903	9 903	11 529	11 529
样本区间	2011～2018 年	2011～2018 年	2013～2016 年	2013～2016 年	2015～2018 年	2015～2018 年

注：括号中为 t 值，并经过了 White（1980）异方差修正，回归考虑了公司层面的聚类效应

***、**和*分别表示 1%、5%和 10%的显著性水平

6.5.2　双重差分模型检验

为了进一步缓解模型中可能的内生性问题，验证环境规制工具对环保补贴绩效的影响，本章利用新《环保法》和《环境保护税法》出台这两个准自然实验外生事件，借鉴 Bertrand 和 Mullainathan（2003，2004）、崔广慧和姜英兵（2019）的研究设计，构建如下双重差分模型：

$$ENV\_Perf = \alpha + \beta_1 \times TREAT + \beta_2 \times POST + \beta_3 \times POST \times TREAT$$
$$+ \beta_i \times \sum Controls + IND + YEAR + \varepsilon \qquad (6.2)$$

其中，TREAT 为是否获得政府的环保补贴，对于有政府环保补贴的企业，TREAT 定义为1，否则 TREAT 定义为0。其他变量同前文模型（6.1）。另外，双重差分模型估计的一个潜在前提条件是实验组（有环保补贴的企业）与控制组（无环保补贴的企业）在政策冲击事件之前具有同趋势性。因此，在进行双重差分模型估计之前本章以绘图的形式直观地呈现了实验组和控制组环保补贴绩效（ENV_Perf）的变化趋势，如图 6.1 和图 6.2 所示。从图中可以清晰看出，实验组和控制组环保补贴绩效在政策冲击之前的变化趋势基本上是趋于一致的，而在政策冲击之后存在显著性差异，由此说明本章的平行趋势假设基本得到满足，采用双重差分模型估计进行实证检验是可行的。

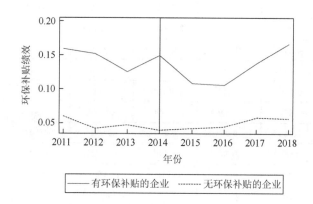

图 6.1　新《环保法》冲击下变化趋势

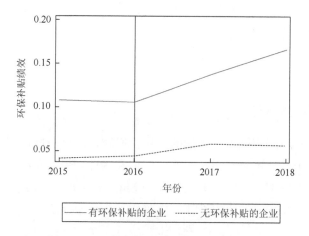

图 6.2　《环境保护税法》冲击下变化趋势

表 6.6 提供了双重差分模型的回归结果。可以看出，各列中 TREAT 的系数均在 1%的水平上显著为正，这说明相比于无环保补贴的企业而言，有环保补贴的企业绿色投资水平更高，本章的研究假说 H6.1 再次得到验证。第（1）列和第（2）列中交互项 POST×TREAT 的系数为负，并没有发现新《环保法》这一环境规制工具能够提高环保补贴绩效的直接证据；而第（3）列交互项 POST×TREAT 的系数在 5%的水平上显著为正（$\beta_1 = 0.033$，$t = 2.184$），这说明在新《环保法》施行后，《环境保护税法》出台显著提高了环保补贴绩效。对于回归结果的经济意义，交互项 POST×TREAT 的系数为 0.033，环保补贴绩效（ENV_Perf）的均值为 0.079，这意味着环境规制组合使得有环保补贴的企业（相比于无环保补贴的企业）的环保补贴绩效上升了约 41.77%，本章研究假说 H6.2 依旧得到验证。

表 6.6　双重差分模型的回归结果

变量符号	（1）	（2）	（3）
	POST1	POST1	POST2
TREAT	0.070***	0.067***	0.033***
	(5.496)	(4.730)	(3.191)
POST	−0.018*	0.005	0.016**
	(−1.695)	(0.557)	(1.990)
POST×TREAT	−0.018	−0.029**	0.033**
	(−1.274)	(−2.105)	(2.184)
SOE	0.027**	0.028**	0.041***
	(2.301)	(2.105)	(2.925)
SIZE	0.005	0.001	0.001
	(1.141)	(0.097)	(0.051)
LEV	0.077***	0.064**	0.078***
	(3.079)	(2.208)	(2.793)
ROA	0.021	−0.065	0.078*
	(0.463)	(−1.066)	(1.796)
GROWTH	−0.003	−0.003	0.001
	(−1.199)	(−1.348)	(0.013)

续表

变量符号	（1）	（2）	（3）
	POST1	POST1	POST2
AGE	-0.012^{**}	-0.008	-0.012^{*}
	(-2.209)	(-1.260)	(-1.942)
CASH	0.052	0.090^{*}	0.095^{*}
	(1.230)	(1.768)	(1.860)
TOP1	-0.023	-0.026	-0.044
	(-0.803)	(-0.753)	(-1.367)
DUAL	0.002	0.003	-0.013
	(0.252)	(0.326)	(-1.439)
INDEP	-0.083	-0.075	-0.031
	(-1.338)	(-1.060)	(-0.441)
常数项	-0.060	0.019	0.004
	(-0.698)	(0.191)	(0.040)
IND	控制	控制	控制
YEAR	控制	控制	控制
调整的 R^2	0.050	0.043	0.063
N	20 465	9 903	11 529
样本区间	2011～2018 年	2013～2016 年	2015～2018 年

注：括号中为 t 值，并经过了 White（1980）异方差修正，回归考虑了公司层面的聚类效应
***、**和*分别表示 1%、5%和 10%的显著性水平

6.5.3 基于重污染行业的考察

前文研究证实了环境规制组合较单一环境规制工具对环保补贴绩效的促进作用更为明显。但不可忽视的是，重污染企业作为环境的主要污染者，较非重污染企业更易引起社会公众和政府监管部门的关注，以至于表现出较高的绿色投资支出水平，并且可能获取的政府环保补贴也会随之增加，若存在这一潜在的可能，本章的结论只会出现在重污染企业之中。鉴于此，在前文模型（6.2）的基础上，引入交互项 POST×TREAT×POLL 构建三重差分模型来识别这一潜在的影响，其模型如下所示：

$$
\begin{aligned}
\text{ENV\_Perf} = {} & \alpha + \beta_1 \times \text{TREAT} + \beta_2 \times \text{POST} + \beta_3 \times \text{POST} \times \text{TREAT} \\
& + \beta_4 \times \text{POLL} + \beta_5 \times \text{POST} \times \text{POLL} + \beta_6 \times \text{TREAT} \times \text{POLL} \\
& + \beta_7 \times \text{POST} \times \text{TREAT} \times \text{POLL} + \beta_i \times \sum \text{Controls} + \text{IND} \\
& + \text{YEAR} + \varepsilon
\end{aligned}
\tag{6.3}
$$

其中，α 为截距项；$\beta_1 \sim \beta_7$、β_i 为估计系数；ε 为误差项；POLL 为是否为重污染企业，参照刘运国和刘梦宁（2015）、胡珺等（2017）的研究，根据环保部公布的《上市公司环境信息披露指南》，结合证监会 2012 年修订的《上市公司行业分类指引》，本章将研究样本划为重污染企业（包括采掘业、纺织服务皮毛业、金属非金属业、生物医药业、石化塑胶业、造纸印刷业、水电煤气业和食品饮料业）和非重污染企业，对于重污染企业，POLL 定义为 1，否则 POLL 定义为 0。其他变量同前文模型（6.2）。

表 6.7 提供了三重差分模型的回归结果。可以看出，各列中交互项 POST×TREAT×POLL 的系数并不显著，而 TREAT 的系数显著为正，交互项 POST×TREAT 的系数在第（2）列显著为正，进一步验证了前文的假说 H6.1 和 H6.2，通过三重差分模型检验也未发现前文的结论在重污染企业和非重污染企业之间存在显著差异（分组结果与之类似，鉴于篇幅限制未列报），这在一定程度上排除了污染行业差异的替代性假说。

表 6.7　三重差分模型的回归结果

变量符号	(1)	(2)
	POST1	POST2
TREAT	0.043***	0.022*
	(3.520)	(1.774)
POST	−0.017*	0.008
	(−1.756)	(1.083)
POST×TREAT	−0.004	0.028*
	(−0.279)	(1.665)
POLL	0.077***	0.057***
	(4.723)	(3.257)
POST×POLL	0.001	0.025*
	(0.061)	(1.722)
TREAT×POLL	0.042*	0.026
	(1.670)	(1.185)

续表

变量符号	（1）	（2）
	POST1	POST2
POST×TREAT×POLL	−0.017	0.003
	（−0.613）	（0.106）
SOE	0.025**	0.039***
	（2.193）	（2.824）
SIZE	0.004	−0.001
	（0.962）	（−0.029）
LEV	0.073***	0.077***
	（2.948）	（2.781）
ROA	0.026	0.074*
	（0.570）	（1.700）
GROWTH	−0.002	0.001
	（−0.854）	（0.288）
AGE	−0.013**	−0.014**
	（−2.441）	（−2.194）
CASH	0.038	0.087*
	（0.902）	（1.697）
TOP1	−0.023	−0.044
	（−0.807）	（−1.362）
DUAL	0.004	−0.012
	（0.410）	（−1.330）
INDEP	−0.061	−0.011
	（−0.988）	（−0.154）
常数项	−0.038	0.018
	（−0.449）	（0.201）
IND	控制	控制
YEAR	控制	控制
调整的 R^2	0.058	0.069
N	20 465	11 529
样本区间	2011～2018 年	2015～2018 年

注：括号中为 t 值，并经过了 White（1980）异方差修正，回归考虑了公司层面的聚类效应

***、**和*分别表示 1%、5%和 10%的显著性水平

6.5.4 基于产权性质的考察

毋庸置疑，相比于非国有企业，由于国有企业与政府间保持着天然的密切关系，因而受到政府干预程度也相应较高，除了完成既定经济目标外，国有企业往往还承担着大量的政策性目标（如扩大就业、维护稳定、财政负担、环境治理等）（Lin and Tan，1999；Chen et al.，2011；林毅夫和李志赟，2004；刘瑞明和石磊，2010；唐松和孙铮，2014）；与此同时，政府也会对国有企业进行事前的保护或事后的补贴（杨德明和赵璨，2016），从而削弱了环保补贴激励企业加大环境治理投入的动机，若存在这一潜在的可能，本章的结论只会出现在非国有企业之中。类似前文，在模型（6.2）的基础上，引入交互项 POST×TREAT×SOE 构建三重差分模型来识别这一潜在的影响，其模型如下所示：

$$
\begin{aligned}
\mathrm{ENV\_Perf} = {} & \alpha + \beta_1 \times \mathrm{TREAT} + \beta_2 \times \mathrm{POST} + \beta_3 \times \mathrm{POST} \times \mathrm{TREAT} \\
& + \beta_4 \times \mathrm{SOE} + \beta_5 \times \mathrm{POST} \times \mathrm{SOE} + \beta_6 \times \mathrm{TREAT} \times \mathrm{SOE} \\
& + \beta_7 \times \mathrm{POST} \times \mathrm{TREAT} \times \mathrm{SOE} + \beta_i \times \sum \mathrm{Controls} + \mathrm{IND} \\
& + \mathrm{YEAR} + \varepsilon
\end{aligned} \tag{6.4}
$$

表 6.8 提供了考虑产权性质的三重差分模型的回归结果。可以看出，各列中交互项 POST×TREAT×SOE 的系数并不显著，而 TREAT 的系数依然显著为正，交互项 POST×TREAT 的系数在第（2）列也依旧显著为正，前文的假说 H6.1 和 H6.2 进一步得到验证，通过三重差分模型检验也未发现前文的结论在国有企业和非国有企业之间存在显著差异（分组结果与之类似，鉴于篇幅限制未列报），这在一定程度上排除了所有权性质歧视的替代性假说。

表 6.8　考察产权性质的三重差分模型的回归结果

变量符号	（1）	（2）
	POST1	POST2
TREAT	0.054***	0.020*
	(3.375)	(1.651)
POST	−0.030**	0.012
	(−2.530)	(1.454)
POST×TREAT	−0.014	0.036*
	(−0.794)	(1.878)
SOE	−0.002	0.023
	(−0.174)	(1.561)

续表

变量符号	（1）	（2）
	POST1	POST2
POST×SOE	0.030**	0.009
	(2.325)	(0.636)
TREAT×SOE	0.040	0.037
	(1.592)	(1.641)
POST×TREAT×SOE	−0.009	−0.007
	(−0.348)	(−0.214)
SIZE	0.005	0.001
	(1.173)	(0.096)
LEV	0.078***	0.077***
	(3.118)	(2.745)
ROA	0.024	0.079*
	(0.524)	(1.826)
GROWTH	−0.003	0.001
	(−1.236)	(0.031)
AGE	−0.012**	−0.012*
	(−2.213)	(−1.919)
CASH	0.055	0.096*
	(1.287)	(1.875)
TOP1	−0.025	−0.045
	(−0.879)	(−1.407)
DUAL	0.002	−0.013
	(0.236)	(−1.450)
INDEP	−0.084	−0.032
	(−1.365)	(−0.466)
常数项	−0.051	0.007
	(−0.589)	(0.079)
IND	控制	控制
YEAR	控制	控制
调整的 R^2	0.051	0.063
N	20 465	11 529
样本区间	2011～2018 年	2015～2018 年

注：括号中为 t 值，并经过了 White（1980）异方差修正，回归考虑了公司层面的聚类效应

***、**和*分别表示 1%、5%和 10%的显著性水平

6.5.5　改变变量测量的检验

稳健起见，本章借鉴 Patten（2005）、黎文靖和路晓燕（2015）、胡珺等（2017）、程博等（2018）的研究，采用当年新增绿色投资支出金额占企业主营业务收入的比例度量环保补贴绩效，检验结果如表 6.9 所示。可以看出，各列中 SUBSIDY 的系数均显著为正，本章的研究假说 H6.1 依旧得到支持。第（2）列和第（4）列中交互项 POST×SUBSIDY 的系数为正但仍不显著，而第（6）列交互项 POST×SUBSIDY 的系数在 5%的水平上显著为正（$\beta_1 = 0.666$，$t = 2.071$）。以上检验结果依旧表明，与单一环境规制工具相比，环境规制组合对环保补贴绩效的提升更为有效，支持了本章的研究假说 H6.2。

表 6.9　改变变量基本回归结果

变量符号	（1）	（2）	（3）	（4）	（5）	（6）
	POST1	POST1	POST1	POST1	POST2	POST2
SUBSIDY	0.536***	0.455***	0.435***	0.405**	0.759***	0.525***
	(4.992)	(3.609)	(3.237)	(2.477)	(4.532)	(3.026)
POST		−0.015		0.005		0.028
		(−0.716)		(0.271)		(1.633)
POST×SUBSIDY		0.170		0.054		0.666**
		(1.116)		(0.376)		(2.071)
SOE	0.051**	0.051**	0.053*	0.053*	0.083**	0.083**
	(2.036)	(2.044)	(1.886)	(1.893)	(2.443)	(2.443)
SIZE	0.018**	0.018**	0.011	0.011	0.010	0.010
	(2.127)	(2.127)	(1.112)	(1.113)	(1.016)	(1.015)
LEV	0.092*	0.092*	0.069	0.069	0.089	0.089
	(1.720)	(1.726)	(1.078)	(1.077)	(1.303)	(1.292)
ROA	−0.076	−0.075	−0.210	−0.210	−0.012	−0.011
	(−0.823)	(−0.811)	(−1.568)	(−1.567)	(−0.113)	(−0.109)
GROWTH	−0.007	−0.006	−0.007	−0.007	0.002	0.002
	(−1.163)	(−1.154)	(−1.489)	(−1.471)	(0.201)	(0.188)
AGE	−0.025**	−0.026**	−0.016	−0.016	−0.029**	−0.030**
	(−2.122)	(−2.130)	(−1.114)	(−1.116)	(−1.966)	(−1.980)
CASH	−0.046	−0.045	0.011	0.011	−0.002	−0.004
	(−0.541)	(−0.530)	(0.100)	(0.102)	(−0.017)	(−0.030)

续表

变量符号	（1）	（2）	（3）	（4）	（5）	（6）
	POST1	POST1	POST1	POST1	POST2	POST2
TOP1	−0.089	−0.089	−0.079	−0.079	−0.139*	−0.137*
	（−1.482）	（−1.494）	（−1.066）	（−1.069）	（−1.733）	（−1.717）
DUAL	0.006	0.007	0.007	0.007	−0.027	−0.027
	（0.341）	（0.355）	（0.302）	（0.309）	（−1.234）	（−1.235）
INDEP	−0.146	−0.145	−0.114	−0.114	−0.069	−0.066
	（−1.103）	（−1.097）	（−0.729）	（−0.728）	（−0.423）	（−0.405）
常数项	−0.220	−0.218	−0.095	−0.094	−0.090	−0.080
	（−1.231）	（−1.218）	（−0.441）	（−0.436）	（−0.421）	（−0.374）
IND	控制	控制	控制	控制	控制	控制
YEAR	控制	控制	控制	控制	控制	控制
调整的 R^2	0.062	0.062	0.054	0.054	0.081	0.083
N	20 465	20 465	9 903	9 903	11 529	11 529
样本区间	2011~2018 年	2011~2018 年	2013~2016 年	2013~2016 年	2015~2018 年	2015~2018 年

注：括号中为 t 值，并经过了 White（1980）异方差修正，回归考虑了公司层面的聚类效应

***、**和*分别表示 1%、5%和 10%的显著性水平

进一步地，依据前文模型（6.2）构建的双重差分模型重新进行检验，结果如表 6.10 所示。可以看出，各列中 TREAT 的系数均在 1%的水平上显著为正，这说明相比于无环保补贴的企业而言，有环保补贴的企业绿色投资水平更高；第（1）列和第（2）列中交互项 POST×TREAT 的系数为负但不显著，而第（3）交互项 POST×TREAT 的系数显著为正，以上检验结果依旧强有力地支持本章假说 H6.1 和 H6.2 的预期。

表 6.10　改变变量测量的双重差分模型回归结果

变量符号	（1）	（2）	（3）
	POST1	POST1	POST2
TREAT	0.119***	0.118***	0.085***
	（4.701）	（4.052）	（3.334）
POST	−0.018	0.013	0.024
	（−0.797）	（0.720）	（1.349）
POST×TREAT	−0.004	−0.024	0.059*
	（−0.152）	（−0.821）	（1.713）

续表

变量符号	（1）	（2）	（3）
	POST1	POST1	POST2
SOE	0.050**	0.053*	0.083**
	(2.003)	(1.880)	(2.427)
SIZE	0.012	0.006	0.005
	(1.439)	(0.578)	(0.496)
LEV	0.092*	0.068	0.092
	(1.714)	(1.061)	(1.333)
ROA	−0.098	−0.214	−0.061
	(−1.081)	(−1.604)	(−0.583)
GROWTH	−0.005	−0.005	0.004
	(−0.822)	(−1.074)	(0.331)
AGE	−0.027**	−0.017	−0.032**
	(−2.246)	(−1.203)	(−2.122)
CASH	−0.069	−0.020	−0.037
	(−0.803)	(−0.184)	(−0.308)
TOP1	−0.090	−0.082	−0.135*
	(−1.502)	(−1.104)	(−1.689)
DUAL	0.009	0.010	−0.026
	(0.475)	(0.428)	(−1.154)
INDEP	−0.128	−0.102	−0.048
	(−0.972)	(−0.659)	(−0.295)
常数项	−0.113	−0.009	0.019
	(−0.636)	(−0.040)	(0.091)
IND	控制	控制	控制
YEAR	控制	控制	控制
调整的 R^2	0.060	0.054	0.078
N	20 465	9 903	11 529
样本区间	2011～2018 年	2013～2016 年	2015～2018 年

注：括号中为 t 值，并经过了 White（1980）异方差修正，回归考虑了公司层面的聚类效应

***、**和*分别表示 1%、5%和 10%的显著性水平

6.6　本章小结

　　法治建设在环境治理与保护中处于基础性地位，如何运用环境规制工具制定科学有效的政府扶持措施激发企业环境治理动力是一个重要的研究课题。本章借助新《环保法》和《环境保护税法》两个外生政策冲击事件，选取 2011～2018 年中国 A 股上市公司为研究样本，对环保补贴绩效展开评价。研究结果表明，环保补贴显著提高了企业绿色投资水平，表征出环保补贴每增加 1 个标准差，将使得企业绿色投资水平平均增加约 24.37%。进一步研究表明，单一的环境规制工具对环保补贴绩效的促进作用十分有限，而环境规制组合对环保补贴绩效起到显著的促进作用，从经济意义来看，相比于单一环境规制工具而言，环境规制组合对环保补贴绩效提升了 65.64%。以上结论在进行一系列稳健性检验后仍然成立，并且不因是否为污染行业、所有权性质差异而改变。本章结论对环保补贴政策实施的效果进行了微观解读，不仅丰富和拓展了环境治理及其绩效影响因素等方面的文献，而且利用两个外生的政策冲击事件，较好地识别了单一环境规制工具和组合环境规制工具对环保补贴绩效的激励效果，其结论为环保补贴政策的科学性与有效性以及环境规制工具的制定提供了理论依据。

　　本章结论在提升环保补贴绩效和激励企业环境治理方面具有重要的政策含义。首先，需要提高环保补贴政策的有效性和科学性。政府部门应进一步完善企业环保补贴申请的审核、审批和监督机制。例如，细化补贴发放标准，将企业环保投资、治理绩效与环保补贴紧密挂钩，并且对环保补贴资金的使用进行监督，对企业环境治理行为持续跟踪考察评估，作为下一期环保补贴发放的参考依据。同时，优化环保补贴的操作流程，提高发放补贴对象遴选、补贴金额确定等过程的透明度，避免权力寻租行为的发生。其次，采取事前补贴和事后补贴相结合的方式。对投资大、周期长的环境治理项目进行事前补贴，以缓解企业资金压力，提高环境治理的意愿；对金额小、周期短的环境治理项目进行事后补贴，根据评估机构评估情况和治理效果综合核定补贴，减少企业的逆向选择行为发生。再次，环保补贴力度应与环保技术产出效应挂钩。政府部门可以分类制定环保补贴标准，对于环境治理基础设施与技术的投资，应加大补贴力度，提高环保技术产出效应和示范效应。最后，提高企业环境信息披露的有用性，拓展环境治理的融资渠道。企业环境信息披露有助于减少利益相关者与企业之间的信息不对称，监管部门可以考虑制定企业环境信息披露的标准，规范企业环境信息披露，提高企业环境信息披露的有用性，切实发挥政府环保补贴对资本市场的认证效应和信号传递作用，实现政府补贴与资本市场对绿色发展的双轮驱动。同时，鼓励银行、保险、证券、基金等金融机构关注生态环境，推出绿色金融产品，解决企业因环境治理而产生的融资难问题。

第7章 环保法规与企业绿色投资

　　谁扛起了绿色投资的大旗？探究这一科学问题在实现绿色发展,推进生态文明建设战略,促进社会可持续发展、人居生活环境和社会稳定等方面具有重要的理论价值和现实指导意义。本章基于双重差分模型,以我国2014年全面修订的《环保法》正式施行为准自然实验事件,系统地考察了环境规制对不同产权性质的企业绿色投资行为的影响。研究发现,《环保法》的施行显著提高了国有企业绿色投资水平,即相对于非国有企业而言,《环保法》的施行使得国有企业绿色投资水平增加了约46.65%,这一现象在重污染企业和无环保经历的企业中更为明显,这些结论在经过一系列稳健性测试后依然稳健。进一步的异质性检验结果表明,在行业竞争程度高、机构持股比例低、分析师关注度低、媒体关注度高、管理层权力高以及低融资约束的国有企业绿色投资水平显著增加的现象更为明显。本章从企业绿色投资行为的角度为《环保法》施行效果评估提供了微观证据,这一发现不仅丰富了环境治理方面的研究文献,而且对于企业如何更好地履行环境治理责任以及为政府进一步完善和制定环境政策具有重要的参考价值。

7.1　问题的提出

　　环境污染和生态破坏属于市场失灵的一部分,需要政府采用环境政策工具对市场经济进行调整,达到经济发展与环境治理的均衡。国内外文献对政府在环境治理、保护环境发挥的积极作用已进行了充分的验证,如早期的研究考察了环境规制对空气质量和公共卫生的直接影响(Chay and Greenstone,2003；Currie and Neidell,2005；Greenstone and Hanna,2014)；而近期的研究则开始探究所有制结构对企业环境保护投入的影响,如 Li 和 Wu(2020)、Shive 和 Forster(2020)发现国有企业比私有企业采取更多消极的环保行为,这反映了股东与利益相关者之间的冲突促使企业更加关注财务绩效。2018年全球上市公司共排放100亿吨二氧化碳,其中四分之一来源于国有企业。在中国,国有企业在中国经济中仍占主体地位,国有上市公司市值约占中国股市市值的 60%左右。因此，理解国有企业在环境治理中所扮演的重要角色，探究这一科学问题在实现绿色发展，推进生态文明建设战略，促进社会可持续发展、人居生活环境和社会稳定等方面具有重要的理论价值和现实指导意义。

　　2014 年修订的《环保法》是"史上最严"的环境保护法，不仅强化了对污染企业的惩治力度与各级政府的环境监管责任意识，而且明确规定了对经济主体的环境保护行为予以鼓励和支持，充分体现"大棒加胡萝卜"奖罚并存的激励政策。为了更直观地识别环境规制与企业绿色投资之间的因果关系，本章使用中国 A 股上市企业的绿色投资水平数据，描述国有与非国有性质的两类企业的绿色投资水平差异。图 7.1 描述了两类企业各年的绿色投资水平的变化趋势。可以看出，非国有企业的绿色投资水平显著低于国有企业的绿色投资水平。这初步说明，《环保法》修订后国有企业绿色投资水平增加更为明显。

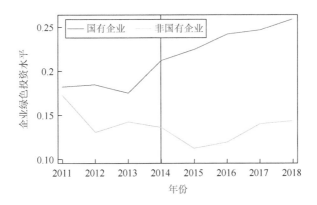

图 7.1　不同产权性质的企业绿色投资水平趋势

　　为了系统考察环境规制对不同产权性质的企业绿色投资行为的作用机理，厘清不同所有制企业的环境治理的动机差异，更好地理解国有企业在环境治理中所扮演的重要角色。鉴于此，本章以我国 2014 年全面修订的《环保法》正式施行为准自然实验事件，以 2011～2018 年中国 A 股上市公司数据为研究样本，构造双重差分模型对不同产权性质企业绿色投资行为进行实证研究。本章发现：①总体而言，《环保法》的施行显著提高了国有企业绿色投资水平，即相对于非国有企业而言，《环保法》的施行使得国有企业绿色投资水平增加了约 46.65%，这一结论经过倾向评分匹配和双重差分模型相结合、改变样本区间、改变变量度量、改变计量方法以及排他性检验后依然稳健；②《环保法》的施行显著提高了国有企业绿色投资水平的这一现象在重污染企业和无环保经历的企业中更为明显；③异质性检验结果表明，相对于非国有企业而言，在行业竞争程度高、机构持股比例低、分析师关注度低、媒体关注度高、管理层权力高以及低融资约束的国有企业绿色投资水平显著增加更为明显。

本章的研究贡献主要体现在以下几方面：首先，实现绿色发展的一个关键因素是解决绿色投资不足的问题，然而现有文献并没有对所有制性质差异如何影响企业绿色投资水平进行深入研究，本章利用《环保法》正式施行这一准自然实验，系统考察不同产权性质企业绿色投资水平，不仅可以有效弥补现有文献的不足，而且丰富和拓展了企业绿色投资水平影响因素方面的文献。其次，本章借助《环保法》正式施行为准自然实验事件，构造双重差分模型，系统识别和审视产权性质对企业绿色投资行为的影响，不仅可以缓解内生性问题的困扰，而且从企业绿色投资视角为《环保法》修订施行的效果评估提供了微观证据，这一发现不仅丰富了环境治理方面的研究文献，而且对于企业如何更好地履行环境治理责任以及为政府进一步完善和制定环境政策具有重要的参考价值。最后，环境污染物中超过 80% 来源于企业生产，而国有企业在中国经济中仍占主体地位，探讨国有企业绿色投资决策对实现绿色发展，推进生态文明建设战略具有重要的理论价值和现实意义。

7.2　制度背景、理论分析与研究假说

作为世界第二大经济体，中国经济改革开放以来保持着高速增长。与此同时，中国遭受着环境污染，危及公众健康，威胁到了经济增长的可持续性。环境污染在经济可持续发展、人居生活环境和社会稳定等方面造成了一定的影响（李明辉等，2011）。

环境规制在环境治理与保护中具有基础性的作用，并会影响到其他制度效应的发挥（王少波和郑建明，2007；李树和陈刚，2013；梁平汉和高楠，2014；范子英和赵仁杰，2019）。

《环保法》对可能造成环境污染的企业进行了更加严格的监管和限制，对政府、对企业、对社会均具有较强约束力，尤其是在治污的处罚方面，在多管齐下的措施中，有能力根治"守法成本高，违法成本低"的顽疾，因此，这也被称为"史上最严"的环保法。其中对企业产生重要影响的主要修订包括以下几点。第一，《环保法》第六十一条明确要求建设单位未依法提交建设项目环境影响评价文件或者环境影响评价文件未经批准，擅自

开工建设的，由负有环境保护监督管理职责的部门责令停止建设，处以罚款，并可以责令恢复原状。第二，《环保法》大幅提高了对污染者的罚款金额。该法案第五十九条要求企业事业单位和其他生产经营者违法排放污染物，受到罚款处罚，被责令改正，拒不改正的，依法作出处罚决定的行政机关可以自责令改正之日的次日起，按照原处罚数额按日连续处罚。这与 1989 年《环保法》规定的一次性小额的罚款形成了鲜明的对比。第三，《环保法》对污染水平相对较低的企业也采取了较为强硬的立场。该法案第六十三条规定，企业事业单位和其他生产经营者有规定行为，尚不构成犯罪的，除依照有关法律法规规定予以处罚外，由县级以上人民政府环境保护主管部门或者其他有关部门将案件移送公安机关，对其直接负责的主管人员和其他直接责任人员，处十日以上十五日以下拘留；情节较轻的，处五日以上十日以下拘留。相比之下，1989 年《环保法》虽然也支持对造成严重环境污染的人进行指控，但却并未惩罚相关责任人。第四，《环保法》要求企业和政府对环境信息更公开，更透明。该法案第五十五条，重污染企业应详细公开其主要污染物的名称、排放方式、排放浓度和总量、超标排放情况以及防治污染设施的建设和运行情况。第五十三条和第五十四条规定县级以上人民政府环境保护主管部门和其他负有环境保护监督管理职责的部门，应当依法公开环境质量以及排污费的征收和使用情况。

环境规制在环境治理与保护中具有基础性作用，可以影响企业绿色投资决策并有效地解释企业绿色投资行为差异（Dasgupta et al.，2001；Jackson and Apostolakou，2010；Kolk and Perego，2010；Pagell et al.，2013；Kim et al.，2017；葛察忠等，2015；王云等，2017；沈洪涛和周艳坤，2017；翟华云和刘亚伟，2019）。与 1989 年出台的《环保法》相比，2014 年全面修订的《环保法》被称为"史上最严"的环境保护法，不仅强化了对污染企业的惩治力度与各级政府的环境监管责任，而且明确规定了对经济主体的环境保护行为予以鼓励和支持，充分体现"大棒加胡萝卜"奖罚并存的激励政策。对不同所有制企业而言，绿色投资行为表现可能存在差异。

理论上，相比非国有企业，《环保法》的施行可能使得国有企业绿色投资显著增加，这是因为以下几点。首先，由于生态资源是可以免费享受的公共产品，具有外部性特征，并且环境治理的短期收益远远小于成本，从理性经济人出发，企业增加环境治理投资的动力略显不足（程博和毛昕旸，2021）。政府通常会补贴参与社会福利的企业（Johnson and Mitton，2003；Gu et al.，2020；Cheng et al.，2022）。为了激励企业更好地履行环境治理责任，加大绿色投资力度，政府会对企业绿色投资予以资金和政策支持，国有企业可能也由此获得更多的环保补贴。其次，相比较于非国有企业，国有企业高管往往具有职业经理人和行政身份两种身份，其晋升动机对国企高管行为的影响，有时甚至比经济利益更为重要（杨瑞龙等，2013）。对改善当地环境治理等实现社会目标的高管可能获得更多的晋升机会（Kahn et al.，2015；He et al.，2020），因而国有企业高管可能因晋升动机而表现出更积极的绿色投资行为。再次，较非国有企业，国有企业受政府干预的程度更高，政府可能直接动用其行政权力规定国有企业减少污染排放或要求环境保护相关部门对国有企业实施更严格的监控，这样的行政压力将使得国有企业有动机增加绿色投资来缓解行政压力和应对行政干预（程博等，2018；Cheng et al.，2022）。最后，由于环境污染具有外部性特征，环境治理的收益小于成本，从理性经济人出发，治理者并没有积极进行环境治理的动力。较非国有企业，国有企业除了经济目标外，还承担着大量的、多元化的政治目标（如扩大就业、维护稳定、财政负担、环境治理等）（Lin and Tan，1999；Chen et al.，2011；Cheng et al.，2022；林毅夫和李志赟，2004；刘瑞明和石磊，2010；唐松和孙铮，2014；程博等，2021b），这可能使得国有企业较非国有企业绿色投资增加。

基于上述分析，提出如下研究假说 H7.1。

H7.1：与非国有企业相比，《环保法》施行显著提高了国有企业绿色投资水平。

7.3　研　究　设　计

7.3.1　样本选择与数据来源

2015 年 1 月 1 日，全面修订后的《环保法》正式施行，该法被称为"史上最严"的环保法，对企业带来巨大的环境治理压力。本章以《环保法》的施行为准自然实验，为保证实验事件发生前后的时间区间一致，选取 2011～2018 年为样本区间，研究对象为所有 A 股上市企业。然后，剔除金融类公司、ST、*ST 公司以及核心数据缺失的样本，同时保证政策实施前后样本具有可对比性，剔除仅有《环保法》施行前或者《环保法》施行后观测值的样本，最终获得 20 465 个公司-年度样本观测值。企业新增环境资本支出数据来源于公司年报附注中的在建工程项目，手工收集整理脱硫项目、脱硝项目、污水处理、环保设计与节能、三废回收以及与环保有关的技术改造等项目数据加总，取得企业当年环保投资增加额数据。环保经历数据通过公司年报、公司官网、CSMAR 人物数据库的个人简历以及新浪财经等渠道手工收集和整理所得。本章的上市公司财务数据来源于 CSMAR 和 Wind 金融数据库。为了减少离群值可能带来的影响，本章对所有连续变量进行 1%的缩尾处理。

7.3.2　模型设定与变量定义

为了考察不同产权性质企业绿色投资是否受到环境规制的影响，利用 2015 年正式施行的《环保法》这一准自然实验，借鉴 Bertrand 和 Mullainathan（2003，2004）、Cheng 等（2021，2022）的研究设计，构建如下双重差分模型：

$$\text{ENV} = \alpha + \beta_1 \times \text{Post} \times \text{Soe} + \beta_2 \times \text{Post} + \beta_3 \times \text{Soe} + \beta_i \times \sum \text{Controls} + \varepsilon \quad (7.1)$$

其中，ENV 为被解释变量，表示企业绿色投资水平；α 为截距项；$\beta_1 \sim \beta_3$、β_i 为估计系数；ε 为误差项。借鉴 Patten（2005）、黎文靖和路晓燕（2015）、胡珺等（2017）、程博等（2018）、张琦等（2019）的研究，ENV 包括了企业当年新增环境资本支出金额占企业营业收入的比例乘 100（ENV_1）、企业当年新增环境资本支出金额占企业总资产的比例乘 100（ENV_2）、企业当年新增环境资本支出金额加 1 后的自然对数（ENV_3）三种度量方式，互为稳健性检验。

Post 为《环保法》是否施行的指示变量，事件后（即 2015～2018 年）Post 定义为 1，事件前（即 2011～2014 年）Post 定义为 0。Soe 为产权性质，根据企业实际控制人的性质来确定，国有性质时取 1，非国有性质时取 0。在检验模型（7.1）中，本章感兴趣的是交互项 Post×Soe 的系数 β_1，根据前文的理论分析，本章预期交互项 Post×Soe 的回归系数 β_1 显著为正。

Poll 和 Exp 为分组变量。参照刘运国和刘梦宁（2015）、胡珺等（2017）的研究，根据环境保护部公布的《上市公司环境信息披露指南》，结合证监会 2012 年修订的《上市公司行业分类指引》，本章将研究样本划为重污染行业（包括采掘业、纺织服务皮毛业、金属非金属业、生物医药业、石化塑胶业、造纸印刷业、水电煤气业和食品饮料业）和非重污染行业两组，对于属于重污染行业的企业，Poll 定义为 1，否则 Poll 定义为 0。借鉴毕茜等（2019）的做法，如果企业董监高人员有在政府环保部门或环保协会任职、环保公司任职、参与过环保有关的项目、取得与环保相关的学位证书或专利技术等经历时，Exp 定义为 1，否则 Exp 定义为 0。

Controls 表示控制变量。参考以往研究常用设定（黎文靖和路晓燕，2015；胡珺等，2017；程博等，2018；Cheng et al.，2022），模型中控制了公司规模（Size）、财务杠杆（Lev）、盈利能力（Roa）、成长能力（Growth）、上市年龄（Listage）、现金持有水平（Cash）、经营现金流（Cashflow）、股权集中度（Top1）、两职合一（Dual）和独立董事比例（Indep）。此外，回归模型中还控制了行业、年度和公司固定效应。主要变量定义如表 7.1 所示。

表 7.1　主要变量定义说明

变量名称	变量符号	变量定义
企业绿色投资	ENV_1	企业当年新增环境资本支出金额占企业营业收入的比例×100
	ENV_2	企业当年新增环境资本支出金额占企业总资产的比例×100
	ENV_3	企业当年新增环境资本支出金额加 1 后的自然对数
《环保法》施行	Post	《环保法》是否施行的指示变量，2015 年及之后定义为 1，之前则定义为 0
产权性质	Soe	国有性质时取 1，非国有性质时取 0
重污染企业	Poll	重污染企业取 1，非重污染企业取 0
环保经历	Exp	企业董监高有从事过与环保活动相关的经历时取 1，否则取 0
公司规模	Size	公司总资产的自然对数
财务杠杆	Lev	负债总额与资产总额之比
盈利能力	Roa	净利润与资产总额之比
成长能力	Growth	营业收入增长率
上市年龄	Listage	公司 IPO 以来所经历年限加 1 的自然对数
现金持有水平	Cash	企业货币资金持有量与资产总额之比
经营现金流	Cashflow	企业经营活动产生的净现金流量与资产总额之比
股权集中度	Top1	第一大股东持股比例
两职合一	Dual	总经理兼任董事长时取 1，否则取 0
独立董事比例	Indep	独立董事人数与董事会人数之比

7.3.3　描述性统计分析

表 7.2 报告了主要变量的描述性统计结果。从中可以看出，样本企业中新增环境资本支出占企业当年营业收入的均值为 0.1599%，并占企业总资产的 0.0787%，说明整体来看，企业绿色投资水平较低。进一步来看，ENV_1、ENV_2、ENV_3 的标准差分别为 0.7338、0.3473、5.4842，表明不同企业绿色投资水平的差异较大。Post 的均值为 0.5634，表明《环保法》施行后的样本约占总样本的 56.34%；Soe 的均值为 0.3569，这表明样本中约 36% 的国有企业。Poll 的均值为 0.4138，表明样本中约有 41% 的重污

染企业；Exp 的均值为 0.1309，表明样本中约有 13%的企业董监高人员有环保经历。此外，样本企业中其他控制变量也存在一定程度的差异。

表 7.2 描述性统计结果

变量符号	样本量	均值	标准差	最小值	中位数	最大值
ENV_1	20 465	0.159 9	0.733 8	0.000 0	0.000 0	5.211 2
ENV_2	20 465	0.078 7	0.347 3	0.000 0	0.000 0	2.426 7
ENV_3	20 465	2.082 7	5.484 2	0.000 0	0.000 0	18.982 1
Post	20 465	0.563 4	0.496 0	0.000 0	1.000 0	1.000 0
Soe	20 465	0.356 9	0.479 1	0.000 0	0.000 0	1.000 0
Poll	20 465	0.413 8	0.492 5	0.000 0	0.000 0	1.000 0
Exp	20 465	0.130 9	0.337 3	0.000 0	0.000 0	1.000 0
Size	20 465	22.098 4	1.288 2	19.539 7	21.924 3	26.018 8
Lev	20 465	0.429 6	0.215 2	0.049 7	0.418 0	0.953 3
Roa	20 465	0.036 1	0.061 0	−0.265 9	0.035 5	0.197 6
Growth	20 465	0.409 9	1.151 2	−0.737 3	0.136 7	8.694 0
Listage	20 465	2.085 2	0.862 1	0.000 0	2.197 2	3.218 9
Cash	20 465	0.182 2	0.132 1	0.013 8	0.144 7	0.663 1
Cashflow	20 465	0.040 1	0.071 1	−0.193 1	0.039 8	0.238 2
Top1	20 465	0.346 9	0.148 6	0.087 7	0.327 2	0.750 0
Dual	20 465	0.266 9	0.442 4	0.000 0	0.000 0	1.000 0
Indep	20 465	0.374 7	0.053 6	0.333 3	0.333 3	0.571 4

7.4 实证结果分析

7.4.1 平行趋势假定检验

双重差分模型估计的前提条件是实验组（国有企业）与控制组（非国有企业）在《环保法》施行之前具有同趋势性。因此，在进行双重差分模型估计之前本章对平行趋势进行检验。表 7.3 报告了双重差分模型的平行趋势假定检验结果。其中，第（1）列的回归结果显示，交互项 Year2012×Soe、Year2013×Soe、Year2014×Soe 的系数为正均不显著，而 Year2015×Soe、Year2016×Soe、Year2017×Soe、Year2018×Soe 的系数均显著为正[①]；第（2）～（3）列的回归结果类似。这说明在《环保法》施行之前，国有企业与非国

① 本章 Year2012～Year2018 分别为 2012～2018 年的年度固定效应。

有企业绿色投资水平没有显著性差异，而在《环保法》施行之后，国有企业与非国有企业绿色投资水平存在显著性差异。以上检验结果说明，本章构建的双重差分模型满足平行趋势假定，可以采用双重差分模型进行实证检验。

表 7.3　双重差分模型的平行趋势假定检验结果

变量符号	（1）	（2）	（3）
	ENV_1	ENV_2	ENV_3
Year2012×Soe	0.026 8	0.012 1	0.307 7
	(0.92)	(0.84)	(0.94)
Year2013×Soe	0.018 0	0.007 1	0.428 6
	(0.51)	(0.42)	(1.31)
Year2014×Soe	0.058 3	0.023 0	0.380 0
	(1.50)	(1.21)	(1.16)
Year2015×Soe	0.090 3**	0.034 8*	0.607 1*
	(2.28)	(1.87)	(1.83)
Year2016×Soe	0.105 4**	0.038 4*	0.894 5***
	(2.45)	(1.92)	(2.65)
Year2017×Soe	0.093 8**	0.041 7**	0.781 1**
	(2.18)	(2.01)	(2.32)
Year2018×Soe	0.114 7***	0.050 4**	1.090 5***
	(2.67)	(2.47)	(3.24)
Year2012	−0.034 7**	−0.020 1**	−0.187 5
	(−1.98)	(−2.32)	(−1.05)
Year2013	−0.029 1	−0.020 2*	−0.408 8**
	(−1.34)	(−1.87)	(−2.31)
Year2014	−0.037 0	−0.023 2*	−0.480 9***
	(−1.52)	(−1.93)	(−2.69)
Year2015	−0.064 4**	−0.040 0***	−0.462 9***
	(−2.52)	(−3.25)	(−2.63)
Year2016	−0.057 2**	−0.038 7***	−0.380 7**
	(−2.10)	(−2.87)	(−2.13)
Year2017	−0.046 7*	−0.029 2**	−0.227 9
	(−1.68)	(−2.12)	(−1.30)
Year2018	−0.049 5*	−0.027 2*	−0.361 4**
	(−1.75)	(−1.93)	(−2.06)

续表

变量符号	（1）	（2）	（3）
	ENV_1	ENV_2	ENV_3
Soe	−0.006 3	0.005 4	0.475 0**
	(−0.17)	(0.29)	(1.97)
Size	0.015 3*	0.006 2	0.443 5***
	(1.78)	(1.52)	(11.74)
Lev	0.087 1	0.070 2***	1.239 3***
	(1.54)	(2.66)	(5.41)
Roa	−0.094 0	0.024 8	−1.822 5***
	(−1.03)	(0.54)	(−2.70)
Growth	−0.005 7	−0.003 3	−0.045 5
	(−1.01)	(−1.37)	(−1.53)
Listage	−0.029 2**	−0.014 0**	0.005 6
	(−2.38)	(−2.48)	(0.11)
Cash	−0.150 9***	−0.100 1***	−2.097 1***
	(−3.01)	(−4.07)	(−7.87)
Cashflow	−0.021 1	0.079 4*	2.443 2***
	(−0.24)	(1.83)	(4.46)
Top1	−0.099 4	−0.027 5	0.221 1
	(−1.64)	(−0.95)	(0.80)
Dual	0.007 9	0.001 8	−0.078 0
	(0.41)	(0.21)	(−0.95)
Indep	−0.148 0	−0.092 5	−0.244 6
	(−1.11)	(−1.48)	(−0.36)
行业固定效应	控制	控制	控制
公司固定效应	控制	控制	控制
常数项	−0.053 5	−0.023 3	−7.687 7***
	(−0.30)	(−0.27)	(−8.85)
调整的 R^2	0.056 0	0.045 1	0.094 1
N	20 465	20 465	20 465

注：括号中为 t 值，并经过了 White（1980）异方差修正，回归考虑了公司层面的聚类效应
***、**和*分别表示 1%、5%和 10%的显著性水平

7.4.2　基本回归检验结果

表 7.4 报告了《环保法》对企业绿色投资水平影响的基本回归结果。

第（1）列的回归结果显示，在控制其他因素的影响后，交互项 Post×Soe 的系数 β_1 在 1% 的水平上显著为正（$\beta_1 = 0.0746$，$t = 2.74$）；在经济意义上，交互项 Post×Soe 的系数 0.0746，因为 ENV_1 的均值为 0.1599，这意味着与非国有企业相比，《环保法》施行后使得国有企业当年新增环境资本支出金额占企业营业收入的比例乘 100（ENV_1）上升了约 46.65%。同理，第（2）列中交互项 Post×Soe 的系数为 0.0307 且在 5% 的水平上显著，因为企业当年新增环境资本支出金额占企业总资产的比例乘 100（ENV_2）的均值为 0.0787，这意味着与非国有企业相比，《环保法》施行后使得国有企业当年新增环境资本支出金额占企业总资产的比例乘 100（ENV_2）上升了约 39%。类似地，第（3）列中交互项 Post×Soe 的系数为 0.5619 且在 1% 的水平上显著，因为企业当年新增环境资本支出金额加 1 后的自然对数（ENV_3）的均值为 2.0827，这意味着与非国有企业相比，《环保法》施行后使得国有企业当年新增环境资本支出金额加 1 后的自然对数（ENV_3）上升了约 26.98%。以上检验结果表明，与非国有企业相比，国有企业在《环保法》施行后绿色投资水平更高，且在统计意义和经济意义上显著，强有力地支持了本章研究假说 H7.1 的预期。

表 7.4　基本回归检验结果

变量符号	（1）	（2）	（3）
	ENV_1	ENV_2	ENV_3
Post×Soe	0.074 6***	0.030 7**	0.561 9***
	(2.74)	(2.36)	(2.96)
Post	−0.043 7*	−0.034 9***	−0.235 6
	(−1.82)	(−2.92)	(−1.48)
Soe	0.020 4	0.016 3	0.762 8***
	(0.74)	(1.19)	(3.46)
Size	0.015 5*	0.006 3	0.444 9***
	(1.80)	(1.54)	(5.66)
Lev	0.086 6	0.069 9***	1.236 1***
	(1.54)	(2.65)	(2.95)
Roa	−0.092 4	0.026 3	−1.765 2**
	(−1.01)	(0.57)	(−2.05)
Growth	−0.005 6	−0.003 3	−0.044 8
	(−1.00)	(−1.37)	(−1.14)

续表

变量符号	（1）	（2）	（3）
	ENV_1	ENV_2	ENV_3
Listage	−0.029 4**	−0.014 0**	0.005 0
	（−2.40）	（−2.49）	（0.05）
Cash	−0.146 8***	−0.098 3***	−2.058 1***
	（−2.93）	（−4.00）	（−4.61）
Cashflow	−0.026 3	0.077 2*	2.386 5***
	（−0.30）	（1.77）	（3.26）
Top1	−0.099 4	−0.027 5	0.220 5
	（−1.64）	（−0.95）	（0.40）
Dual	0.007 9	0.001 8	−0.079 5
	（0.41）	（0.20）	（−0.57）
Indep	−0.149 7	−0.092 9	−0.251 0
	（−1.13）	（−1.48）	（−0.21）
行业固定效应	控制	控制	控制
年度固定效应	控制	控制	控制
公司固定效应	控制	控制	控制
常数项	−0.068 1	−0.029 6	−7.844 9***
	（−0.38）	（−0.34）	（−4.39）
调整的 R^2	0.056 2	0.045 3	0.094 2
N	20 465	20 465	20 465

注：括号中为 t 值，并经过了 White（1980）异方差修正，回归考虑了公司层面的聚类效应
***、**和*分别表示 1%、5%和 10%的显著性水平

　　前文研究证实了《环保法》施行使得国有企业较非国有企业绿色投资水平显著增加。由于《环保法》特别强调了对环境产生严重污染的工艺、设备和产品实行淘汰制度等规定，给企业、政府带来巨大的环境治理压力。重污染企业作为环境的主要污染者，更易引起政府监管部门的关注，自然受环境规制影响较大，鉴于此，将样本划分为重污染企业和非重污染企业两组，以便更好地识别不同产权性质的企业绿色投资行为变化以及评估《环保法》的施行的效果。表 7.5 报告了基于行业特征差异的检验结果，可以看出，第（1）列中交互项 Post×Soe 的系数 β_1 在 1%的水平上显著为正（ $\beta_1 = 0.1482$ ， $t = 2.78$ ），而第（2）列中交互项 Post×Soe

的系数 β_1 为正但不显著（$\beta_1 = 0.0176$，$t = 0.69$），这表明《环保法》施行后，国有企业较非国有企业 ENV_1 增加的现象在重污染企业中更加明显。从经济意义来看，第（1）列中交互项 Post×Soe 的系数 0.1482，意味着相比非重污染企业而言，《环保法》施行后，重污染行业中的国有企业较非国有企业 ENV_1 上升了约 92.68%。类似地，第（3）列和第（5）列中交互项 Post×Soe 的系数 β_1 均在 5% 的水平上显著为正，而在第（4）列和第（6）列中交互项 Post×Soe 的系数 β_1 的系数为正均不显著。以上检验结果表明，《环保法》施行后提高了国有企业绿色投资水平的这一现象在重污染企业中更加明显。

表 7.5　基于行业特征差异的检验结果

变量符号	（1）	（2）	（3）	（4）	（5）	（6）
	ENV_1	ENV_1	ENV_2	ENV_2	ENV_3	ENV_3
	重污染企业组	非重污染企业染组	重污染企业组	非重污染企业组	重污染企业组	非重污染企业组
Post×Soe	0.148 2***	0.017 6	0.058 3**	0.009 0	0.909 3**	0.230 4
	(2.78)	(0.69)	(2.24)	(0.78)	(2.49)	(1.24)
Post	−0.077 2*	−0.015 0	−0.068 2***	−0.007 8	−0.393 7	−0.034 7
	(−1.69)	(−0.64)	(−2.96)	(−0.74)	(−1.28)	(−0.24)
Soe	0.040 9	−0.001 8	0.027 2	0.003 7	1.090 7***	0.436 1**
	(0.76)	(−0.07)	(1.00)	(0.32)	(2.62)	(2.14)
Size	0.014 5	0.013 6*	0.006 6	0.004 3	0.776 0***	0.193 2***
	(0.83)	(1.84)	(0.78)	(1.32)	(4.92)	(3.25)
Lev	0.123 5	0.046 4	0.108 4**	0.036 3*	1.745 4**	0.709 4**
	(1.08)	(1.01)	(2.01)	(1.78)	(2.10)	(2.05)
Roa	−0.014 8	−0.120 8	0.091 6	−0.009 1	−2.382 2	−0.656 5
	(−0.08)	(−1.31)	(0.95)	(−0.23)	(−1.38)	(−0.86)
Growth	−0.002 8	−0.003 7	−0.001 7	−0.002 2	0.083 2	−0.046 2
	(−0.17)	(−1.03)	(−0.24)	(−1.45)	(0.82)	(−1.52)
Listage	−0.017 0	−0.039 9***	−0.009 5	−0.018 2***	0.120 2	−0.109 8
	(−0.73)	(−3.25)	(−0.88)	(−3.30)	(0.66)	(−1.27)
Cash	−0.163 0	−0.043 5	−0.121 5**	−0.030 2	−2.413 4**	−0.541 3
	(−1.54)	(−1.04)	(−2.30)	(−1.56)	(−2.56)	(−1.41)
Cashflow	0.091 0	−0.178 5**	0.231 3**	−0.067 2**	4.114 5**	0.018 0
	(0.47)	(−2.51)	(2.40)	(−2.03)	(2.58)	(0.03)

续表

变量符号	（1）	（2）	（3）	（4）	（5）	（6）
	ENV_1	ENV_1	ENV_2	ENV_2	ENV_3	ENV_3
	重污染企业组	非重污染企业染组	重污染企业组	非重污染企业组	重污染企业组	非重污染企业组
Top1	−0.163 8	−0.060 9	−0.036 1	−0.029 4	0.137 1	−0.251 7
	（−1.34）	（−1.06）	（−0.61）	（−1.17）	（0.12）	（−0.52）
Dual	0.053 3	−0.023 3	0.018 2	−0.009 1	−0.017 1	−0.115 3
	（1.34）	（−1.48）	（0.98）	（−1.30）	（−0.06）	（−0.91）
Indep	−0.397 7	0.067 7	−0.227 4*	0.027 5	0.299 0	0.372 1
	（−1.43）	（0.53）	（−1.69）	（0.49）	（0.12）	（0.35）
行业固定效应	控制	控制	控制	控制	控制	控制
年度固定效应	控制	控制	控制	控制	控制	控制
公司固定效应	控制	控制	控制	控制	控制	控制
常数项	−0.021 7	−0.089 8	−0.011 2	−0.019 2	−16.270 6***	−2.157 4
	（−0.06）	（−0.60）	（−0.06）	（−0.28）	（−4.47）	（−1.52）
调整的 R^2	0.032 7	0.081 4	0.024 8	0.065 4	0.078 1	0.073 0
N	8 469	11 996	8 469	11 996	8 469	11 996

注：括号中为 t 值，并经过了 White（1980）异方差修正，回归考虑了公司层面的聚类效应
***、**和*分别表示 1%、5%和 10%的显著性水平

进一步地，《环保法》倡导经济发展与环境保护相协调，强化了对污染企业的惩治力度与政府的环境监管责任，给企业带来巨大环境治理压力。然而，由于环境污染具有外部性特征，环境治理的私人收益往往小于私人成本，从理性经济人出发，治理者并没有积极进行环境治理的动力。企业董监高成员作为管理和监督的核心，为了应对来自外界或内部的环保压力，其环境治理行为可能会受到环保经历的影响。鉴于此，将样本划分为有环保经历和无环保经历两组，以便更好地识别《环保法》施行对企业绿色投资行为的影响。表 7.6 报告了基于环保经历差异的检验结果，可以看出，第（1）列中交互项 Post×Soe 的系数 β_1 为正但不显著（$\beta_1 = 0.1064$，$t = 0.94$），而在第（2）列中交互项 Post×Soe 的系数 β_1 在 5%的水平上显著为正（$\beta_1 = 0.0620$，$t = 2.33$），这表明《环保法》施行后，国有企业较非国有企业当年新增环境资本支出金额占企业营业收入比例增加的现象在无环保经历的企业中更加明显。从经济意义来看，第（2）列中交互项 Post×Soe 的系数 0.0620，意味着相比无环保经历的企业而言，《环保法》施行后，有环

保经历的国有企业较非国有企业当年新增环境资本支出金额占企业营业收入比例乘 100（ENV_1）上升了约 38.77%。类似地，第（3）列和第（5）列中交互项 Post×Soe 的系数 β_1 的系数为正均不显著，而在第（4）列和第（6）列中交互项 Post×Soe 的系数 β_1 均显著为正。以上检验结果表明，《环保法》施行后提高了国有企业绿色投资水平的这一现象在无环保经历的企业中更加明显。

表 7.6 基于环保经历差异的检验结果

变量符号	（1）	（2）	（3）	（4）	（5）	（6）
	ENV_1	ENV_1	ENV_2	ENV_2	ENV_3	ENV_3
	有环保经历组	无环保经历组	有环保经历组	无环保经历组	有环保经历组	无环保经历组
Post×Soe	0.106 4	0.062 0**	0.033 4	0.027 0**	−0.130 5	0.593 1***
	(0.94)	(2.33)	(0.64)	(2.11)	(−0.18)	(2.99)
Post	−0.220 2**	−0.041 6*	−0.110 1**	−0.032 0***	−0.779 9	−0.302 5*
	(−2.24)	(−1.78)	(−2.31)	(−2.78)	(−1.24)	(−1.90)
Soe	0.010 6	0.028 9	0.015 0	0.018 7	1.159 1	0.714 2***
	(0.09)	(1.12)	(0.28)	(1.41)	(1.46)	(3.34)
Size	0.037 5	0.007 4	0.018 9	0.002 3	0.774 8***	0.351 7***
	(1.42)	(0.85)	(1.51)	(0.57)	(3.22)	(4.64)
Lev	−0.115 4	0.100 8**	−0.000 1	0.072 3***	1.292 3	1.126 2***
	(−0.53)	(1.96)	(−0.00)	(2.91)	(0.89)	(2.77)
Roa	−0.058 8	−0.115 1	0.212 0	−0.006 1	1.100 7	−2.258 0**
	(−0.16)	(−1.26)	(1.21)	(−0.13)	(0.36)	(−2.57)
Growth	0.004 7	−0.009 3***	−0.000 2	−0.004 7***	0.085 9	−0.074 3**
	(0.13)	(−2.77)	(−0.01)	(−3.17)	(0.56)	(−1.97)
Listage	−0.028 8	−0.023 0**	−0.020 7	−0.010 1**	0.075 9	0.051 5
	(−0.60)	(−2.18)	(−0.92)	(−2.04)	(0.24)	(0.59)
Cash	−0.308 8	−0.137 1***	−0.213 7*	−0.088 0***	−3.238 3*	−1.907 1***
	(−1.20)	(−2.98)	(−1.73)	(−3.90)	(−1.96)	(−4.33)
Cashflow	−0.308 0	0.055 5	0.052 2	0.097 0**	5.414 3**	2.177 7***
	(−0.91)	(0.68)	(0.33)	(2.28)	(2.08)	(3.08)
Top1	−0.335 4	−0.059 6	−0.151 8	−0.006 2	−1.766 6	0.607 0
	(−1.45)	(−1.02)	(−1.41)	(−0.22)	(−1.03)	(1.10)
Dual	−0.136 0**	0.031 7	−0.073 4***	0.013 7	−0.930 9**	0.053 1
	(−2.30)	(1.63)	(−2.80)	(1.50)	(−2.04)	(0.38)

续表

变量符号	（1）	（2）	（3）	（4）	（5）	（6）
	ENV_1	ENV_1	ENV_2	ENV_2	ENV_3	ENV_3
	有环保经历组	无环保经历组	有环保经历组	无环保经历组	有环保经历组	无环保经历组
Indep	−0.572 0	−0.098 3	−0.268 3	−0.070 8	−4.108 6	0.286 2
	（−1.12）	（−0.75）	（−1.13）	（−1.15）	（−1.00）	（0.24）
行业固定效应	控制	控制	控制	控制	控制	控制
年度固定效应	控制	控制	控制	控制	控制	控制
公司固定效应	控制	控制	控制	控制	控制	控制
常数项	−0.083 4	0.042 0	−0.050 8	0.022 0	−10.406 9*	−6.457 6***
	（−0.14）	（0.24）	（−0.18）	（0.26）	（−1.72）	（−3.82）
调整的 R^2	0.111 5	0.037 1	0.087 1	0.032 3	0.112 3	0.087 7
N	2 678	17 787	2 678	17 787	2 678	17 787

注：括号中为 t 值，并经过了 White（1980）异方差修正，回归考虑了公司层面的聚类效应

***、**和*分别表示 1%、5%和 10%的显著性水平

7.5　稳健性检验

为保证研究结论的可靠性，本章进行了如下几方面的稳健性测试。

7.5.1　倾向评分匹配检验

为了控制可能因样本选择带来的估计偏误，本章使用倾向评分匹配与双重差分模型相结合的方法对模型进行重新回归。具体地，以公司规模（Size）、财务杠杆（Lev）、盈利能力（Roa）、成长能力（Growth）和经营现金流（Cashflow）为特征变量进行可重复 1∶1 最近邻匹配，匹配后的回归结果如表 7.7 所示。第（1）列为全样本回归结果，交互项 Post×Soe 的系数 β_1 在 1%的水平上显著为正（$\beta_1 = 0.0815$，$t = 2.81$）；在经济意义上，交互项 Post×Soe 的系数 0.0815，因为企业当年新增环境资本支出金额占企业营业收入的比例乘 100（ENV_1）的均值 0.1599，这意味着与非国有企业相比，《环保法》施行后使得国有企业当年新增环境资本支出金额占企业营业收入的比例乘 100（ENV_1）上升了约 51%。第（2）～（3）列是按照重污染企业和非重污染企业分组的检验结果，可以看出，第（2）列中交互项 Post×Soe 的系数 β_1 在 5%的水平上显著为正（$\beta_1 = 0.1414$，$t = 2.46$），而第（3）列中交互项 Post×Soe 的系数 β_1 为正但不显著（$\beta_1 = 0.0321$，$t = 1.14$），

这表明《环保法》施行后，国有企业较非国有企业当年新增环境资本支出金额占企业营业收入比例乘 100（ENV_1）增加的现象在重污染企业中更加明显。第（4）～（5）列是按照有无环保经历分组的检验结果，可以看出，第（4）列中交互项 Post×Soe 的系数 β_1 为正但不显著（$\beta_1 = 0.0890$，$t = 1.45$），而在第（5）列中交互项 Post×Soe 的系数 β_1 在 5%的水平上显著为正（$\beta_1 = 0.0546$，$t = 2.32$），这表明《环保法》施行后，国有企业较非国有企业当年新增环境资本支出金额占企业营业收入比例乘 100（ENV_1）增加的现象在无环保经历的企业中更加明显。以上检验结果表明，《环保法》施行后提高了国有企业绿色投资水平，并且这一现象在重污染企业和无环保经历的企业中更加明显，进一步验证了本章的研究假说 H7.1。

表 7.7　倾向评分匹配和双重差分模型相结合的检验结果

变量符号	（1）全样本	（2）重污染企业组	（3）非重污染企业组	（4）有环保经历组	（5）无环保经历组
Post×Soe	0.081 5***	0.141 4**	0.032 1	0.089 0	0.054 6**
	(2.81)	(2.46)	(1.14)	(1.45)	(2.32)
Post	−0.058 7**	−0.023 8	−0.035 3	−0.189 4***	−0.021 3
	(−2.14)	(−0.42)	(−1.11)	(−2.69)	(−0.79)
Soe	0.027 7	0.066 6	−0.005 9	−0.022 4	0.041 1**
	(0.93)	(1.16)	(−0.20)	(−0.37)	(2.24)
Size	0.012 2	0.001 7	0.014 8*	0.016 1	0.004 9
	(1.20)	(0.08)	(1.87)	(1.12)	(0.85)
Lev	0.097 3	0.168 6	0.031 6	−0.059 5	0.129 5***
	(1.46)	(1.23)	(0.59)	(−0.53)	(3.38)
Roa	−0.044 5	0.082 8	−0.102 5	0.108 8	−0.046 8
	(−0.40)	(0.38)	(−0.91)	(0.49)	(−0.51)
Growth	−0.006 2	−0.001 4	−0.005 4	0.005 2	−0.011 5***
	(−0.89)	(−0.07)	(−1.25)	(0.26)	(−3.79)
Listage	−0.034 1**	−0.019 3	−0.045 6***	−0.034 3	−0.020 4**
	(−2.10)	(−0.61)	(−2.80)	(−1.14)	(−2.26)
Cash	−0.175 4***	−0.270 7*	0.004 0	−0.315 5**	−0.146 7***
	(−2.64)	(−1.93)	(0.07)	(−2.07)	(−3.40)
Cashflow	0.035 5	0.241 5	−0.214 7**	0.186 6	0.096 9
	(0.34)	(1.04)	(−2.45)	(0.88)	(1.22)

续表

变量符号	（1） 全样本	（2） 重污染 企业组	（3） 非重污染 企业组	（4） 有环保 经历组	（5） 无环保 经历组
Top1	−0.063 3	−0.062 0	−0.079 4	−0.130 1	−0.018 8
	（−0.92）	（−0.42）	（−1.28）	（−0.98）	（−0.46）
Dual	0.011 0	0.064 5	−0.024 0	−0.080 5**	0.039 3**
	（0.47）	（1.31）	（−1.39）	（−2.52）	（2.43）
Indep	−0.282 3**	−0.703 5**	0.034 6	−0.360 0	−0.223 3**
	（−2.01）	（−2.44）	（0.25）	（−1.46）	（−2.35）
行业固定效应	控制	控制	控制	控制	控制
年度固定效应	控制	控制	控制	控制	控制
公司固定效应	控制	控制	控制	控制	控制
常数项	0.038 4	0.236 5	−0.051 7	0.170 7	0.096 5
	（0.18）	（0.50）	（−0.31）	（0.54）	（0.81）
调整的 R^2	0.065 7	0.041 2	0.092 0	0.082 6	0.050 7
N	14 043	5 833	8 210	1 910	12 133

注：括号中为 t 值，并经过了 White（1980）异方差修正，回归考虑了公司层面的聚类效应；表中被解释变量为 ENV_1，更换为 EVN_2 和 ENV_3 作为被解释变量，上述结论未发生实质性变化，限于篇幅未列报

***、**和*分别表示 1%、5%和 10%的显著性水平

7.5.2　改变样本区间的检验

鉴于《环保法》于 2014 年 4 月 24 日第十二届全国人民代表大会常务委员会第八次会议修订，并于 2015 年 1 月 1 日开始施行。环保部在 2014 年 5 月举办了多场宣传讲座。环保投资是企业短期内能够快速作出的环保决策反应，出于稳健性考虑，本章将所有样本企业 2014 年和 2015 年的观测值删除，重新对模型（6.1）进行检验，结果如表 7.8 所示。第（1）列为全样本回归结果，交互项 Post×Soe 的系数 β_1 在 1%的水平上显著为正（ $\beta_1 = 0.0881$，$t = 2.77$ ）；在经济意义上，交互项 Post×Soe 的系数为 0.0881，因为企业当年新增环境资本支出金额占企业营业收入的比例乘 100（ENV_1）样本区间效应的均值 0.1599，这意味着与非国有企业相比，《环保法》施行后使得国有企业当年新增环境资本支出金额占企业营业收入的比例乘 100（ENV_1）上升了约 55%。第（2）～（3）列是按照重污染行业分组的检验结果，可以看出，第（2）列中交互项 Post×Soe 的系数 β_1 在 5%的水平上显著为正（ $\beta_1 = 0.0706$，$t = 2.27$ ），而第（3）列中交互项 Post×Soe

的系数 β_1 为正但不显著（$\beta_1 = 0.1870$，$t = 0.84$），这表明《环保法》施行后，国有企业较非国有企业当年新增环境资本支出金额占企业营业收入比例乘 100（ENV_1）增加的现象在重污染企业中更加明显。第（4）～（5）列是按照环保经历分组的检验结果，可以看出，第（4）列中交互项 Post×Soe 的系数 β_1 为正但不显著（$\beta_1 = 0.0278$，$t = 0.43$），而在第（5）列中交互项 Post×Soe 的系数 β_1 在 1%的水平上显著为正（$\beta_1 = 0.7196$，$t = 3.04$），这表明《环保法》施行后，国有企业较非国有企业当年新增环境资本支出金额占企业营业收入比例乘 100（ENV_1）增加的现象在无环保经历的企业中更加明显。以上检验结果再次表明，剔除 2014 年和 2015 年样本后，《环保法》施行后提高了国有企业绿色投资水平，并且这一现象在重污染企业和无环保经历的企业中更加明显，本章的研究结论依旧稳健。

表 7.8　改变样本区间的检验结果

变量符号	（1）全样本	（2）重污染企业组	（3）非重污染企业组	（4）有环保经历组	（5）无环保经历组
Post×Soe	0.088 1***	0.070 6**	0.187 0	0.027 8	0.719 6***
	(2.77)	(2.27)	(0.84)	(0.43)	(3.04)
Post	−0.042 3*	−0.042 0*	0.130 8	−0.070 2	−0.361 6**
	(−1.66)	(−1.71)	(0.82)	(−1.26)	(−2.19)
Soe	0.005 9	0.019 2	0.420 2**	0.007 9	0.630 4***
	(0.20)	(0.67)	(1.98)	(0.13)	(2.84)
Size	0.018 1**	0.011 5	0.200 5***	0.019 6	0.363 3***
	(2.15)	(1.34)	(3.26)	(1.42)	(4.87)
Lev	0.104 7*	0.118 2**	0.800 7**	0.094 4	1.018 3**
	(1.82)	(2.20)	(2.25)	(0.90)	(2.48)
Roa	−0.053 6	0.140 3	0.033 7	0.413 3**	−1.577 1*
	(−0.56)	(1.36)	(0.04)	(2.17)	(−1.70)
Growth	−0.008 0	−0.004 0	−0.044 2	−0.004 6	−0.080 9**
	(−1.41)	(−0.58)	(−1.28)	(−0.30)	(−2.04)
Listage	−0.033 1***	−0.012 9	−0.095 7	−0.022 1	0.070 1
	(−2.62)	(−1.18)	(−1.08)	(−0.90)	(0.81)
Cash	−0.135 2***	−0.114 4**	−0.426 6	−0.151 6	−1.905 9***
	(−2.58)	(−2.10)	(−1.08)	(−1.07)	(−4.18)

续表

变量符号	（1）全样本	（2）重污染企业组	（3）非重污染企业组	（4）有环保经历组	（5）无环保经历组
Cashflow	−0.013 4	0.201 4*	0.409 1	0.058 5	2.306 2***
	（−0.14）	（1.89）	（0.68）	（0.35）	（3.04）
Top1	−0.088 1	−0.023 4	−0.319 3	−0.152 8	0.704 1
	（−1.44）	（−0.38）	（−0.66）	（−1.27）	（1.29）
Dual	0.006 0	0.014 9	−0.156 6	−0.082 3***	0.025 6
	（0.30）	（0.79）	（−1.17）	（−2.84）	（0.18）
Indep	−0.194 9	−0.267 9*	0.715 0	−0.197 5	0.509 0
	（−1.39）	（−1.90）	（0.62）	（−0.76）	（0.41）
行业固定效应	控制	控制	控制	控制	控制
年度固定效应	控制	控制	控制	控制	控制
公司固定效应	控制	控制	控制	控制	控制
常数项	−0.119 1	−0.099 1	−2.663 6*	−0.191 3	−6.902 5***
	（−0.68）	（−0.52）	（−1.84）	（−0.64）	（−4.14）
调整的 R^2	0.059 9	0.025 8	0.077 1	0.100 1	0.086 2
N	15 530	6 402	9 128	2 035	13 495

注：括号中为 t 值，并经过了 White（1980）异方差修正，回归考虑了公司层面的聚类效应；表中被解释变量为 ENV_1，更换为 EVN_2 和 ENV_3 作为被解释变量，上述结论未发生实质性变化，限于篇幅未列报

***、**和*分别表示 1%、5%和 10%的显著性水平

7.5.3　改变变量度量的检验

根据《企业会计准则》规定，企业各类发生的成本费用，符合资本化条件的计入资产项目，不符合资本化条件的予以费用化，计入当期损益。参考崔也光等（2019）的做法，构建环境总成本、资本化环境成本和费用化环境成本来衡量企业环保投资水平。具体而言，环境总成本由资本化环境成本和费用化环境成本两部分构成，其中资本化环境成本包括污染处理、污水处理、脱硫脱硝、废气处理、废气回收、废水回收、余热回收、循环利用、固体废物处理、其他污染治理、其他环保设备等，通过查询固定资产、无形资产和在建工程项目整理；费用化环境成本包括排污费、环保罚款、环境保护研发费用、其他环境费用等，通过查询管理费用和研发费用项目整理。鉴于此，在回归模型中，分别采用环境总成本（ENV_4）、资本化环境成本（ENV_5）和费用化环境成本（ENV_6）加 1 的自然对

数来度量企业绿色投资。表 7.9 报告了更换被解释变量的检验结果，可以看出，各列交互项 Post×Soe 的系数 β_1 均显著为正，这表明国有企业较非国有企业在《环保法》施行后绿色投资水平显著提高，再次验证了本章研究假说 H7.1。

表 7.9　更换被解释变量的检验结果

变量符号	（1）	（2）	（3）
	ENV_4	ENV_5	ENV_6
Post×Soe	0.633 3***	0.566 1***	0.291 2**
	(3.15)	(2.96)	(2.04)
Post	−0.587 7***	−0.288 7*	−0.529 2***
	(−3.19)	(−1.80)	(−3.98)
Soe	1.054 0***	0.740 9***	0.648 3***
	(3.84)	(3.33)	(2.78)
Size	0.581 2***	0.447 4***	0.343 7***
	(6.03)	(5.67)	(4.32)
Lev	1.241 4**	1.279 2***	0.137 7
	(2.40)	(3.03)	(0.32)
Roa	−3.262 0***	−1.635 7*	−3.103 5***
	(−2.96)	(−1.89)	(−3.39)
Growth	−0.058 2	−0.043 1	−0.022 4
	(−1.17)	(−1.09)	(−0.51)
Listage	0.167 8	0.012 6	0.207 9**
	(1.41)	(0.13)	(2.15)
Cash	−3.175 5***	−2.135 0***	−2.202 3***
	(−5.46)	(−4.72)	(−4.53)
Cashflow	3.475 5***	2.402 2***	2.615 3***
	(3.85)	(3.26)	(3.46)
Top1	0.346 5	0.183 1	0.657 7
	(0.52)	(0.33)	(1.23)
Dual	−0.299 5*	−0.085 8	−0.222 3
	(−1.72)	(−0.61)	(−1.61)
Indep	−0.912 8	−0.253 5	−1.195 1
	(−0.63)	(−0.21)	(−1.02)
行业固定效应	控制	控制	控制
年度固定效应	控制	控制	控制

续表

变量符号	(1)	(2)	(3)
	ENV_4	ENV_5	ENV_6
公司固定效应	控制	控制	控制
常数项	−9.473 8***	−7.877 8***	−5.832 4***
	(−4.32)	(−4.38)	(−3.22)
调整的 R^2	0.130 4	0.092 6	0.086 2
N	20 465	20 465	20 465

注：括号中为 t 值，并经过了 White（1980）异方差修正，回归考虑了公司层面的聚类效应
***、**和*分别表示 1%、5%和 10%的显著性水平

　　表 7.10 报告了更换被解释变量的分组检验结果，可以看出，第（1）列中交互项 Post×Soe 的系数 β_1 在 5%的水平上显著为正（$\beta_1 = 0.8667$，$t = 2.36$），而列（2）中交互项 Post×Soe 的系数 β_1 为正但不显著（$\beta_1 = 0.2703$，$t = 1.42$），这依旧表明国有企业较非国有企业在《环保法》施行后绿色投资显著增加的现象在重污染企业中更加明显；第（3）列中交互项 Post×Soe 的系数 β_1 为负但不显著（$\beta_1 = -0.0965$，$t = -0.13$），而在第（4）列中交互项 Post×Soe 的系数 β_1 在 1%的水平上显著为正（$\beta_1 = 0.5936$，$t = 2.98$），这表明国有企业较非国有企业在《环保法》施行后绿色投资显著增加的现象在无环保经历的企业中更加明显。

表 7.10　更换被解释变量的分组检验结果

变量符号	(1) 重污染企业组	(2) 非重污染企业组	(3) 有环保经历组	(4) 无环保经历组
Post×Soe	0.866 7**	0.270 3	−0.096 5	0.593 6***
	(2.36)	(1.42)	(−0.13)	(2.98)
Post	−0.439 6	−0.094 1	−0.805 2	−0.357 5**
	(−1.42)	(−0.64)	(−1.26)	(−2.22)
Soe	1.087 1***	0.403 1*	1.097 1	0.696 9***
	(2.61)	(1.93)	(1.36)	(3.24)
Size	0.776 2***	0.197 1***	0.807 0***	0.349 0***
	(4.90)	(3.27)	(3.30)	(4.59)
Lev	1.751 3**	0.783 5**	1.521 2	1.145 8***
	(2.10)	(2.21)	(1.04)	(2.80)
Roa	−2.312 8	−0.496 6	1.775 8	−2.174 5**
	(−1.34)	(−0.64)	(0.57)	(−2.47)

变量符号	（1） 重污染 企业组	（2） 非重污染 企业组	（3） 有环保 经历组	（4） 无环保 经历组
Growth	0.079 1	−0.042 6	0.103 7	−0.074 4**
	(0.78)	(−1.37)	(0.68)	(−1.97)
Listage	0.131 7	−0.104 2	0.058 5	0.063 3
	(0.72)	(−1.18)	(0.18)	(0.73)
Cash	−2.406 2**	−0.688 0*	−3.603 0**	−1.958 4***
	(−2.54)	(−1.72)	(−2.14)	(−4.41)
Cashflow	4.098 8**	0.073 4	5.137 7*	2.226 0***
	(2.56)	(0.13)	(1.94)	(3.13)
Top1	0.128 9	−0.303 0	−1.915 6	0.573 8
	(0.12)	(−0.62)	(−1.10)	(1.03)
Dual	−0.037 8	−0.111 8	−0.891 1*	0.040 2
	(−0.14)	(−0.84)	(−1.90)	(0.29)
Indep	0.209 2	0.403 1	−3.894 3	0.267 8
	(0.09)	(0.36)	(−0.95)	(0.23)
行业固定效应	控制	控制	控制	控制
年度固定效应	控制	控制	控制	控制
公司固定效应	控制	控制	控制	控制
常数项	−16.218 6***	−2.232 7	−11.128 3*	−6.367 7***
	(−4.44)	(−1.55)	(−1.81)	(−3.75)
调整的 R^2	0.078 4	0.068 4	0.109 2	0.086 1
N	8 469	11 996	2 678	17 787

注：括号中为 t 值，并经过了 White（1980）异方差修正，回归考虑了公司层面的聚类效应；表中被解释变量为 ENV_4，更换为 EVN_5 和 ENV_6 作为被解释变量，上述结论未发生实质性变化，限于篇幅未列报

***、**和*分别表示 1%、5%和 10%的显著性水平

7.5.4　改变计量方法的检验

由于企业绿色投资总是大于等于 0，即在 0 点是左删截的，所以，本章采用 Tobit（托宾）估计方法对模型（7.1）重新进行回归，检验结果如表 7.11 所示。第（1）列为全样本回归结果，交互项 Post×Soe 的系数 β_1 在 5%的水平上显著为正（ $\beta_1 = 0.3455$ ， $t = 2.20$ ）；第（2）～（3）列是按照重污染行业分组的检验结果，可以看出，第（2）列中交互项 Post×Soe 的系数 β_1 在 5%的水平上显著为正（ $\beta_1 = 0.4421$ ， $t = 2.33$ ），而第（3）列中交互

项 Post×Soe 的系数 β_1 为正但不显著（ $\beta_1 = 0.1070$，$t = 0.38$）；第（4）～（5）列是按照环保经历分组的检验结果，可以看出，第（4）列中交互项 Post×Soe 的系数 β_1 为正但不显著（ $\beta_1 = 0.0843$，$t = 0.21$），而在第（5）列中交互项 Post×Soe 的系数 β_1 在 5% 的水平上显著为正（ $\beta_1 = 0.3864$，$t = 2.24$）。以上检验结果依旧表明，《环保法》施行后国有企业较非国有企业在《环保法》施行前绿色投资水平显著增加，并且这一现象在重污染企业和无环保经历的企业中更加明显，本章的研究结论依然稳健可靠。

表 7.11　Tobit 估计方法的检验结果

变量符号	（1）全样本	（2）重污染企业组	（3）非重污染企业组	（4）有环保经历组	（5）无环保经历组
Post×Soe	0.345 5**	0.442 1**	0.107 0	0.084 3	0.386 4**
	(2.20)	(2.33)	(0.38)	(0.21)	(2.24)
Post	−0.065 5	−0.091 6	0.315 1	−0.159 0	−0.138 0
	(−0.40)	(−0.46)	(1.11)	(−0.37)	(−0.78)
Soe	0.510 2***	0.448 1**	0.618 5*	0.411 2	0.519 6***
	(2.77)	(2.04)	(1.88)	(0.93)	(2.74)
Size	0.259 0***	0.228 1***	0.246 4***	0.284 4**	0.216 7***
	(4.54)	(3.29)	(2.76)	(2.54)	(3.53)
Lev	0.849 8**	0.737 6	0.847 9	0.360 8	0.856 5**
	(2.33)	(1.64)	(1.47)	(0.44)	(2.29)
Roa	−1.004 1	−0.786 7	−1.353 3	0.213 1	−1.351 1*
	(−1.43)	(−0.90)	(−1.13)	(0.12)	(−1.80)
Growth	−0.043 8	0.022 5	−0.076 5	0.038 6	−0.082 8**
	(−1.15)	(0.47)	(−1.45)	(0.43)	(−1.98)
Listage	−0.061 5	0.034 9	−0.258 7*	0.031 6	−0.029 4
	(−0.72)	(0.33)	(−1.86)	(0.18)	(−0.34)
Cash	−2.207 0***	−1.504 9**	−1.425 4**	−1.738 9	−2.251 2***
	(−4.70)	(−2.54)	(−1.97)	(−1.53)	(−4.60)
Cashflow	1.250 6**	1.327 3	−0.380 8	1.511 4	1.337 6**
	(2.01)	(1.62)	(−0.45)	(1.02)	(2.06)
Top1	−0.221 7	−0.325 1	−0.469 7	−1.173 7	0.135 6
	(−0.51)	(−0.61)	(−0.63)	(−1.30)	(0.29)
Dual	−0.125 0	0.005 1	−0.299 9	−0.777 8**	0.036 1
	(−0.93)	(0.03)	(−1.39)	(−2.57)	(0.25)

续表

变量符号	（1）全样本	（2）重污染企业组	（3）非重污染企业组	（4）有环保经历组	（5）无环保经历组
Indep	−0.457 2	−0.611 7	0.135 7	−2.321 3	0.012 3
	（−0.47）	（−0.49）	（0.09）	（−0.96）	（0.01）
行业固定效应	控制	控制	控制	控制	控制
年度固定效应	控制	控制	控制	控制	控制
公司固定效应	控制	控制	控制	控制	控制
常数项	−8.413 6***	−6.674 3***	−8.321 1***	−6.592 3**	−7.948 0***
	（−6.75）	（−4.36）	（−4.34）	（−2.51）	（−6.06）
伪 R^2	0.080 2	0.034 9	0.092 0	0.075 1	0.080 1
N	20 465	8 469	11 996	2 678	17 787

注：括号中为 t 值，并经过了 White（1980）异方差修正，回归考虑了公司层面的聚类效应；表中被解释变量为 ENV_1，更换为 EVN_2 和 ENV_3 作为被解释变量，上述结论未发生实质性变化，限于篇幅未列报

***、**和*分别表示 1%、5%和 10%的显著性水平

7.5.5　基于环保补贴的考察

前文研究结果表明，《环保法》施行显著提高了国有企业绿色投资水平。由于环境污染具有外部性特征，环境治理的收益小于成本，从理性经济人出发，治理者并没有积极进行环境治理的动力。为此，政府会对企业绿色投资予以资金和政策支持，同时给予一定环保补贴，激励企业更好地履行环境治理责任。那么，《环保法》施行使得国有企业较非国有企业绿色投资水平显著增加，这一现象是否因为国有企业较非国有企业获得了更多的环保补贴所致呢？基于这一考虑，本章构建如下双重差分模型：

$$\text{Subsidy} = \alpha + \beta_1 \times \text{Post} \times \text{Soe} + \beta_2 \times \text{Post} + \beta_3 \times \text{Soe} + \beta_i \times \sum \text{Controls} + \varepsilon$$

（7.2）

其中，Subsidy 为被解释变量，表示企业获得的政府环保补助。参考孔东民等（2013b）、程博和毛昕旸（2021）的方法，Subsidy 包括了政府环保补助金额占企业营业收入的比例（Subsidy_1）、政府环保补助金额占企业总资产的比例（Subsidy_2）、政府环保补助金额加 1 后的自然对数（Subsidy_3）三种度量方式，互为稳健性检验。政府环保补贴数据来源于公司年报附注中的政府补助项目，手工收集整理了企业获得的环境污染物在线监测、烟气脱硫、COD 减排奖励、废水处理、环境治理等项目数据加总，取得企业

当年环保补贴数据。其他变量同前文模型（7.1）。表 7.12 报告了考虑政府环保补贴的排他性检验结果，可以看出，各列中交互项 Post×Soe 的系数 β_1 为正但均不显著，表明《环保法》施行后，国有企业较非国有企业获得的政府环保补贴并不存在显著差异，一定程度上可以排除政府环保补贴替代性假说，这一结论很好地支持了本章假说 H7.1。

表 7.12 考虑政府环保补贴的排他性检验结果

变量符号	（1）Subsidy_1	（2）Subsidy_2	（3）Subsidy_3
Post×Soe	0.002 9	0.000 1	0.189 4
	(0.71)	(0.06)	(0.97)
Post	0.003 6	−0.001 4	1.069 2***
	(0.92)	(−0.76)	(5.68)
Soe	0.012 0***	0.006 9***	0.881 7***
	(2.90)	(3.42)	(3.79)
Size	−0.003 7***	−0.002 2***	0.604 5***
	(−2.62)	(−3.30)	(7.28)
Lev	0.023 5***	0.017 3***	1.462 8***
	(2.76)	(4.58)	(3.42)
Roa	−0.070 2***	−0.006 2	−1.607 6*
	(−3.50)	(−0.73)	(−1.67)
Growth	0.000 8	−0.000 4	−0.162 3***
	(0.69)	(−1.08)	(−3.31)
Listage	−0.001 5	−0.000 2	0.094 7
	(−0.83)	(−0.26)	(0.95)
Cash	−0.020 6**	−0.015 0***	−2.912 0***
	(−2.41)	(−3.93)	(−5.73)
Cashflow	−0.010 7	0.012 2*	2.573 4***
	(−0.68)	(1.66)	(3.21)
Top1	−0.017 1*	−0.007 2*	−0.914 7*
	(−1.94)	(−1.85)	(−1.69)
Dual	−0.000 4	−0.000 5	−0.308 4**
	(−0.13)	(−0.36)	(−2.08)
Indep	−0.016 9	−0.003 9	−3.012 3**
	(−0.88)	(−0.42)	(−2.47)

续表

变量符号	(1)	(2)	(3)
	Subsidy_1	Subsidy_2	Subsidy_3
行业固定效应	控制	控制	控制
年度固定效应	控制	控制	控制
公司固定效应	控制	控制	控制
常数项	0.160 2***	0.077 6***	−5.671 9***
	(4.55)	(5.03)	(−3.01)
调整的 R^2	0.035 6	0.034 7	0.115 6
N	20 465	20 465	20 465

注：括号中为 t 值，并经过了 White（1980）异方差修正，回归考虑了公司层面的聚类效应
***、**和*分别表示 1%、5%和 10%的显著性水平

7.5.6　基于高管晋升动机的考察

如前文所述，国有企业较非国有企业在《环保法》施行后绿色投资水平显著增加，那么，国有企业高管增加绿色投资的动机何在？已有文献表明，国有企业高管往往具有职业经理人和行政级别两种身份，其晋升动机对国企高管行为的影响，有时甚至比经济利益更为重要（杨瑞龙等，2013）。为了区分高管晋升动机对企业绿色投资水平的影响，参考聂辉华和蒋敏杰（2011）、程博等（2017）的研究，本章在回归模型中引入总经理和董事长年龄的交互项，以此考察高管晋升动机对企业绿色投资行为的影响。年龄是衡量晋升动机的代理变量，通常年龄越小，晋升动机越强。表 7.13 报告了考虑国有企业高管晋升动机的排他性检验结果。第（1）～（3）列中加入总经理年龄变量（CEO_age），交互项 Post×Soe×CEO_age 的系数为负但均不显著；第（4）～（6）列中加入董事长年龄变量（Chairman_age），交互项 Post×Soe× Chairman_age 的系数为负但均不显著，这意味着总经理和董事长的晋升动机对企业绿色投资行为影响有限，一定程度上可以排除国有企业高管因晋升动机而增加绿色投资水平的替代性假说，本章的研究假说 H7.1 依然稳健可靠。

表 7.13　考虑国有企业高管晋升动机的排他性检验结果 Ⅰ

变量符号	(1)	(2)	(3)	(4)	(5)	(6)
	ENV_1	ENV_2	ENV_3	ENV_1	ENV_2	ENV_3
Post×Soe	1.401 8	0.513 3	4.478 0	1.410 4	0.365 7	11.206 9
	(1.28)	(1.02)	(0.62)	(1.52)	(0.83)	(1.53)

续表

变量符号	（1）	（2）	（3）	（4）	（5）	（6）
	ENV_1	ENV_2	ENV_3	ENV_1	ENV_2	ENV_3
Post	0.368 4	0.185 9	0.648 0	−0.434 3	−0.154 2	0.162 1
	（0.83）	（0.86）	（0.24）	（−0.89）	（−0.67）	（0.05）
Soe	0.097 9	0.097 6	3.272 0	0.164 5	0.265 3	8.535 3
	（0.15）	（0.30）	（0.61）	（0.22）	（0.70）	（1.39）
CEO_age	0.134 2	0.077 4	0.915 8			
	（1.40）	（1.59）	（1.40）			
Post×CEO_age	−0.102 7	−0.052 6	−0.188 3			
	（−0.90）	（−0.94）	（−0.27）			
Soe×CEO_age	−0.021 1	−0.021 4	−0.649 1			
	（−0.12）	（−0.25）	（−0.47）			
Post×Soe×CEO_age	−0.338 0	−0.122 9	−0.998 2			
	（−1.20）	（−0.95）	（−0.54）			
Chairman_age				−0.061 5	−0.002 8	0.158 5
				（−0.56）	（−0.05）	（0.25）
Post×Chairman_age				0.102 9	0.034 8	−0.058 0
				（0.84）	（0.60）	（−0.08）
Soe×Chairman_age				−0.036 3	−0.062 8	−1.962 4
				（−0.19）	（−0.65）	（−1.26）
Post×Soe×Chairman_age				−0.336 9	−0.084 5	−2.680 0
				（−1.44）	（−0.76）	（−1.46）
Size	0.016 4*	0.006 6	0.446 2***	0.017 5**	0.007 0*	0.469 0***
	（1.94）	（1.64）	（5.74）	（2.10）	（1.75）	（6.03）
Lev	0.087 1	0.071 3***	1.267 7***	0.082 5	0.069 7***	1.202 2***
	（1.56）	（2.73）	（3.04）	（1.48）	（2.66）	（2.88）
Roa	−0.083 2	0.031 9	−1.655 6*	−0.085 1	0.031 1	−1.603 8*
	（−0.92）	（0.71）	（−1.94）	（−0.94）	（0.69）	（−1.88）
Growth	−0.006 2	−0.003 7	−0.050 1	−0.006 0	−0.003 6	−0.049 1
	（−1.13）	（−1.57）	（−1.27）	（−1.07）	（−1.50）	（−1.25）
Listage	−0.030 2**	−0.014 7***	−0.009 3	−0.029 8**	−0.014 4***	−0.011 1
	（−2.48）	（−2.65）	（−0.10）	（−2.47）	（−2.61）	（−0.12）
Cash	−0.141 5***	−0.094 4***	−1.955 0***	−0.146 4***	−0.095 7***	−1.967 9***
	（−2.85）	（−3.92）	（−4.45）	（−2.99）	（−4.01）	（−4.50）
Cashflow	−0.039 1	0.067 8	2.236 4***	−0.034 7	0.069 3	2.259 8***
	（−0.45）	（1.58）	（3.09）	（−0.40）	（1.60）	（3.12）

续表

变量符号	(1)	(2)	(3)	(4)	(5)	(6)
	ENV_1	ENV_2	ENV_3	ENV_1	ENV_2	ENV_3
Top1	−0.096 9	−0.026 8	0.218 2	−0.100 3*	−0.028 2	0.208 5
	(−1.60)	(−0.92)	(0.39)	(−1.66)	(−0.97)	(0.38)
Dual	0.004 7	−0.000 4	−0.121 0	0.007 1	0.002 2	−0.087 3
	(0.24)	(−0.04)	(−0.84)	(0.36)	(0.25)	(−0.63)
Indep	−0.147 6	−0.092 0	−0.260 7	−0.154 7	−0.093 4	−0.339 3
	(−1.11)	(−1.47)	(−0.22)	(−1.16)	(−1.49)	(−0.29)
行业固定效应	控制	控制	控制	控制	控制	控制
年度固定效应	控制	控制	控制	控制	控制	控制
公司固定效应	控制	控制	控制	控制	控制	控制
常数项	−0.622 1	−0.346 6*	−11.560 6***	0.122 4	−0.044 6	−9.050 0***
	(−1.53)	(−1.68)	(−3.70)	(0.27)	(−0.20)	(−3.03)
调整的 R^2	0.056 7	0.045 5	0.094 1	0.056 6	0.045 3	0.095 1
N	20 465	20 465	20 465	20 465	20 465	20 465

注: 括号中为 t 值, 并经过了 White (1980) 异方差修正, 回归考虑了公司层面的聚类效应
***、**和*分别表示 1%、5%和 10%的显著性水平

　　稳健起见, 进一步观测国有企业高管晋升对企业绿色投资水平的影响, 若前一年国有企业总经理晋升则 CEO_Promotion 取 1, 否则为 0; 若前一年国有企业董事长晋升则 Chairman_Promotion 取 1, 否则为 0。表 7.14 检验了国有企业高管晋升动机对企业绿色投资水平的影响, 第(1)～(3)列中 Post×CEO_Promotion 的系数不显著; 第(4)～(6)列中 Post×Chairman_Promotion 的系数依旧不显著。以上检验结果进一步排除了高管晋升动机的替代性研究假说。

表 7.14　考虑国有企业高管晋升动机的排他性检验结果 II

变量符号	(1)	(2)	(3)	(4)	(5)	(6)
	ENV_1	ENV_2	ENV_3	ENV_1	ENV_2	ENV_3
Post×CEO_Promotion	0.0082	−0.0129	0.0250			
	(0.14)	(−0.46)	(0.06)			
CEO_Promotion	−0.0281	−0.0067	−0.3746			
	(−0.74)	(−0.33)	(−1.21)			
Post×Chairman_Promotion				−0.0682	−0.0229	−0.5615
				(−1.15)	(−0.79)	(−1.14)
Chairman_Promotion				0.0648	0.0200	0.4429
				(1.46)	(0.93)	(1.27)

续表

变量符号	(1)	(2)	(3)	(4)	(5)	(6)
	ENV_1	ENV_2	ENV_3	ENV_1	ENV_2	ENV_3
Post	0.0516**	0.0155	0.4924***	0.0595**	0.0165	0.5549***
	(2.01)	(1.29)	(2.68)	(2.31)	(1.36)	(3.02)
Size	0.0069	0.0027	0.4754***	0.0064	0.0025	0.4699***
	(0.45)	(0.37)	(3.42)	(0.41)	(0.34)	(3.39)
Lev	0.0833	0.0499	1.6308**	0.0833	0.0498	1.6274**
	(0.84)	(1.04)	(2.02)	(0.84)	(1.04)	(2.02)
Roa	−0.1088	−0.0087	−4.0895**	−0.1022	−0.0053	−4.0084**
	(−0.54)	(−0.09)	(−2.09)	(−0.51)	(−0.05)	(−2.05)
Growth	−0.0056	−0.0031	−0.0270	−0.0058	−0.0031	−0.0282
	(−0.52)	(−0.67)	(−0.36)	(−0.53)	(−0.68)	(−0.38)
Listage	−0.0320	−0.0108	0.0399	−0.0325	−0.0109	0.0360
	(−1.07)	(−0.81)	(0.16)	(−1.09)	(−0.82)	(0.15)
Cash	−0.3869***	−0.2286***	−3.9628***	−0.3867***	−0.2285***	−3.9635***
	(−3.86)	(−4.69)	(−3.79)	(−3.86)	(−4.69)	(−3.79)
Cashflow	0.1681	0.1851**	4.9794***	0.1710	0.1857**	4.9984***
	(0.96)	(2.16)	(3.29)	(0.98)	(2.17)	(3.30)
Top1	−0.1154	−0.0287	0.7819	−0.1186	−0.0301	0.7509
	(−1.08)	(−0.58)	(0.74)	(−1.11)	(−0.61)	(0.71)
Dual	0.1034*	0.0346	0.7773*	0.1035*	0.0341	0.7611*
	(1.70)	(1.37)	(1.78)	(1.71)	(1.36)	(1.75)
Indep	−0.3928*	−0.1876**	−0.1617	−0.3990*	−0.1888**	−0.1995
	(−1.85)	(−1.98)	(−0.07)	(−1.87)	(−1.98)	(−0.09)
行业固定效应	控制	控制	控制	控制	控制	控制
年度固定效应	控制	控制	控制	控制	控制	控制
公司固定效应	控制	控制	控制	控制	控制	控制
常数项	0.2523	0.1086	−8.1520***	0.2609	0.1122	−8.0747**
	(0.84)	(0.73)	(−2.60)	(0.87)	(0.76)	(−2.58)
调整的 R^2	0.0625	0.0490	0.1034	0.0627	0.0490	0.1033
N	7295	7295	7295	7295	7295	7295

注：括号中为 t 值，并经过了 White（1980）异方差修正，回归考虑了公司层面的聚类效应

***、**和*分别表示 1%、5%和 10%的显著性水平

7.5.7 基于治理效果的考察

前文实证检验发现，《环保法》施行使得国有企业较非国有企业绿色投资水平显著增加。那么，国有企业绿色投资是否推动了地区绿色发展部署，

实现经济发展与环境保护相协调呢？为了检验这一治理效果，本节构建如下双重差分模型：

$$AQI = \alpha + \beta_1 \times Post \times Soe + \beta_2 \times Post + \beta_3 \times Soe + \beta_i \times \sum Controls + \varepsilon \quad （7.3）$$

其中，AQI 为被解释变量，表示地区空气质量指数。AQI 指标监测的空气污染包括可吸入颗粒物（PM_{10}）、二氧化氮、二氧化硫、一氧化碳、臭氧等，该指标不仅是测评地区空气质量的科学依据，而且是应对雾霾污染和改善空气质量的考核指标（Chen et al.，2012；黎文靖和郑曼妮，2016）。因此，本节采用 AQI 指标来衡量环境治理效果，AQI 指标数值越大，表明该地区空气污染程度越严重。Post 为《环保法》是否施行的指示变量，《环保法》施行后（即 2015～2018 年）Post 定义为 1，《环保法》施行前（即 2011～2014 年）Post 定义为 0。为了考察政策冲击对国有企业与非国有企业环境治理效果的影响，以城市当年国有企业资产总额占当年 GDP 的比重为基础，计算《环保法》施行前（即 2011～2014 年）各年该指标的均值，然后对城市国有企业资产占当年 GDP 比重的均值超过中位数时，Treat 取值为 1（即实验组），否则 Treat 取值为 0（即控制组）。在模型中控制了人均 GDP（Per_GDP）、第二产业占 GDP 的比重（Second_GDP）、消费价格指数（consumer price index，CPI），同时还控制了年份（Year）、城市（City）以及省份（Province）固定效应。空气质量指数来自生态环境部公布的全国城市空气质量日报，年度宏观数据来自《中国城市统计年鉴》。

本节利用 2011～2018 年城市面板数据，采用固定效应模型进行回归检验。表 7.15 报告了基于治理效果的检验结果。第（1）列的结果显示，交互项 Post×Treat 的回归系数 β_1 在 1%的水平上显著为负；第（2）列在第（1）列的基础上控制了年份固定效应，第（3）列在第（2）列的基础上控制了省份固定效应，第（4）列在第（2）列的基础上控制了城市固定效应，各列中交互项 Post×Treat 的回归系数 β_i 均在 1%的水平上显著为负。以上结果表明，《环保法》施行后，实验组较控制组降低了空气污染，使得城市空气质量得以显著提高，意味着国有企业在实现经济发展与环境保护相协调中发挥着重要的作用。

表 7.15　基于治理效果的检验结果

变量符号	（1）	（2）	（3）	（4）
Treat	0.0235	0.0235	0.4726***	−0.0091
	（0.49）	（0.49）	（4.28）	（−0.09）
Post×Treat	−0.1569***	−0.1569***	−0.1083***	−0.1224***
	（−2.73）	（−2.73）	（−2.64）	（−3.50）

续表

变量符号	（1）	（2）	（3）	（4）
Per_GDP	−0.0257	−0.0257	0.4674	0.3818
	（−0.41）	（−0.41）	（1.44）	（1.18）
Second_GDP	1.6285***	1.6285***	−1.0332	−1.1116
	（3.21）	（3.21）	（−1.33）	（−1.11）
CPI	−1.7647	−1.7647	−1.5184	−4.2056
	（−0.14）	（−0.14）	（−0.20）	（−0.52）
年度固定效应	No	控制	控制	控制
省份固定效应	No	No	控制	No
城市固定效应	No	No	No	控制
常数项	12.2645	12.2645	6.8168	19.7069
	（0.21）	（0.21）	（0.19）	（0.53）
调整的 R^2	0.0600	0.0600	0.3979	0.6117
N	2251	2251	2251	2251

注：括号中为 t 值，并经过了 White（1980）异方差修正，回归考虑了公司层面的聚类效应
***表示 1%的显著性水平

此外，为了进一步避免变量极端值对本章回归结果可能产生的影响，本章改变极值处理方法重新检验，对相关连续变量均在 3%和 5%分位数进行了缩尾处理，本章的检验结果与前文一致，这表明本章的研究结论具有较好的稳健性。

7.6　横截面差异检验

前文实证结果显示，《环保法》施行显著提高了国有企业绿色投资水平。需要指出的是，《环保法》施行并非对所有企业都会产生同等影响。为此，本节尝试从行业竞争程度、机构持股比例、分析师关注度、媒体关注度、管理层权力和融资约束角度切入，通过分组回归方式考察《环保法》施行影响企业绿色投资水平的横截面差异，以便更好地认识和理解《环保法》施行对企业环境治理行为的影响机理。

7.6.1　区分行业竞争程度的检验

行业竞争作为外部公司治理机制的一种重要方式，对企业环境治理行为的监督和约束作用也会产生一定程度的影响（程博等，2018）。随着行业

竞争程度的增强，企业获取外部资源和争夺市场的压力日益加剧，使得企业有较强动机通过提高环保投资水平来缓解《环保法》施行的压力，在公众中树立良好的形象和声誉，赢得利益相关者的支持和认可。基于此，参考 Haushalter 等（2007）、Irvine 和 Pontiff（2009）、Peress（2010）、姜付秀等（2008）的方法，本章采用赫芬达尔指数来衡量行业竞争程度（HHI），并利用行业竞争程度的中位数将样本分为行业竞争程度强和行业竞争程度弱两组。表 7.16 报告了区分行业竞争程度的检验结果，可以看出，无论被解释变量为 ENV_1、ENV_2，还是 ENV_3，在行业竞争程度强的样本中，交互项 Post×Soe 的系数 β_1 均在 5%的水平上显著为正，而在行业竞争程度弱的样本中，交互项 Post×Soe 的系数 β_1 为正但均不显著。以上检验结果表明，《环保法》施行显著提高了国有企业绿色投资水平，这一现象在行业竞争程度高的样本中更为明显，意味着行业竞争这一外部公司治理机制在环境治理中发挥着重要作用。

表 7.16　区分行业竞争程度的检验结果

变量符号	（1）	（2）	（3）	（4）	（5）	（6）
	ENV_1	ENV_1	ENV_2	ENV_2	ENV_3	ENV_3
	行业竞争程度强	行业竞争程度弱	行业竞争程度强	行业竞争程度弱	行业竞争程度强	行业竞争程度弱
Post×Soe	0.093 3**	0.052 3	0.044 1**	0.015 9	0.602 8**	0.454 1
	(2.57)	(1.43)	(2.52)	(0.92)	(2.34)	(1.54)
Post	−0.058 6*	−0.055 5	−0.044 3***	−0.029 7*	−0.564 6**	0.190 0
	(−1.74)	(−1.64)	(−2.65)	(−1.78)	(−2.49)	(0.71)
Soe	0.012 7	0.030 7	0.006 5	0.027 3	0.638 2**	0.923 1*
	(0.40)	(0.85)	(0.40)	(1.60)	(2.38)	(2.05)
Size	0.015 4	0.017 2	0.006 3	0.006 7	0.507 1***	0.392 8**
	(1.52)	(1.58)	(1.29)	(1.32)	(5.41)	(2.52)
Lev	0.170 7**	0.006 7	0.098 0***	0.042 6	1.476 3***	1.019 7**
	(2.43)	(0.10)	(2.95)	(1.34)	(2.86)	(2.24)
Roa	−0.207 7*	0.001 8	−0.053 2	0.101 9	−3.291 0***	−0.086 2
	(−1.73)	(0.01)	(−0.91)	(1.64)	(−3.00)	(−0.10)
Growth	−0.003 2	−0.006 5	−0.001 2	−0.004 8	0.001 7	−0.087 5
	(−0.62)	(−0.78)	(−0.48)	(−1.42)	(0.03)	(−1.22)
Listage	−0.030 9**	−0.027 6	−0.012 9**	−0.014 9**	−0.008 6	0.013 2
	(−2.29)	(−1.62)	(−1.97)	(−1.99)	(−0.08)	(0.13)

续表

变量符号	(1)	(2)	(3)	(4)	(5)	(6)
	ENV_1	ENV_1	ENV_2	ENV_2	ENV_3	ENV_3
	行业竞争程度强	行业竞争程度弱	行业竞争程度强	行业竞争程度弱	行业竞争程度强	行业竞争程度弱
Cash	−0.129 6*	−0.173 0***	−0.091 5***	−0.106 8***	−2.026 1***	−2.004 0**
	(−1.82)	(−2.80)	(−2.66)	(−3.64)	(−3.69)	(−2.67)
Cashflow	0.167 7	−0.175 0	0.179 0***	−0.008 3	3.832 9***	0.972 7
	(1.51)	(−1.49)	(3.18)	(−0.15)	(4.16)	(0.60)
Top1	−0.104 8	−0.091 4	−0.021 5	−0.032 4	0.409 1	0.051 8
	(−1.40)	(−1.16)	(−0.59)	(−0.89)	(0.60)	(0.08)
Dual	0.012 3	0.004 9	0.004 2	0.000 1	−0.046 5	−0.102 9
	(0.57)	(0.18)	(0.40)	(0.01)	(−0.27)	(−0.38)
Indep	−0.341 9**	0.036 3	−0.185 2**	−0.006 1	−1.821 2	1.267 1
	(−2.06)	(0.21)	(−2.37)	(−0.08)	(−1.28)	(0.80)
行业固定效应	控制	控制	控制	控制	控制	控制
年度固定效应	控制	控制	控制	控制	控制	控制
公司固定效应	控制	控制	控制	控制	控制	控制
常数项	−0.159 6	−0.144 0	−0.047 1	−0.059 5	−10.113 2***	−7.412 0**
	(−0.75)	(−0.66)	(−0.45)	(−0.57)	(−4.60)	(−2.35)
调整的 R^2	0.032 7	0.080 2	0.032 6	0.058 9	0.100 4	0.089 6
N	10 157	10 308	10 157	10 308	10 157	10 308

注：括号中为 t 值，并经过了 White（1980）异方差修正，回归考虑了公司层面的聚类效应

***、**和*分别表示 1%、5%和 10%的显著性水平

7.6.2　区分机构持股比例的检验

机构投资者往往比个人投资者在投资理性、操作专业性、资金和信息上具有优势，而且能够对宏观环境、行业和公司未来发展进行全面科学分析、预测和决策。作为一种重要的外部公司治理机制，对企业投资决策行为同样有着重要的影响。具体到企业环境治理行为：一方面，环境治理较好的企业能够获得更多的银行贷款、更低的贷款成本和更低的所得税负担，因而机构投资者除了关注公司基本面特征外，也会重视公司环境保护方面的社会责任表现（黎文靖和路晓燕，2015）；另一方面，由于环境治理的负外部性以及市场主体的机会主义存在，机构投资者为追求短期收益，通过抛售或减仓等方式消极参与公司治理，致使公司管理层在企业环境治理方面也会采取消极的态度和措施。因而，有待检验机构持股比例差异可能导致企业对

《环保法》施行产生的不同反应。本章参考梁上坤（2018）的做法，以公司年末机构投资持股占总股本的比例衡量机构投资者持股，并以机构持股比例的中位数将样本分为机构持股比例高和机构持股比例低两组。表 7.17 报告了区分机构持股比例的检验结果，可以看出，无论被解释变量为 ENV_1、ENV_2，还是 ENV_3，在机构持股比例低的样本中，交互项 Post×Soe 的系数 β_1 均显著为正，而在机构持股比例高的样本中，交互项 Post×Soe 的系数 β_1 为正但均不显著。以上结果表明，《环保法》施行显著提高了国有企业绿色投资水平，这一现象在机构持股比例低的样本中更为明显，意味着机构投资者持股在《环保法》施行后，并没有对企业环境治理起到积极作用。

表 7.17　区分机构持股比例的检验结果

变量符号	（1）	（2）	（3）	（4）	（5）	（6）
	ENV_1	ENV_1	ENV_2	ENV_2	ENV_3	ENV_3
	机构持股比例高	机构持股比例低	机构持股比例高	机构持股比例低	机构持股比例高	机构持股比例低
Post×Soe	0.045 4	0.125 9**	0.018 1	0.055 5**	0.229 1	0.995 2***
	(1.37)	(2.26)	(1.12)	(2.10)	(0.92)	(2.66)
Post	−0.008 3	−0.098 6***	−0.020 5	−0.052 1***	0.118 8	−0.579 5***
	(−0.23)	(−3.19)	(−1.13)	(−3.44)	(0.47)	(−2.86)
Soe	0.051 4	−0.022 4	0.025 1	0.002 8	0.944 7***	0.604 1*
	(1.36)	(−0.60)	(1.31)	(0.16)	(3.26)	(1.91)
Size	0.008 0	0.028 0***	0.002 7	0.012 2***	0.323 8***	0.618 2***
	(0.62)	(2.89)	(0.43)	(2.63)	(2.91)	(6.62)
Lev	0.158 4*	0.028 8	0.112 4***	0.032 4	2.255 8***	0.307 1
	(1.86)	(0.46)	(2.73)	(1.13)	(3.43)	(0.66)
Roa	−0.086 4	−0.052 3	0.011 7	0.054 2	−3.188 1**	−0.367 8
	(−0.57)	(−0.49)	(0.15)	(1.01)	(−2.01)	(−0.41)
Growth	−0.008 1	−0.002 1	−0.004 0*	−0.002 3	−0.054 8	−0.028 0
	(−1.60)	(−0.23)	(−1.78)	(−0.56)	(−0.97)	(−0.62)
Listage	−0.041 9**	−0.016 6	−0.018 2*	−0.009 7	0.043 3	0.005 3
	(−2.05)	(−1.19)	(−1.92)	(−1.50)	(0.27)	(0.05)
Cash	−0.233 0***	−0.075 0	−0.144 2***	−0.062 8**	−2.662 8***	−1.633 9***
	(−3.21)	(−1.16)	(−3.97)	(−2.00)	(−3.68)	(−3.38)
Cashflow	−0.012 2	−0.019 9	0.109 3*	0.058 1	3.839 8***	1.420 6*
	(−0.10)	(−0.18)	(1.67)	(1.07)	(3.27)	(1.78)

续表

变量符号	(1)	(2)	(3)	(4)	(5)	(6)
	ENV_1	ENV_1	ENV_2	ENV_2	ENV_3	ENV_3
	机构持股比例高	机构持股比例低	机构持股比例高	机构持股比例低	机构持股比例高	机构持股比例低
Top1	−0.098 5	−0.076 2	−0.022 3	−0.027 1	1.009 3	−0.290 3
	(−1.14)	(−0.94)	(−0.55)	(−0.69)	(1.25)	(−0.48)
Dual	0.002 1	0.011 4	−0.004 2	0.005 5	−0.148 4	−0.034 8
	(0.07)	(0.48)	(−0.33)	(0.49)	(−0.70)	(−0.21)
Indep	−0.261 4	−0.024 8	−0.165 3**	−0.013 8	0.209 3	−0.560 9
	(−1.60)	(−0.13)	(−2.10)	(−0.16)	(0.12)	(−0.41)
行业固定效应	控制	控制	控制	控制	控制	控制
年度固定效应	控制	控制	控制	控制	控制	控制
公司固定效应	控制	控制	控制	控制	控制	控制
常数项	0.081 5	−0.351 8	0.051 8	−0.171 5	−6.870 3***	−10.446 9***
	(0.32)	(−1.60)	(0.41)	(−1.64)	(−2.76)	(−4.86)
调整的 R^2	0.074 6	0.038 3	0.056 3	0.033 4	0.097 5	0.089 2
N	10 233	10 232	10 233	10 232	10 233	10 232

注：括号中为 t 值，并经过了 White（1980）异方差修正，回归考虑了公司层面的聚类效应

***、**和*分别表示 1%、5%和 10%的显著性水平

7.6.3 区分分析师关注度的检验

已有文献表明，分析师作为专业化的金融中介，对企业环境治理的作用持有两种不同的观点。一种观点认为，分析师的信息生产和挖掘职能，直接或间接监督和约束企业经营活动和管理层行为，使得企业为应对环境合法性危机和获得环境合法性认同，增加企业环境资本支出，提高环境治理水平；另一种观点则认为，分析师关注不能提高企业环境治理水平，反而由于分析师作出企业盈余的短期预测会受到投资者的重视，会增加企业管理层的短期业绩压力，企业管理层可能会削减企业环境资本支出来提高短期绩效（程博，2019）。因此，本章借鉴 Yu（2008）、李春涛等（2014）的方法，将分析师关注度定义为实际发布盈利预测报告的机构数目，并以分析师关注度的中位数将样本分为分析师关注度高和分析师关注度低两组，检验分析师关注差异可能导致企业对《环保法》施行产生的不同反应。表 7.18 报告了区分分析师关注度的检验结果，可以看出，无论被解释变量

为 ENV_1、ENV_2，还是 ENV_3，在分析师关注度低的样本中，交互项 Post×Soe 的系数 β_1 均在 5%的水平上显著为正，而在分析师关注度高的样本中，交互项 Post×Soe 的系数 β_1 为正但均不显著。以上结果表明，《环保法》施行显著提高了国有企业绿色投资水平，这一现象在分析师关注度低的样本中更为明显，意味着分析师传导的业绩压力将会导致企业管理层短视，可能使得管理层削减甚至放弃环境资本支出来提高短期业绩。

表 7.18 区分分析师关注度的检验结果

变量符号	（1） ENV_1 分析师 关注度高	（2） ENV_1 分析师 关注度低	（3） ENV_2 分析师 关注度高	（4） ENV_2 分析师 关注度低	（5） ENV_3 分析师 关注度高	（6） ENV_3 分析师 关注度低
Post×Soe	0.058 9	0.087 6**	0.028 4	0.034 5**	0.440 7	0.675 1**
	(1.49)	(2.29)	(1.51)	(2.34)	(1.60)	(2.45)
Post	−0.041 8	−0.057 5*	−0.043 8**	−0.027 6	−0.548 2**	−0.113 5
	(−1.25)	(−1.66)	(−2.57)	(−1.62)	(−2.30)	(−0.54)
Soe	0.028 6	0.017 0	0.012 6	0.020 2*	0.857 7***	0.673 1**
	(0.72)	(0.54)	(0.64)	(1.77)	(2.74)	(2.56)
Size	−0.001 2	0.028 1***	0.000 3	0.009 0***	0.294 7**	0.634 3***
	(−0.08)	(2.72)	(0.04)	(2.62)	(2.34)	(6.62)
Lev	0.093 1	0.092 7	0.076 6*	0.072 6***	1.428 6**	1.146 6**
	(1.00)	(1.58)	(1.71)	(3.96)	(2.13)	(2.49)
Roa	−0.298 5**	−0.023 1	−0.058 4	0.040 0	−3.725 7**	−0.940 3
	(−1.99)	(−0.22)	(−0.75)	(0.88)	(−2.40)	(−0.96)
Growth	−0.010 8	−0.003 2	−0.005 6*	−0.002 1	−0.015 6	−0.068 7
	(−1.45)	(−0.43)	(−1.74)	(−0.98)	(−0.24)	(−1.49)
Listage	−0.017 5	−0.039 8**	−0.006 8	−0.022 5***	0.136 6	−0.166 2
	(−1.05)	(−2.46)	(−0.86)	(−4.23)	(1.04)	(−1.42)
Cash	−0.206 4***	−0.062 9	−0.133 5***	−0.048 8**	−2.350 7***	−1.728 2***
	(−2.94)	(−0.94)	(−3.79)	(−1.96)	(−3.70)	(−3.27)
Cashflow	−0.031 7	0.001 5	0.100 8	0.057 9	3.483 0***	1.618 9*
	(−0.24)	(0.01)	(1.54)	(1.23)	(3.13)	(1.91)
Top1	−0.095 0	−0.101 2	−0.027 9	−0.026 3	0.537 6	−0.114 3
	(−1.11)	(−1.52)	(−0.67)	(−1.16)	(0.74)	(−0.18)

续表

变量符号	(1)	(2)	(3)	(4)	(5)	(6)
	ENV_1	ENV_1	ENV_2	ENV_2	ENV_3	ENV_3
	分析师 关注度高	分析师 关注度低	分析师 关注度高	分析师 关注度低	分析师 关注度高	分析师 关注度低
Dual	−0.011 6	0.029 2	−0.009 1	0.013 8*	−0.207 0	0.060 8
	(−0.46)	(1.15)	(−0.76)	(1.68)	(−1.14)	(0.34)
Indep	−0.015 5	−0.270 5*	−0.030 8	−0.150 8***	0.326 4	−0.681 2
	(−0.08)	(−1.70)	(−0.35)	(−2.69)	(0.20)	(−0.47)
行业固定效应	控制	控制	控制	控制	控制	控制
年度固定效应	控制	控制	控制	控制	控制	控制
公司固定效应	控制	控制	控制	控制	控制	控制
常数项	0.258 9	−0.290 0	0.089 4	−0.068 1	−5.232 2*	−11.077 3***
	(0.86)	(−1.31)	(0.63)	(−0.92)	(−1.94)	(−4.98)
调整的 R^2	0.058 5	0.054 0	0.046 9	0.044 5	0.091 2	0.102 9
N	10 263	10 202	10 263	10 202	10 263	10 202

注：括号中为 t 值，并经过了 White（1980）异方差修正，回归考虑了公司层面的聚类效应

***、**和*分别表示 1%、5%和 10%的显著性水平

7.6.4 区分媒体关注度的检验

环境治理不能完全依靠政府或凭借正式制度来解决，而是需要引导和激励环境"消费者"自觉自发地保护生态环境。媒体是社会的守望者，承担着传播信息、引导舆论、教育大众以及提供娱乐等多重功能，已成为独立于行政、司法、立法系统之外的"第四权力"，在信息时代扮演着非常重要的角色（张小强，2018）。具体到企业环境治理行为：一方面，媒体的强大舆论压力可以监督和规范企业的环境管理不当行为（Brammer and Pavelin，2004；Porter and Kramer，2006；沈洪涛和冯杰，2012），从而使得企业管理层有动机通过增加环境资本支出途径进行环境合法性"辩白"（为企业进行辩护）；另一方面，媒体的强大舆论压力还会压缩企业管理者自利行为的空间和时间，有助于提高企业对环境合法性过程的认识，利用增加环境资本支出这一方式进行合法性管理的"表白"，以应对环境合法性压力（Aerts and Cormier，2009；Tang Z and Tang J T，2016；沈洪涛等，2014）。因而，有待检验媒体关注差异可能导致企业对《环保法》施行产生的不同反应。参考李培功和沈艺峰（2010）、罗进辉（2012）、梁上坤（2017）

的研究，根据公司年度媒体报道次数加 1 的自然对数来度量媒体关注度，该数值越大，表示媒体关注程度越高，并以媒体关注度的中位数将样本分为媒体关注度高和媒体关注度低两组。表 7.19 报告了区分媒体关注度的检验结果，可以看出，无论被解释变量为 ENV_1、ENV_2，还是 ENV_3，在媒体关注度高的样本中，交互项 Post×Soe 的系数 β_1 均在 5% 的水平上显著为正，而在媒体关注度低的样本中，交互项 Post×Soe 的系数 β_1 为正但均不显著。以上检验结果表明，《环保法》施行显著提高了国有企业绿色投资水平，这一现象在媒体关注度高的样本中更为明显，意味着作为"第四权力"的媒体在环境治理中扮演着重要的角色。

表 7.19　区分媒体关注度的检验结果

变量符号	(1)	(2)	(3)	(4)	(5)	(6)
	ENV_1	ENV_1	ENV_2	ENV_2	ENV_3	ENV_3
	媒体关注度高	媒体关注度低	媒体关注度高	媒体关注度低	媒体关注度高	媒体关注度低
Post×Soe	0.089 8**	0.056 5	0.036 1**	0.023 8	0.627 1**	0.466 5
	(2.38)	(1.33)	(2.02)	(1.17)	(2.36)	(1.60)
Post	−0.054 6*	−0.060 1*	−0.036 0**	−0.038 0**	−0.526 3**	−0.107 6
	(−1.81)	(−1.74)	(−2.42)	(−2.19)	(−2.28)	(−0.49)
Soe	0.029 4	0.014 5	0.020 2	0.013 4	1.038 7***	0.502 9*
	(0.79)	(0.44)	(1.11)	(0.78)	(3.58)	(1.79)
Size	−0.006 7	0.060 0***	−0.003 2	0.024 8***	0.280 0***	0.783 0***
	(−0.57)	(4.27)	(−0.58)	(3.73)	(2.62)	(7.48)
Lev	0.166 6**	0.017 0	0.103 6***	0.040 7	1.517 8**	0.979 5**
	(2.09)	(0.27)	(2.76)	(1.34)	(2.47)	(2.13)
Roa	0.007 1	−0.159 2	0.051 9	0.009 4	−2.197 7*	−1.534 8
	(0.06)	(−1.24)	(0.86)	(0.14)	(−1.69)	(−1.42)
Growth	0.003 2	−0.013 2***	0.000 3	−0.006 4***	0.000 2	−0.081 7*
	(0.31)	(−2.78)	(0.06)	(−2.98)	(0.00)	(−1.82)
Listage	−0.020 3	−0.041 3***	−0.008 9	−0.020 6***	0.130 7	−0.172 9
	(−1.26)	(−2.76)	(−1.24)	(−2.84)	(0.99)	(−1.54)
Cash	−0.198 3***	−0.101 8	−0.143 7***	−0.061 6**	−2.975 4***	−1.342 2***
	(−2.66)	(−1.64)	(−3.98)	(−2.02)	(−4.15)	(−2.77)
Cashflow	0.040 6	−0.067 7	0.140 1**	0.029 9	3.732 8***	1.119 7
	(0.33)	(−0.59)	(2.23)	(0.53)	(3.39)	(1.30)

续表

变量符号	（1）	（2）	（3）	（4）	（5）	（6）
	ENV_1	ENV_1	ENV_2	ENV_2	ENV_3	ENV_3
	媒体关注度高	媒体关注度低	媒体关注度高	媒体关注度低	媒体关注度高	媒体关注度低
Top1	−0.112 2	−0.088 5	−0.035 8	−0.020 2	0.538 3	−0.068 8
	（−1.56）	（−1.05）	（−1.00）	（−0.50）	（0.71）	（−0.10）
Dual	−0.011 8	0.024 9	−0.009 5	0.011 0	−0.126 0	−0.057 2
	（−0.46）	（0.96）	（−0.84）	（0.89）	（−0.62）	（−0.34）
Indep	−0.159 4	−0.045 9	−0.103 4	−0.044 7	−0.117 7	0.038 6
	（−1.07）	（−0.22）	（−1.47）	（−0.46）	（−0.07）	（0.03）
行业固定效应	控制	控制	控制	控制	控制	控制
年度固定效应	控制	控制	控制	控制	控制	控制
公司固定效应	控制	控制	控制	控制	控制	控制
常数项	0.323 5	−0.917 1***	0.139 2	−0.378 0**	−5.139 7**	−13.706 8***
	（1.43）	（−2.99）	（1.29）	（−2.56）	（−2.23）	（−5.46）
调整的 R^2	0.065 2	0.053 1	0.051 2	0.044 2	0.097 6	0.099 3
N	10 052	10 413	10 052	10 413	10 052	10 413

注：括号中为 t 值，并经过了 White（1980）异方差修正，回归考虑了公司层面的聚类效应
***、**和*分别表示 1%、5%和 10%的显著性水平

7.6.5 区分管理层权力的检验

CEO 自由裁量权越大，在公司战略决策方面拥有"话语权"越强，战略制定和实施受到董事会和大股东控制的程度将会越弱，越有可能跨越各种阻力限制，根据自身利益决策。由于企业环境资本支出不仅需要耗费大量的资金，而且为企业带来的直接经济利益甚微（张济建等，2016），这可能使得 CEO 自由裁量权不同的企业在《环保法》施行后的反应有所不同。因此，为了考察 CEO 自由裁量权对《环保法》施行后环保投资行为的差异，参考权小锋和尹洪英（2017）的做法，以董事长是否兼任总经理度量 CEO 自由裁量权，当董事长兼任总经理时，表示管理层权力高，反之，表示管理层权力低。表 7.20 报告了区分管理层权力的检验结果，可以看出，无论被解释变量为 ENV_1、ENV_2，还是 ENV_3，在管理层权力高的样本中，交互项 Post×Soe 的系数 β_1 均在 5%的水平上显著为正，而在管理层权力低的样本中，交互项 Post×Soe 的系数 β_1 为正但均不显著。以上结果表明，《环

保法》施行显著提高了国有企业绿色投资水平，这一现象在管理层权力高的样本中更为明显，意味着国有企业管理层可能基于声誉、职位稳固性、仕途等因素的考虑，会更加重视公司环境保护方面的社会责任表现。

表 7.20　区分管理层权力的检验结果

变量符号	(1)	(2)	(3)	(4)	(5)	(6)
	ENV_1	ENV_1	ENV_2	ENV_2	ENV_3	ENV_3
	管理层权力高	管理层权力低	管理层权力高	管理层权力低	管理层权力高	管理层权力低
Post×Soe	0.180 2**	0.032 8	0.075 6**	0.012 0	1.411 1**	0.333 5
	(2.38)	(1.07)	(2.24)	(0.82)	(2.39)	(1.53)
Post	−0.131 7***	−0.003 7	−0.068 0***	−0.018 7	−0.687 6**	−0.009 3
	(−2.74)	(−0.13)	(−2.96)	(−1.32)	(−2.52)	(−0.05)
Soe	0.035 3	0.021 6	0.015 9	0.018 5	1.074 7**	0.740 9***
	(0.79)	(0.72)	(0.77)	(1.22)	(2.10)	(3.08)
Size	0.013 5	0.016 8*	0.004 4	0.006 9	0.462 8***	0.431 7***
	(1.46)	(1.73)	(1.03)	(1.49)	(3.60)	(4.94)
Lev	0.045 3	0.105 4	0.051 3*	0.078 8***	1.011 0	1.311 2***
	(0.71)	(1.61)	(1.77)	(2.58)	(1.58)	(2.70)
Roa	−0.074 2	−0.079 4	−0.011 9	0.049 0	−1.850 0	−1.553 7
	(−0.46)	(−0.76)	(−0.16)	(0.92)	(−1.26)	(−1.53)
Growth	−0.020 5***	−0.004 6	−0.008 2***	−0.003 0	−0.030 2	−0.058 4
	(−2.93)	(−0.64)	(−3.03)	(−0.99)	(−0.44)	(−1.36)
Listage	−0.043 6***	−0.025 7*	−0.019 9***	−0.012 3*	0.020 3	−0.021 9
	(−3.48)	(−1.80)	(−3.34)	(−1.88)	(0.16)	(−0.19)
Cash	−0.177 3***	−0.147 4**	−0.092 0***	−0.107 2***	−1.568 2***	−2.321 8***
	(−2.93)	(−2.34)	(−3.24)	(−3.49)	(−2.87)	(−4.06)
Cashflow	0.018 6	−0.043 5	0.068 9	0.082 8	1.677 8	2.613 4***
	(0.14)	(−0.41)	(1.08)	(1.58)	(1.49)	(2.92)
Top1	−0.215 0***	−0.051 4	−0.082 2**	−0.006 8	−1.112 6	0.750 8
	(−3.01)	(−0.75)	(−2.53)	(−0.21)	(−1.34)	(1.16)
Indep	−0.054 2	−0.209 7	−0.047 8	−0.119 0*	−1.890 9	0.353 5
	(−0.33)	(−1.42)	(−0.60)	(−1.75)	(−1.06)	(0.24)
行业固定效应	控制	控制	控制	控制	控制	控制

续表

变量符号	(1)	(2)	(3)	(4)	(5)	(6)
	ENV_1	ENV_1	ENV_2	ENV_2	ENV_3	ENV_3
	管理层权力高	管理层权力低	管理层权力高	管理层权力低	管理层权力高	管理层权力低
年度固定效应	控制	控制	控制	控制	控制	控制
公司固定效应	控制	控制	控制	控制	控制	控制
常数项	0.024 9	−0.098 3	0.035 5	−0.046 5	−6.476 1**	−8.148 1***
	(0.13)	(−0.49)	(0.38)	(−0.48)	(−2.23)	(−4.04)
调整的 R^2	0.066 4	0.058 2	0.051 1	0.046 8	0.117 0	0.088 3
N	5 463	15 002	5 463	15 002	5 463	15 002

注：括号中为 t 值，并经过了 White（1980）异方差修正，回归考虑了公司层面的聚类效应
***、**和*分别表示 1%、5%和 10%的显著性水平

7.6.6　区分融资约束程度的检验

毋庸置疑，绿色投资不仅具有投资期限长、成本高、收益不确定性等特点，而且绿色投资需要耗费大量的资金，短期受益方是社会而非企业，并且可能会使企业短期财务状况变得更"糟糕"，以至于偏好短期确定利润和自身经济效益的理性企业家增加绿色投资的动力略显不足（Orsato，2006；宋马林和王舒鸿，2013；张济建等，2016）。由于我国金融市场尚不够完善，银行贷款仍然是企业获得外部融资的主要来源，并且绿色投资具有周期长、不确定性高、风险收益不确定等特征，加剧了企业贷款难度，因而，企业面临的融资约束会抑制企业绿色投资行为。为了验证不同融资约束所产生的差异，参考已有文献的做法（Hadlock and Pierce，2010；鞠晓生等，2013），采用 SA 指数来度量企业融资约束。具体计算公式如下：

$$SA = -0.737 \times Size + 0.043 \times Size^2 - 0.04 \times AGE \qquad (7.4)$$

其中，AGE 为上市年份。

表 7.21 报告了区分融资约束程度的检验结果，可以看出，无论被解释变量为 ENV_1、ENV_2，还是 ENV_3，在融资约束程度高的样本中，交互项 Post×Soe 的系数 β_1 为正但均不显著，而在融资约束程度低的样本中，交互项 Post×Soe 的系数 β_1 均显著为正。以上结果表明，《环保法》施行显著提高了国有企业绿色投资水平，这一现象在融资约束程度低的样本中更为明显，意味着环境规制对企业绿色投资驱动还会受到融资约束的影响。

表 7.21　区分融资约束程度的检验结果

变量符号	(1)	(2)	(3)	(4)	(5)	(6)
	ENV_1	ENV_1	ENV_2	ENV_2	ENV_3	ENV_3
	融资约束程度高	融资约束程度低	融资约束程度高	融资约束程度低	融资约束程度高	融资约束程度低
Post×Soe	0.063 5	0.106 7***	0.025 3	0.046 7**	0.351 8	0.703 4**
	(1.51)	(2.60)	(1.25)	(2.35)	(1.16)	(2.57)
Post	−0.047 5	−0.043 5	−0.046 2**	−0.027 5*	−0.161 2	−0.167 4
	(−1.09)	(−1.49)	(−2.14)	(−1.87)	(−0.49)	(−0.95)
Soe	0.061 5	−0.014 9	0.028 7	0.004 8	1.177 4***	0.437 5*
	(1.37)	(−0.45)	(1.27)	(0.30)	(3.25)	(1.69)
Size	−0.028 0	0.057 3***	−0.010 7	0.025 8***	0.080 2	0.756 2***
	(−1.62)	(4.17)	(−1.29)	(4.00)	(0.45)	(7.30)
Lev	0.041 9	0.105 8*	0.065 4	0.074 6**	1.871 8**	0.908 6**
	(0.39)	(1.70)	(1.37)	(2.50)	(2.15)	(2.07)
Roa	−0.184 4	−0.177 9*	0.018 0	−0.014 6	−1.444 9	−2.348 1***
	(−0.90)	(−1.80)	(0.19)	(−0.29)	(−0.70)	(−2.72)
Growth	−0.020 4**	0.000 6	−0.009 7**	−0.000 9	−0.146 2**	0.009 5
	(−2.21)	(0.10)	(−2.49)	(−0.37)	(−2.45)	(0.19)
Listage	0.001 8	−0.047 0***	0.000 1	−0.022 7***	0.347 4*	−0.196 9**
	(0.08)	(−3.52)	(0.01)	(−3.63)	(1.66)	(−2.19)
Cash	−0.243 0**	−0.085 4	−0.169 1***	−0.060 4**	−3.733 1***	−1.444 3***
	(−2.25)	(−1.54)	(−3.46)	(−2.16)	(−3.40)	(−3.52)
Cashflow	0.076 3	−0.029 5	0.159 5**	0.050 4	5.092 2***	0.924 2
	(0.50)	(−0.29)	(2.13)	(0.99)	(3.64)	(1.20)
Top1	−0.116 2	−0.051 6	−0.014 2	−0.026 2	0.996 7	−0.450 8
	(−1.28)	(−0.69)	(−0.33)	(−0.73)	(1.10)	(−0.75)
Dual	0.032 4	−0.003 1	0.007 2	−0.000 1	0.070 4	−0.149 0
	(1.03)	(−0.13)	(0.50)	(−0.01)	(0.26)	(−1.03)
Indep	−0.270 7	−0.014 8	−0.154 1*	−0.028 5	0.209 8	−0.235 4
	(−1.41)	(−0.08)	(−1.76)	(−0.33)	(0.10)	(−0.19)
行业固定效应	控制	控制	控制	控制	控制	控制
年度固定效应	控制	控制	控制	控制	控制	控制
公司固定效应	控制	控制	控制	控制	控制	控制
常数项	0.928 4**	−0.999 1***	0.356 2**	−0.460 5***	−1.947 3	−13.339 2***
	(2.46)	(−3.44)	(1.97)	(−3.30)	(−0.50)	(−5.70)
调整的 R^2	0.097 6	0.036 7	0.081 5	0.030 9	0.106 4	0.068 1
N	10 234	10 231	10 234	10 231	10 234	10 231

注：括号中为 t 值，并经过了 White（1980）异方差修正，回归考虑了公司层面的聚类效应

***、**和*分别表示 1%、5%和 10%的显著性水平

7.7　本 章 小 结

环境规制在环境治理与保护中具有基础性的作用，不仅影响企业绿色投资决策并且可以有效地解释了企业绿色投资行为差异。利用我国 2014 年全面修订的《环保法》正式施行这一具有自然实验性质的外生事件，以 2011～2018 年中国 A 股上市公司数据为研究样本，构造双重差分模型识别和审视环境规制对不同产权性质企业绿色投资行为的影响。研究结果显示，环境规制对不同产权性质企业绿色投资的影响存在差异，相对于非国有企业而言，《环保法》的施行显著提高了国有企业绿色投资水平，这一现象在重污染企业和无环保经历的企业中更为明显，从经济意义来看，《环保法》的施行使得国有企业较非国有企业绿色投资水平增加了约 46.65%，这一结论在经过采用倾向评分匹配和双重差分模型相结合、改变样本区间、改变变量度量、改变计量方法以及排他性检验后依然稳健。进一步研究显示，上述现象在行业竞争程度高、机构持股比例低、分析师关注度低、媒体关注度高、管理层权力高以及低融资约束的国有企业绿色投资水平显著增加更为明显。此外，还发现《环保法》的施行显著提高了国有企业绿色投资水平这一现象并不因环保补贴、高管晋升动机不同而产生显著差异，并且发现《环保法》施行使得城市空气质量得以显著改善，意味着国有企业在实现经济发展与环境保护相协调中发挥着重要的作用。总体来看，本章的发现为解释推进生态文明建设战略背景下环境规制作用于不同产权性质企业绿色投资行为提供了系统化的理论逻辑，丰富和拓展了企业绿色投资水平影响因素方面的文献，有助于深层次理解国有企业在环境治理中所扮演的重要角色，在推进生态文明建设战略，促进社会可持续发展、人居生活环境和社会稳定、实现"双碳"目标等方面具有重要的理论价值和现实指导意义。

第三篇　市场驱动与企业绿色投资

第8章 公共压力与企业绿色投资

企业环境行为和环境治理责任是社会各界普遍关注的重要话题，公共压力是驱动企业绿色投资的一个重要因素。本章借助 2011 年底的"$PM_{2.5}$ 爆表"事件作为外生冲击，系统地考察了"$PM_{2.5}$ 爆表"事件后国际化程度对企业绿色投资的影响机理和作用机制。以中国 A 股上市公司为研究样本，研究结果显示：第一，在"$PM_{2.5}$ 爆表"事件后，相比于国际化程度低的企业，国际化程度高的企业环境治理绩效更好，表现为企业绿色投资水平更高；第二，"$PM_{2.5}$ 爆表"事件带来的公共压力对国际化程度高的企业绿色投资水平的提升现象在信息透明度低、分析师跟踪少的企业更加显著；第三，在民营性质、管理层权力高及行业竞争程度高的企业中，"$PM_{2.5}$ 爆表"事件带来的公共压力对国际化程度高的企业绿色投资水平的提升现象更为明显。以上结果在经过一系列稳健性测试后依然稳健。

8.1 问题的提出

中国经济自改革开放以来保持了 40 多年的高速增长，在 2010 年已赶超日本，成为仅次于美国的世界第二大经济体。然而，经济高速增长的背后，也付出了环境代价，空气、水、土壤等污染普遍存在，尤其是工业经济的快速增长导致的空气污染，在经济可持续发展、人居生活环境和社会稳定等方面造成了巨大的影响。在资源约束趋紧、环境污染严重、生态系统退化的严峻形势之下，党的十八大、十九大报告相继提出大力推进生态文明建设的战略决策，以解决损害群众健康突出环境问题为重点，强化水、大气、土壤等污染防治。党的二十大报告指出，生态环境保护任务依然艰巨[①]。可见，现阶段深入研究环境治理问题在促进社会可持续发展、人居生活环境和社会稳定等方面具有重要的现实指导意义。

---

① 《习近平：高举中国特色社会主义伟大旗帜 为全面建设社会主义现代化国家而团结奋斗——在中国共产党第二十次全国代表大会上的报告》，https://www.gov.cn/xinwen/2022-10/25/content_5721685.htm[2025-02-06]。

　　近年来，中国资本市场得到了快速发展，陆续进入海外市场，对全球经济繁荣作出了重要的贡献（Li et al.，2014）。国际化不仅是我国企业实现"走出去"战略目标的关键，而且是现代企业获得竞争优势、成长及发展的重要途径之一。诚然，国际化进程为企业带来了更多资源获取和市场进入机会，但也对企业如何应对复杂多变经营环境和提高公司竞争优势提出了更高的要求。事实上，企业可以通过形象和声誉管理，赢得利益相关者的认可和青睐，以确保公司竞争优势（王菁等，2014）。利益相关者理论认为，企业为应对环境合法性危机和获得环境合法性认同，提高国际市场竞争优势，有动机通过增加绿色投资、慈善捐赠等途径获得关键利益者（股东、债权人、政府、消费者、社会公众等）的认可和支持，从而进行声誉管理、提高企业形象以及全球竞争力。组织合法性理论认为，企业作为一个社会组织，倘若不能满足隐性社会契约的要求，就难以生存与发展，为应对隐性社会契约产生的公共压力，获得环境合法性的认同，会表现出更加积极的环境治理行为（Darrell and Schwartz，1997；Cho and Patten，2007；Zeng et al.，2010；沈洪涛等，2014）。代理理论认为，管理者有动机配置更多资源参与社会活动（如环境保护、环境治理、慈善捐赠等），以期提高企业和管理者声誉，增加管理者的自由裁量权和降低雇佣风险（Fatemi，1984）。那么，在"$PM_{2.5}$爆表"事件带来的公共压力背景下，国际化程度与企业绿色投资行为间会呈现什么样的关系呢？这种关系是否又会受公司所处信息环境和治理环境的差异而有所不同呢？

　　为回答上述问题，本章基于利益相关者理论、合法性组织理论以及代理理论视角出发，以 2007～2014 年中国 A 股上市公司为研究样本，借助2011 年底的"$PM_{2.5}$爆表"作为外生冲击事件，从企业微观层面系统检验和考察"$PM_{2.5}$爆表"事件后企业国际化程度影响绿色投资行为机理和作用机制。研究结果表明：①国际化程度高的公司在"$PM_{2.5}$爆表"事件后企业环境治理绩效显著提高，在采用双重差分模型缓解内生性、排除替代性假说以及一系列稳健性检验后，结论依然稳健，这意味着"$PM_{2.5}$爆表"事件带来的公共压力驱动国际化程度高的企业采取更积极的环境治理行为，表现出企业绿色投资水平显著增加；②国际化程度高的公司在"$PM_{2.5}$爆表"事件后企业绿色投资水平显著提高，这一现象因公司所处信息环境差异而有所不同，具体表现为，在信息透明度低、分析师跟踪少的公司中，国际化程度高的公司在"$PM_{2.5}$爆表"事件后企业绿色投资水平增加更为明显；③企业产权性质、管理层权力以及行业竞争程度对公共压力、企业国际化与环境治理绩效的关系具有一定的调节作用，具体表现为，国际化程度高的公司在"PM$_{2.5}$ 爆表"事件后企业绿色投资水平提升现象在民营性质、高管理层权力及行业竞争程度高的企业更为明显；④在"PM$_{2.5}$ 爆表"事件发生后，国际化程度高的企业绿色投资水平有所提升，这一现象并不因干部晋升激励、干部本地偏好、地方经济重要性、环境污染治理等因素的影响而发生实质性改变。总之，从对企业行为长期影响来看，"PM$_{2.5}$ 爆表"事件带来的公共压力和企业国际化驱动的动机叠加后对企业绿色投资行为作用更明显，这一结论对企业如何更好地履行环境治理责任、促进社会可持续发展也具有重要的政策价值和启示。

本章可能的贡献主要体现在以下几方面。首先，丰富和拓展了企业绿色投资行为影响因素的相关研究。借助"PM$_{2.5}$ 爆表"事件这一准自然试验，一定程度上可以缓解内生性的困扰，进而系统地考察了"PM$_{2.5}$ 爆表"事件后企业国际化程度对环境治理绩效的影响机理，从公司战略层面拓展了企业环境治理行为影响因素的文献，有助于更深刻理解企业履行环境治理责任的动机，为今后相关研究提供了一个新的视角。其次，本章的研究内容丰富了企业国际化如何影响公司财务行为方面的研究。以往文献主要集中在企业国际化如何影响企业绩效（Lu and Beamish，2004；Ruigrok et al.，2007；Elango et al.，2013；杨忠和张骁，2009；邓新明等，2014；陈立敏等，2016）以及融资决策、企业创新等公司财务行为方面的研究（Reeb et al.，2001；Castellani and Zanfei，2007；Whang and Hill，2009；Laurens et al.，2015；吴航，2015；林润辉等，2015）。本章进一步从企业绿色投资行为维度为企业国际化与公司财务行为决策研究提供了新的经验证据，是对现有文献的补充。最后，本章的结论不仅对企业经营者如何更好地履行环境治理责任和提高企业核心竞争力具有实际的指导意义，而且对环保部门和证券市场监管部门思考如何引导企业环境治理行为有一定的政策意义。

8.2 制度背景、理论分析与研究假说

8.2.1 制度背景

改革开放以来，我国经济在高速增长的同时，出现环境资源恶化的形势。生态环境部环境规划院发布的《中国环境经济核算研究报告》显示，环境污染代价持续上升，自 2004 年的 5118.2 亿元提高到 2008 年的 8947.6 亿元，2009 年尤为严重，环境退化成本和生态破坏损失成本合计高达 13 916.2 亿元，约占当年 GDP 的 3.8%。生态环境恶化引起了政府

部门的高度重视。2008 年，环境保护部着手修订《环境空气质量标准》，拟增加 $PM_{2.5}$ 等监测指标，多次广泛征求意见。2011 年 10 月，入秋后的北京遭遇持续的雾霾天气，恶化的空气质量影响了北京市民的生活、工作、身体健康等方方面面。随后社会公众通过互联网、报刊和电视等媒体围绕 $PM_{2.5}$ 展开了激烈的讨论（刘运国和刘梦宁，2015；刘星河，2016；程博，2019）。

2011 年 11 月，环境保护部再次公开征求修订《环境空气质量标准》的意见。2012 年 2 月 29 日，新修订的《环境空气质量标准》正式发布，$PM_{2.5}$ 这一空气指标被纳入标准体系，实现了我国 $PM_{2.5}$ 的首次入国标。2012 年 3 月 5 日，$PM_{2.5}$ 监测指标列入总理的政府工作报告。2012 年 11 月，党的十八大报告提出了"大力推进生态文明建设"的战略决策，要求更加自觉地珍爱自然，更加积极地保护生态，努力走向社会主义生态文明新时代[①]。2014 年 4 月 24 日，第十二届全国人民代表大会常务委员会修订了《环保法》，并在 2015 年 1 月 1 日正式施行。这次修法是吸取了之前经验教训、能对症下药的成熟立法，凝结了中国环境治理智慧，体现了政府部门勇于正视问题和解决问题，首次以法律条文的形式确立保护环境是国家的基本国策，为推进生态文明建设战略决策确定了法律基础和制度保障。

8.2.2　理论分析与研究假说

随着经济全球化进程加快，企业在成长和追寻竞争优势的过程中，越来越多的企业选择走出国门，挖掘海外市场潜力，提高国际市场竞争力（Hitt et al.，1997；Li and Tallman，2011）。已有文献表明，企业国际化可以改变企业战略、竞争和竞争优势的本质与边界，为企业提供成长机会和范围经济，有助于企业的组织学习和比较优势开发，进而影响企业绩效（李维安，2001）。但学者对国际化与企业绩效的关系却持不同的观点，如线性（正、负相关）关系、非线性关系（U、倒 U、S、N 形）、不相关（Tallman and Li，1996；Denis et al.，2002；Lu and Beamish，2004；Hennart，2007；Elango et al.，2013）。一个不争的事实是，一方面，面对激烈的市场竞争以及经济转型升级的压力，企业国际化能够将内部资源和能力应用于海外市场，

---

① 党的十八大报告提出："建设生态文明，是关系人民福祉、关乎民族未来的长远大计。面对资源约束趋紧、环境污染严重、生态系统退化的严峻形势，必须树立尊重自然、顺应自然、保护自然的生态文明理念，把生态文明建设放在突出地位，融入经济建设、政治建设、文化建设、社会建设各方面和全过程，努力建设美丽中国，实现中华民族永续发展。"

从而帮助企业实现更大的规模经济和更好的范围经济；另一方面，企业国际化通过在多个市场上分散经营，有助于提高企业和管理者声誉，增加管理者的自由裁量权和降低雇佣风险（Fatemi，1984）。此外，企业国际化也会增加企业财务风险（如汇率波动风险）和政治风险（如政府管制、国际贸易法规等），这一风险压力有助于企业管理者提高风险管理意识和公司治理水平。

具体到企业绿色投资行为，尽管较多文献关注媒体报道、公众压力、道德规范、家乡认同、管理者意识形态等因素（Clarkson et al.，2008；Boiral et al.，2018；毕茜等，2015；刘星河，2016；胡珺等，2017）对绿色投资行为的影响，但从公司战略视角考察环境治理绩效的前因变量的研究还较少涉及。如前所述，国际化不仅是我国企业实现"走出去"战略目标的关键，也是企业获得竞争优势、成长及发展的重要经营战略。本章认为，企业国际化程度越高的公司提高绿色投资行为的动机越强，这是因为以下几点。

首先，从利益相关者理论来看。企业进军海外市场将会面对更多的利益相关者，而提高国际市场占有率的一个重要途径就是如何得到社会公众、消费者、债权人、政府、股东等利益相关者的认可和支持，这一点显得尤为重要，而绿色投资支出可以积累企业的道德资本，有助于在国际市场中树立品牌形象，改善消费者、供应商等利益相关者对企业声誉的评价，赢得利益相关者的认可和青睐（Brammer and Millington，2005；王菁等，2014）。因而，企业有强烈的动机来增加绿色投资支出，更好地满足利益相关者的诉求。

其次，从组织合法性理论来看。企业为应对隐性社会契约产生的公共压力，获得环境合法性的认同，有动机表现出更加积极的环境治理行为（Darrell and Schwartz，1997；Cho and Patten，2007；Zeng et al.，2010），这有助于拉近企业与消费者之间的距离和应对特定国际组织监督（如绿色贸易壁垒），进而提高企业显示度（Christmann，2004）。国际化程度高的公司在面对消费者等相关利益主体的监督和压力下，更有动机提高绿色投资支出，获得环境合法性认同。

最后，从代理理论来看。在所有权与经营权相分离的现代公司制企业中，由于委托代理问题的存在，管理者往往出于私有收益考虑，在公司的经营和投资决策中经常会表现出道德风险行为（Jensen and Meckling，1976）。企业国际化有助于提高企业和管理者声誉，增加管理者的自由裁量权和降低雇佣风险（Fatemi，1984），因而，管理者有动机配置更多资源参与社会活动（如环境治理、慈善捐赠等），维护公司和自身形象以及协调利益相关者之间的关系。

考察公司财务行为必须准确把握所在地的制度环境，由于企业总是处于特定的制度环境中，其行为必然内生于所在地的制度环境。因此，从制度视角考察企业行为异质性应当是公司治理研究的基础（Williamson，2000；夏立军和陈信元，2007）。正如前文所述，"PM$_{2.5}$爆表"事件后企业所依存的非正式制度和正式制度环境均发生了较大变化。一方面，"PM$_{2.5}$爆表"事件带来的巨大公共压力不仅可以使企业、社会公众乃至政府部门对环境治理作出反应（Cho and Patten，2007；肖华和张国清，2008），而且可以提高民众环境保护意识，形成一种稳定且有持续影响力的社会规范（即非正式制度），进而约束社会成员的环境治理管理行为（Green，2006）。另一方面，"PM$_{2.5}$爆表"事件催生了正式社会制度的演进，加速了PM$_{2.5}$入国标以及政府出台相关法律法规的进程，从而为环境保护工作、环境监督管理、环境治理以及维护环境权益提供了制度保障。在"PM$_{2.5}$爆表"事件引起非正式制度和正式制度变化的背景下，企业所面临的公共压力日益增大，这必将监督和约束企业环境治理行为，使得企业在环境治理方面会采取更为积极的态度和措施，从而强化企业国际化与绿色投资行为之间的关系。据此本章提出研究假说H8.1。

H8.1：其他条件不变，在"PM$_{2.5}$爆表"事件发生后，国际化程度高的企业绿色投资水平有所提升。

由于委托代理问题的存在，管理者可能违背委托者的初衷，在经营和投资决策中经常会表现出逆向选择和道德风险行为（Jensen and Meckling，1976），以至于在不同内外部信息环境下企业行为表现出较大的差异。据前文分析预期，国际化程度高的企业在"PM$_{2.5}$爆表"事件后企业绿色投资水平有所提高。那么，这一预期可能在公司内外部信息环境较差时更为明显，这是因为：相比于公司内外部信息环境较好的企业，公司内外部信息环境较差的企业，给管理者隐藏自利行为提供了时间和空间，而在"PM$_{2.5}$爆表"事件后，国际化程度高的企业管理者会受到外部公共压力（正式制度和非正式制度）和经营战略调整（企业国际化）的双重驱动，内外部信息环境较差的企业，更有动机向市场发出更加积极主动的信号，获得环境合法性认同，赢得利益相关者的支持和认可，从而展现出对绿色投资行为更好的促进效果，而在信息环境较好的企业其作用较为微弱。据此本章提出研究假说H8.2。

H8.2：其他条件不变，"PM$_{2.5}$爆表"事件带来的公共压力对国际化程度高的企业绿色投资水平提升现象，在信息环境较差的企业中更加明显。

　　与民营企业不同，国有企业与政府具有天然的密切关系，不仅是政府干预经济的手段，也是政府参与经济的手段（黄速建和余菁，2006）。已有研究指出，国有企业承担着大量的政策性负担（如环境保护、扩大就业、维护稳定等），从而使得国有企业与民营企业所担负的社会责任也表现出较大的差异（Jing and McDermott，2013；Fan et al.，2014；Cheng et al.，2022；沈志渔等，2008；徐珊和黄健柏，2015；程博等，2021b）。本章认为在民营企业中，国际化程度高的公司在"$PM_{2.5}$ 爆表"事件后企业绿色投资水平有所提高这一现象更为明显，这是因为：一方面，在环境保护和环境治理方面，社会公众对国有企业有更高的期望，以至于国有企业环境合法性压力远远超过民营企业；另一方面，由于国有企业与政府之间的天然关系，因而，社会公众期望和政府干预使得国有企业履行环境治理责任可能已成为常态，并不因"$PM_{2.5}$ 爆表"外生事件冲击而发生显著变化。相反的是，民营企业却大不相同，其担负的社会责任很大程度上取决于外部压力，在"$PM_{2.5}$ 爆表"事件的背景下，民营企业更有动机通过环境治理发送有利信号寻求市场支持和获取资源，因此，民营企业在公共压力和企业国际化双重叠加作用下企业绿色投资水平表现会更好。据此本章提出研究假说 H8.3。

　　H8.3：其他条件不变，"$PM_{2.5}$ 爆表"事件带来的公共压力提升了国际化程度高的企业绿色投资水平，这一现象在民营企业更加明显。

　　值得注意的是，管理者动机是驱动企业履行社会责任行为的另一个重要影响因素（Hemingway and Maclagan，2004）。代理理论认为，股东往往倾向于高风险和高收益的投资机会，但是企业管理者在面临绩效考核、雇佣风险、声誉等压力时，会优先把资源配置在可以带来确定回报的项目上（Alchian and Demsetz，1972；Fama and Jensen，1983；Campbell et al.，2011）。然而，企业绿色投资支出不仅需要耗费大量的资金，而且为企业带来的直接经济利益甚微（Cheng et al.，2022；张济建等，2016；程博，2019），以至于绿色投资支出不仅不能立刻带来财务状况的改观，反而会使公司短期财务状况变得更加"糟糕"。管理者可能会因业绩考核、声誉、职位稳固性等因素的影响，削减绿色投资支出，如果管理层权力越大，受到的监督和限制较少，实施壕沟行为和短视行为的能力和条件越高，削减绿色投资支出这种可能性也越大。因此，相比低管理层权力的公司，在"$PM_{2.5}$ 爆表"事件的背景下，高管理层权力的公司在面临公共压力和企业国际化战略双重驱动下绿色投资水平可能会表现得更好。据此本章提出研究假说 H8.4。

H8.4：其他条件不变，"PM$_{2.5}$ 爆表"事件带来的公共压力提升了国际化程度高的企业绿色投资水平，这一现象在管理层权力高的企业中更加明显。

行业竞争作为外部公司治理机制的一种重要方式，会对企业生产经营和企业行为产生重要的影响（Baggs and de Bettignies，2007；Hsu et al.，2014；Cheng et al.，2022；伊志宏等，2010；程博等，2021a）。行业集中度越低，表明该行业竞争程度越激烈，行业进入壁垒较低，企业所面临竞争对手的威胁也随之增多，企业经营风险也会增加（Hou and Robinson，2006；Cheng et al.，2021；熊婷等，2016；程博等，2021b），由此可能会导致企业放弃或延缓资本性支出计划（如环境保护、环境治理、研发等资本性支出）。行业竞争越激烈的企业，企业获取外部资源和争夺市场的压力也越大，企业管理者也有动机以牺牲环境为代价保持或提高竞争优势，但在"PM$_{2.5}$ 爆表"事件后，随着公共压力的增大以及国际化经营战略驱动，国际化程度高的公司有更强动机提高企业绿色投资水平，由此向市场传递企业优质信号，以"俘获"消费者、投资者、债权人、社会公众等利益相关者，得到环境合法性认同，赢得利益相关者的支持和认可，实现企业"走出去"的经营战略。据此本章提出研究假说 H8.5。

H8.5：其他条件不变，"PM$_{2.5}$ 爆表"事件带来的公共压力提升了国际化程度高的企业绿色投资水平，这一现象在行业竞争程度高的企业中更加明显。

8.3 研究设计

8.3.1 样本选择与数据来源

会计准则是具有经济后果的，我国现行企业会计准则自 2007 年 1 月 1 日起实施，它不仅对财务报告和资本市场产生影响，而且对企业经营理念和企业行为产生重要影响（娄芳等，2010；张先治等，2014）。同时，由于全面修订的《环保法》于 2015 年 1 月 1 日开始施行，势必对企业环境治理行为产生较大影响。鉴于此，考虑"PM$_{2.5}$ 爆表"事件发生时间为 2011 年，保持研究区间的对称性，基于研究模型的需要，本章选择 2007～2014 年中国 A 股上市公司作为初始样本，并对样本做如下筛选：①剔除金融保险行业公司；②剔除 ST、*ST 的样本；③剔除模型中主要变量和控制变量有缺失值的样本。通过以上标准的筛选，本章共保留了 2390 家公司 14 787 个有效观测值。企业绿色投资、排污费用等数据来源于公司年报附注中的在建工程、管理费用等项目，经过手工收集整理获取；企业国际化数据及其他研究数据来自 CSMAR 数据库和 Wind 数据库，并结合上市公司年报、东方财富网、新浪财经网、金融界、巨潮资讯网、深圳证券交易所、上海证券交易所等专业网站所披露的信息对研究相关数据进行了核实和印证。为了控制异常值的干扰，相关连续变量均在 1%和 99%水平上进行了缩尾处理。样本年度分布如表 8.1 所示。

表 8.1　样本年度分布

栏目名称	2007 年	2008 年	2009 年	2010 年	2011 年	2012 年	2013 年	2014 年	合计
观测值	1 268	1 393	1 458	1 706	2 036	2 272	2 307	2 347	14 787
占样本比例（%）	8.58	9.42	9.86	11.54	13.77	15.36	15.60	15.87	100.00

8.3.2　变量的选择和度量

1. 企业绿色投资

Patten（2005）指出，企业绿色投资是度量企业环境治理绩效的一个有效指标，因此，本章借鉴 Patten（2005）、黎文靖和路晓燕（2015）、胡珺等（2017）的做法，以企业当年新增的绿色投资衡量企业环境治理绩效。为消除公司规模的影响，本章对企业新增绿色投资用当年销售收入进行了标准化处理，变量符号用 ENV_1 表示。出于稳健性考虑，本章用经过企业年末总资产标准化处理后的新增绿色投资，作为衡量企业绿色投资水平的替代指标，变量符号为 ENV_2。

2. 公共压力

为检验"$PM_{2.5}$ 爆表"这一外生事件带来的公共压力对国际化程度与企业环境治理绩效关系的影响，借鉴刘运国和刘梦宁（2015）的做法，Post 是区分"$PM_{2.5}$ 爆表"事件前后的指示变量，本章将"$PM_{2.5}$ 爆表"事件发生当年及以后年度（即 2011~2014 年）取值为 1，否则（即 2007~2010 年）取值为 0。

3. 企业国际化

借鉴已有文献的做法（Hundley and Jacobson，1998；Filatotchev et al.，2001；Oesterle et al.，2013；王新等，2014；陈立敏等，2016），本章采用企业海外销售收入占总销售收入的占比衡量企业国际化程度[①]，变量符号用 Globalization 表示。在稳健性检验中，采用两种方法度量国际化程度：①当企业有海外销售收入时，Globalization_1 取值为 1，否则 Globalization_1 取值为 0；②如果企业海外销售收入占总销售收入的比重超过其中位数时，Globalization_2 取值为 1，否则 Globalization_2 取值为 0；这时 Globalization_1、Globalization_2 和 Post 共同组成双重差分模型的设计。

4. 控制变量

参考 Cheng 等（2022）、黎文靖和路晓燕（2015）、胡珺等（2017）、程博和毛昕旸（2021）等关于企业环境治理的研究，控制了如下变量：公司规模（Size）、财务杠杆（Lev）、盈利能力（Roa）、成长能力（Growth）、公司年限（Age）、企业产权性质（Soe）、管理层权力（Dual）、独立董事比例（Indep）、现金持有水平（Cash）、人均生产总值（Gdpp）、地区空气质量（AQI）。此外，本章在回归模型中加入了行业哑变量（Industry）和年度哑变量（Year），以控制行业和年度固定效应。变量具体定义如表 8.2 所示。

表 8.2　变量定义说明

变量名称	变量符号	变量定义
企业绿色投资水平	ENV_1	企业当年新增绿色投资与企业当年销售收入之比
	ENV_2	企业当年新增绿色投资与企业年末资产总额之比
企业国际化程度	Globalization	企业海外销售收入与企业总销售收入之比
"PM$_{2.5}$爆表"事件	Post	"PM$_{2.5}$爆表"事件发生当年及以后年度（2011～2014 年）取值为 1，事件前（2007～2010 年）取值为 0
公司规模	Size	公司总资产的自然对数
财务杠杆	Lev	负债总额与资产总额之比
盈利能力	Roa	净利润与资产总额之比

[①] 采用企业海外销售收入占总销售收入的比重衡量企业国际化程度，这是因为：一是该指标是最为直接反映企业国际化程度的指标；二是基于数据的可得性，公司财务报告附注中披露了按地区归类的海外销售数据。

续表

变量名称	变量符号	变量定义
成长能力	Growth	营业收入增长率
公司年限	Age	公司 IPO 以来所经历年限
企业产权性质	Soe	国有性质时取 1，民营性质时取 0
管理层权力	Dual	总经理兼任董事长时取 1，否则取 0
独立董事比例	Indep	独立董事人数与董事会人数之比
现金持有水平	Cash	企业货币资金持有量与资产总额之比
人均生产总值	Gdpp	企业注册地人均 GDP 的自然对数
地区空气质量	AQI	地区每日空气质量的年平均值的自然对数
行业固定效应	Industry	行业哑变量
年度固定效应	Year	年度哑变量

8.3.3 模型设定

为验证本章的研究假说，借鉴 Bertrand 和 Mullainathan（2003，2004）、侯青川等（2016）、Cheng 等（2021）的研究设计，将待检验的回归模型设定为

$$\text{ENV}_{i,t} = \alpha + \beta_1 \times \text{Globalization}_{i,t} + \beta_2 \times \text{Post}_{i,t} \times \text{Globalization}_{i,t} \\ + \beta_3 \times \text{Post}_{i,t} + \beta_i \times \sum \text{Controls} + \varepsilon_{i,t} \tag{8.1}$$

其中，ENV 为企业绿色投资水平；i 为企业；t 为年份，α 为截距项；$\beta_1 \sim \beta_3$、β_i 为估计系数；ε 为误差项。在此模型中，本章主要测试变量是交互项 $\text{Post}_{i,t} \times \text{Globalization}_{i,t}$，其系数 β_2 表示在"PM$_{2.5}$ 爆表"事件发生后，不同国际化程度下企业绿色投资水平发生的变化。若本章 H8.1 成立，则系数 β_2 应显著为正。本章的样本数据是具有时间序列和横截面数据的非平稳面板数据，对于混合截面数据，OLS（ordinary least square method，普通最小二乘法）回归可能导致结果存在一定偏差（Petersen，2009）；非平稳面板数据可能存在异方差、序列相关和截面相关等问题，使用通常的面板数据估计方法会低估标准误，同样也会导致计量结果有偏，使用 Driscoll 和 Kraay（1998）的方法估计得到的标准误才具有无偏性、一致性和有效性。因此，本章采用 Driscoll-Kraay（德里斯科尔-克拉伊）标准差进行稳健性估计，来消除异方差、时间序列相关和截面相关问题。

8.4 实证结果分析

8.4.1 变量描述性统计

表 8.3 列示了变量的描述性统计结果。从中可以看出，企业绿色投资水平 ENV_1 和 ENV_2 的均值分别为 0.080 和 0.036，中位数分别为 0.027 和 0.018，最小值均为 0.000，最大值分别为 0.729 和 0.212，表明样本中企业绿色投资水平存在较大的个体差异。企业国际化程度（Globalization）的均值为 0.114，与王新等（2014）的研究基本一致，其标准差为 0.202，中位数为 0.002，最小值为 0.000，最大值为 0.913，这表明样本中各企业的国际化程度也存在较大的个体差异。样本中，"PM$_{2.5}$ 爆表"事件后的样本占总体的 60.60%。此外，样本公司其他控制变量也存在一定程度的差异。

表 8.3　变量描述性统计结果

变量符号	样本数	均值	标准差	最小值	中位数	最大值
ENV_1	14 787	0.080	0.137	0.000	0.027	0.729
ENV_2	14 787	0.036	0.047	0.000	0.018	0.212
Globalization	14 787	0.114	0.202	0.000	0.002	0.913
Post	14 787	0.606	0.489	0.000	1.000	1.000
Size	14 787	21.866	1.385	18.881	21.675	26.887
Lev	14 787	0.480	0.237	0.046	0.479	1.359
Roa	14 787	0.037	0.061	−0.249	0.035	0.228
Growth	14 787	0.507	1.891	−0.802	0.100	15.13
Age	14 787	10.129	5.834	1.000	10.000	21.000
Soe	14 787	0.473	0.499	0.000	0.000	1.000
Dual	14 787	0.210	0.407	0.000	0.000	1.000
Indep	14 787	0.368	0.052	0.286	0.333	0.571
Cash	14 787	0.186	0.144	0.001	0.146	0.724
Gdpp	14 787	9.789	0.623	8.411	9.925	10.996
AQI	14 787	4.287	0.229	3.805	4.256	4.841

8.4.2 基本回归结果

表 8.4 列示了假说 H8.1 的检验结果。第（1）～（2）列的被解释变量为 ENV_1，第（1）列交互项 Post×Globalization 的系数为 0.0148 且在 5% 的

显著性水平上为正，表明"PM$_{2.5}$ 爆表"事件后引发的公共压力增大对国际化程度高的企业环境治理绩效有所提升，表现出企业绿色投资水平显著增加。第（2）列去掉了 Post 变量，加入了年度固定效应，交互项 Post×Globalization 的系数为 0.0148 且仍在 5% 的显著性水平上为正，同样支持"PM$_{2.5}$ 爆表"事件后，相比国际化程度低的企业而言，国际化程度高的企业绿色投资水平增加更为明显。第（3）～（4）列的被解释变量为 ENV_2，从中可以看出，在更换被解释变量后，交互项 Post×Globalization 的系数依然显著为正（$p<0.10$）。因此，表 8.4 的结果支持假说 H8.1 的预期。

表 8.4　基本回归检验结果

变量符号	ENV_1		ENV_2	
	（1）	（2）	（3）	（4）
Globalization	0.019 6***	0.019 7***	0.007 6***	0.007 3**
	（0.000）	（0.001）	（0.003）	（0.020）
Post×Globalization	0.014 8**	0.014 8**	0.005 4*	0.005 7*
	（0.010）	（0.010）	（0.078）	（0.056）
Post	0.008 7**		0.006 6***	
	（0.026）		（0.001）	
Size	0.029 8***	0.030 3***	0.008 3***	0.008 5***
	（0.000）	（0.000）	（0.000）	（0.000）
Lev	−0.019 0	−0.019 3	−0.009 1	−0.009 1
	（0.218）	（0.225）	（0.101）	（0.129）
Roa	−0.083 9***	−0.079 7***	0.010 7***	0.013 1**
	（0.000）	（0.000）	（0.005）	（0.022）
Growth	0.000 3	0.000 3	−0.000 1	0.000 1
	（0.417）	（0.367）	（0.916）	（0.934）
Age	−0.007 6***	−0.005 4*	−0.003 9***	−0.004 9***
	（0.000）	（0.051）	（0.000）	（0.000）
Soe	−0.022 3***	−0.022 3***	−0.004 7***	−0.004 9***
	（0.000）	（0.000）	（0.000）	（0.000）
Dual	−0.003 3	−0.003 3	−0.000 6	−0.000 6
	（0.214）	（0.224）	（0.516）	（0.520）
Indep	−0.041 6	−0.042 3	−0.015 2**	−0.015 6**
	（0.122）	（0.121）	（0.022）	（0.022）

续表

变量符号	ENV_1		ENV_2	
	（1）	（2）	（3）	（4）
Cash	−0.067 4***	−0.070 3***	−0.038 7***	−0.041 5***
	（0.000）	（0.000）	（0.000）	（0.000）
Gdpp	0.016 6***	0.016 6***	0.003 4**	0.003 5**
	（0.000）	（0.000）	（0.044）	（0.034）
AQI	−0.021 5***	0.003 0	−0.009 7***	0.004 3***
	（0.000）	（0.570）	（0.000）	（0.005）
常数项	−0.500 7***	−0.629 9***	−0.078 5**	−0.139 6***
	（0.000）	（0.000）	（0.038）	（0.000）
Industry	控制	控制	控制	控制
Year	未控制	控制	未控制	控制
调整的 R^2	0.026 4	0.027 9	0.034 7	0.039 1
N	14 787	14 787	14 787	14 787

注：括号中为 p 值；上述模型结果均是经过 Driscoll-Kraay 标准误调整后的结果

***、**和*分别表示 1%、5%和 10%的显著性水平

8.4.3 信息环境因素的影响

本章基本回归结果表明，在"PM$_{2.5}$爆表"事件发生后，国际化程度高的企业绿色投资水平有所提高，这可能源自"PM$_{2.5}$爆表"事件带来公共压力的增大，对企业环境治理行为产生了约束和监督作用。为了进一步检验约束和监督机制的研究逻辑，本章考察了不同信息环境下假说 H8.1 的结论是否存在横截面差异。

1. 内部信息环境因素

参考 Hutton 等（2009）、Kim 等（2011）、Kim 和 Zhang（2016）等的做法，使用公司累计的操控性盈余质量衡量公司的内部信息环境（信息透明度），具体步骤为：根据 Dechow 等（1995）计算每年的操控性盈余并取绝对值，再将过去 3 年的操控性盈余加总后得到累计操控性盈余，表征公司的信息透明度（Accm），然后利用信息透明度的中位数将样本分为信息透明度高（Accm≤中位数）和信息透明度低（Accm＞中位数）两组。表 8.5 列示了按信息透明度分组的回归结果。从表中结果可知，无论被解释变量为 ENV_1 还是 ENV_2，在信息透明度低组的样本中，交

互项 Post×Globalization 的系数均显著为正（$p<0.01$）；而在信息透明度高组的样本中，交互项 Post×Globalization 的系数均不显著。以上结果表明，"$PM_{2.5}$ 爆表"事件带来的公共压力对国际化程度高的企业绿色投资水平提升现象，在内部信息环境较差的企业中更为明显，支持了研究假说 H8.2。

表 8.5　按信息透明度分组的回归结果

变量符号	ENV_1		ENV_2	
	（1）	（2）	（3）	（4）
	信息透明度低	信息透明度高	信息透明度低	信息透明度高
Globalization	0.0104	0.0203*	0.0034	0.0102**
	（0.222）	（0.054）	（0.319）	（0.018）
Post×Globalization	0.0207***	0.0025	0.0074***	−0.0002
	（0.004）	（0.860）	（0.000）	（0.971）
Post	0.0094**	0.0099	0.0057***	0.0085***
	（0.018）	（0.122）	（0.009）	（0.000）
Size	0.0267***	0.0253***	0.0077***	0.0064***
	（0.000）	（0.000）	（0.000）	（0.000）
Lev	−0.0168	−0.0350*	−0.0082*	−0.0103
	（0.210）	（0.052）	（0.098）	（0.120）
Roa	−0.0788***	−0.1968***	0.0047	0.0145*
	（0.000）	（0.000）	（0.117）	（0.072）
Growth	0.0012*	−0.0011**	0.0001	−0.0001
	（0.061）	（0.017）	（0.600）	（0.971）
Age	−0.0092***	−0.0052***	−0.0044***	−0.0033***
	（0.000）	（0.001）	（0.000）	（0.000）
Soe	−0.0281***	−0.0144**	−0.0066***	−0.0039***
	（0.000）	（0.043）	（0.000）	（0.000）
Dual	−0.0018	−0.0010	0.0004	0.0004
	（0.680）	（0.771）	（0.778）	（0.666）
Indep	0.0107	−0.0660**	0.0027	−0.0264**
	（0.755）	（0.024）	（0.806）	（0.024）
Cash	−0.0556***	−0.0829***	−0.0362***	−0.0428***
	（0.000）	（0.000）	（0.000）	（0.000）
Gdpp	0.0116**	0.0201**	0.0013	0.0022
	（0.041）	（0.025）	（0.671）	（0.237）
AQI	−0.0043	−0.0429***	−0.0053***	−0.0146***
	（0.187）	（0.000）	（0.003）	（0.000）

续表

变量符号	ENV_1		ENV_2	
	（1）	（2）	（3）	（4）
	信息透明度低	信息透明度高	信息透明度低	信息透明度高
常数项	-0.4389^{***}	-0.3697^{***}	-0.0597	-0.0187
	（0.000）	（0.000）	（0.132）	（0.543）
Industry	控制	控制	控制	控制
调整的 R^2	0.0297	0.0282	0.0396	0.0344
N	7521	7266	7521	7266

注：括号中为 p 值；上述模型结果均是经过 Driscoll-Kraay 标准误调整后的结果

***、**和*分别表示 1%、5% 和 10% 的显著性水平

2. 外部信息环境因素

进一步地，参考 Lang 等（2003）、潘越等（2011）、王菁和程博（2014）、吴战篪和李晓龙（2015）、梁上坤（2017）等的做法，以分析师跟踪数量（Follow）衡量公司的外部信息环境，借鉴 Yu（2008）、李春涛等（2014）的方法，将分析师跟踪数量定义为实际发布盈利预测报告的机构数目，如果证券分析师在过去的同一个财务年度中，只要发布过某家公司至少一份盈利预测或评级报告，就被看作分析师跟踪了这家公司。利用分析师跟踪数量的中位数将样本分为分析师跟踪数量少（Follow≤中位数）和分析师跟踪数量多（Follow＞中位数）两组。表 8.6 列示了按分析师跟踪数量分组的回归结果。从表中结果可知，无论被解释变量为 ENV_1 还是 ENV_2，在分析师跟踪数量少的样本中，交互项 Post×Globalization 的系数均显著为正（$p<0.01$）；而在分析师跟踪数量多的样本中，交互项 Post×Globalization 的系数为正但不显著。以上结果表明，"PM$_{2.5}$爆表"事件带来的公共压力对国际化程度高的企业绿色投资水平提升现象，在外部信息环境较差的企业中更为明显，支持了研究假说 H8.2。

表 8.6　按分析师跟踪数量分组的回归结果

变量符号	ENV_1		ENV_2	
	（1）	（2）	（3）	（4）
	跟踪数量少	跟踪数量多	跟踪数量少	跟踪数量多
Globalization	0.0187	0.0125	0.0083^{***}	0.0018
	（0.130）	（0.246）	（0.003）	（0.813）

续表

变量符号	ENV_1		ENV_2	
	（1）	（2）	（3）	（4）
	跟踪数量少	跟踪数量多	跟踪数量少	跟踪数量多
Post×Globalization	0.0290***	0.0064	0.0070***	0.0057
	（0.000）	（0.516）	（0.001）	（0.239）
Post	0.0164***	0.0094***	0.0081***	0.0074***
	（0.000）	（0.007）	（0.000）	（0.000）
Size	0.0289***	0.0498***	0.0078***	0.0146***
	（0.000）	（0.000）	（0.000）	（0.000）
Lev	−0.0220**	0.0153	−0.0079***	0.0012
	（0.025）	（0.316）	（0.000）	（0.822）
Roa	−0.0730***	−0.2208***	−0.0061	0.0002
	（0.000）	（0.000）	（0.114）	（0.984）
Growth	0.0008	−0.0014***	0.0002	−0.0005***
	（0.147）	（0.002）	（0.199）	（0.000）
Age	−0.0066***	−0.0140***	−0.0028***	−0.0065***
	（0.000）	（0.000）	（0.000）	（0.000）
Soe	−0.0201***	−0.0117	−0.0034**	−0.0053***
	（0.000）	（0.390）	（0.022）	（0.000）
Dual	−0.0050*	−0.0059	−0.0011	−0.0018
	（0.084）	（0.196）	（0.394）	（0.318）
Indep	−0.0662***	−0.0157	−0.0264***	−0.0055
	（0.003）	（0.597）	（0.000）	（0.438）
Cash	−0.0251***	−0.0918***	−0.0136**	−0.0583***
	（0.000）	（0.000）	（0.010）	（0.000）
Gdpp	0.0233**	0.0120	0.0054**	0.0009
	（0.021）	（0.152）	（0.026）	（0.869）
AQI	−0.0190***	−0.0217***	−0.0083***	−0.0098***
	（0.001）	（0.000）	（0.000）	（0.000）
常数项	−0.5469***	−0.8903***	−0.1104***	−0.1681***
	（0.000）	（0.000）	（0.000）	（0.000）
Industry	控制	控制	控制	控制
调整的 R^2	0.0326	0.0396	0.0306	0.0475
N	7380	7407	7380	7407

注：括号中为 p 值；上述模型结果均是经过 Driscoll-Kraay 标准误调整后的结果

***、**和*分别表示 1%、5%和 10%的显著性水平

8.4.4 治理环境因素的影响

前已述及，"PM$_{2.5}$爆表"事件带来公共压力的增大对国际化程度高的企业绿色投资水平有所提升，这一现象不仅受到公司所处的内外部信息环境影响，还可能受制于公司所依存的治理环境。为此，本章从企业产权性质（Soe）、管理层权力（Dual）、行业竞争程度（HHI）三方面考察不同治理环境对假说 H8.1 的结论是否产生影响。

1. 企业产权性质

大多民营企业以经济目标为导向，而国有企业受政府干预的程度较高，除了完成既定经济目标外，还承担着大量的政策性目标（如扩大就业、维护稳定、财政负担、环境治理等）（Lin and Tan，1999；林毅夫和李志赟，2004；刘瑞明和石磊，2010）。本章按照企业产权性质（Soe）进行分组回归，结果如表 8.7 所示。从表中结果可知，无论被解释变量为 ENV_1 还是 ENV_2，在国有企业的样本中，交互项 Post×Globalization 的系数并不显著；而在民营企业的样本中，交互项 Post×Globalization 的系数均显著为正。以上结果表明，"PM$_{2.5}$爆表"事件带来的公共压力提升了国际化程度高的企业绿色投资水平，这一现象仅存在于民营企业，而在国有企业中并不存在，支持了研究假说 H8.3。究其原因，民营企业以经济目标为导向，在缺乏外部监督的情况下，可能会牺牲环境而追求经济利益最大化，从而减少绿色投资支出。正如理论分析与研究假说中所述，在面对来自"PM$_{2.5}$爆表"事件以及企业国际化对环境治理要求时，为了应对环境合法性危机和获得环境合法性认同，民营企业自然有动机增加企业绿色投资支出，提高环境治理绩效。与民营企业不同，国有企业承担着经济目标和政策目标，同时国有企业与政府间存在天然的密切关系，政府在重视环境治理时，也可能会向国有企业分配任务，因而国有企业本身的绿色投资支出水平相对较高，所以无法观测到上述现象存在。

表 8.7　产权性质的因素考察

变量符号	ENV_1		ENV_2	
	（1）	（2）	（1）	（2）
	国有企业	民营企业	国有企业	民营企业
Globalization	0.0300***	0.0190*	0.0016	0.0136**
	（0.010）	（0.083）	（0.764）	（0.049）

续表

变量符号	ENV_1		ENV_2	
	（1）	（2）	（1）	（2）
	国有企业	民营企业	国有企业	民营企业
Post×Globalization	−0.0083	0.0394***	−0.0019	0.0128**
	（0.400）	（0.000）	（0.143）	（0.013）
Post	0.0063	0.0081	0.0056***	0.0071**
	（0.117）	（0.118）	（0.000）	（0.014）
Size	0.0334***	0.0317***	0.0081***	0.0089***
	（0.000）	（0.000）	（0.000）	（0.000）
Lev	0.0312*	−0.0700***	0.0063	−0.0222***
	（0.092）	（0.000）	（0.290）	（0.000）
Roa	−0.0879***	−0.1012***	0.0159***	0.0021
	（0.000）	（0.000）	（0.000）	（0.345）
Growth	0.0012**	−0.0001	0.0001	−0.0001
	（0.043）	（0.840）	（0.237）	（0.704）
Age	−0.0087***	−0.0075***	−0.0040***	−0.0040***
	（0.000）	（0.000）	（0.000）	（0.000）
Dual	−0.0084***	−0.0037	−0.0025	−0.0002
	（0.005）	（0.489）	（0.147）	（0.915）
Indep	0.0338	−0.0860**	0.0065	−0.0211***
	（0.218）	（0.017）	（0.324）	（0.006）
Cash	−0.0395**	−0.0930***	−0.0289***	−0.0466***
	（0.044）	（0.000）	（0.000）	（0.000）
Gdpp	0.0136	0.0232***	−0.0001	0.0084**
	（0.121）	（0.001）	（0.987）	（0.040）
AQI	−0.0093*	−0.0322***	−0.0075***	−0.0108***
	（0.068）	（0.000）	（0.000）	（0.000）
常数项	−0.6805***	−0.5770***	−0.0722***	−0.1362**
	（0.000）	（0.001）	（0.000）	（0.019）
Industry	控制	控制	控制	控制
调整的 R^2	0.0272	0.0405	0.0337	0.0410
N	6992	7795	6992	7795

注：括号中为 p 值；上述模型结果均是经过 Driscoll-Kraay 标准误调整后的结果

***、**和*分别表示 1%、5%和 10%的显著性水平

2. 管理层权力

企业绿色投资支出不仅不能立刻带来财务状况的改观，反而可能会使公司短期财务状况更加"糟糕"（Cheng et al.，2022；张济建等，2016；程博和毛昕旸，2021）。管理层会因业绩考核、声誉、职位稳固性等因素的影响，可能削减绿色投资支出，若管理层权力越大，实施壕沟行为和短视行为的能力和条件越高。因此，为了考察"PM$_{2.5}$爆表"事件和企业国际化对环境治理的共同影响，是否因公司管理层权力高低存在差异，本章参考权小锋等（2010）、权小锋和尹洪英（2017）的做法，以董事长是否兼任总经理度量企业管理层权力（Dual），当董事长兼任总经理时，Dual取值为1，表示管理层权力高，反之，Dual取值为0，表示管理层权力低。表8.8列示了按管理层权力高低分组的回归结果。从表中结果可知，无论被解释变量为ENV_1还是ENV_2，在高管理层权力组的样本中，交互项Post×Globalization的系数均显著为正；而在低管理层权力组的样本中，交互项Post×Globalization的系数为正但不显著。以上结果表明，"PM$_{2.5}$爆表"事件带来的公共压力对国际化程度高的企业绿色投资水平提升现象，在管理层权力高的企业中更为明显，支持了研究假说H8.4。

表8.8　按管理层权力高低分组的回归结果

变量符号	ENV_1		ENV_2	
	（1）	（2）	（3）	（4）
	高管理层权力	低管理层权力	高管理层权力	低管理层权力
Globalization	0.029 4***	0.028 1**	0.018 0***	0.007 3***
	(0.002)	(0.011)	(0.001)	(0.009)
Post×Globalization	0.041 8***	0.008 4	0.010 5**	0.003 8
	(0.000)	(0.226)	(0.011)	(0.130)
Post	0.009 0***	0.008 7*	0.008 6***	0.006 4***
	(0.002)	(0.059)	(0.000)	(0.001)
Size	0.019 6***	0.033 3***	0.003 3**	0.009 1***
	(0.002)	(0.000)	(0.049)	(0.000)
Lev	−0.012 2	−0.011 2	−0.007 4	−0.009 2*
	(0.609)	(0.435)	(0.145)	(0.079)
Roa	−0.089 6	−0.086 3***	−0.005 7	0.009 0**
	(0.137)	(0.000)	(0.801)	(0.041)

续表

变量符号	ENV_1		ENV_2	
	（1）	（2）	（3）	（4）
	高管理层权力	低管理层权力	高管理层权力	低管理层权力
Growth	0.000 8	0.000 4	−0.000 1	0.000 1
	(0.125)	(0.636)	(0.726)	(0.528)
Age	−0.006 4***	−0.008 2***	−0.004 2***	−0.003 9***
	(0.000)	(0.000)	(0.000)	(0.000)
Soe	0.006 5	−0.018 7***	−0.009 2**	−0.003 5***
	(0.567)	(0.001)	(0.014)	(0.001)
Indep	0.032 9	−0.058 9**	−0.018 6	−0.014 1**
	(0.524)	(0.031)	(0.423)	(0.046)
Cash	−0.087 9***	−0.075 4***	−0.051 0***	−0.039 5***
	(0.000)	(0.000)	(0.000)	(0.000)
Gdpp	−0.021 2	0.017 0***	−0.007 2	0.003 3***
	(0.397)	(0.001)	(0.450)	(0.003)
AQI	−0.019 8***	−0.022 4***	−0.001 6	−0.011 3***
	(0.001)	(0.000)	(0.670)	(0.000)
常数项	−0.008 7	−0.573 6***	0.046 2	−0.089 5***
	(0.980)	(0.000)	(0.729)	(0.001)
Industry	控制	控制	控制	控制
调整的 R^2	0.040 5	0.028 6	0.042 5	0.035 4
N	3 104	11 683	3 104	11 683

注：括号中为 p 值；上述模型结果均是经过 Driscoll-Kraay 标准误调整后的结果

***、**和*分别表示 1%、5%和 10%的显著性水平

3. 行业竞争程度

行业竞争作为外部公司治理机制的一种重要方式，往往通过向企业管理者传递经营压力来监督和约束企业行为，对企业环境治理行为的影响也不例外。前文检验支持国际化程度高的公司在"PM$_{2.5}$ 爆表"事件后企业绿色投资水平表现更好。那么，行业竞争所发挥的监督和约束作用对上述现象也会产生一定程度的影响。参考 Haushalter 等（2007）、Irvine 和 Pontiff（2009）、Peress（2010）、姜付秀等（2008）、吴昊旻等（2012）等的方法，本章采用赫芬达尔指数来衡量行业竞争程度（HHI），并利用行业竞争程度的中位数将样本分为竞争性强行业（HHI≤中位数）和竞争性弱行业

（HHI＞中位数）两组。表 8.9 列示了按行业竞争程度分组的回归结果。从表中结果可知，无论被解释变量为 ENV_1 还是 ENV_2，在竞争性强行业的样本中，交互项 Post×Globalization 的系数均显著为正（$p < 0.01$）；而在竞争性弱行业的样本中，交互项 Post×Globalization 的系数均不显著。以上结果表明，"PM$_{2.5}$ 爆表"事件带来的公共压力对国际化程度高的企业绿色投资水平提升现象，在行业竞争程度高的企业中更为明显，支持了研究假说 H8.5。

表 8.9　按行业竞争程度分组的回归结果

变量符号	ENV_1		ENV_2	
	（1）	（2）	（3）	（4）
	竞争性强行业	竞争性弱行业	竞争性强行业	竞争性弱行业
Globalization	0.0028	0.0445***	−0.0022	0.0209***
	（0.684）	（0.000）	（0.336）	（0.000）
Post×Globalization	0.0214***	0.0022	0.0131***	−0.0021
	（0.000）	（0.816）	（0.000）	（0.636）
Post	0.0072	0.0096***	0.0071***	0.0053**
	（0.121）	（0.001）	（0.000）	（0.014）
Size	0.0317***	0.0311***	0.0100***	0.0077***
	（0.000）	（0.000）	（0.000）	（0.000）
Lev	−0.0263**	0.0005	−0.0101*	−0.0051
	（0.044）	（0.982）	（0.066）	（0.493）
Roa	−0.0873***	−0.1049***	0.0048	0.0078
	（0.000）	（0.000）	（0.519）	（0.139）
Growth	−0.0004	0.0009**	−0.0004	0.0002*
	（0.725）	（0.013）	（0.130）	（0.058）
Age	−0.0067***	−0.0102***	−0.0045***	−0.0037***
	（0.000）	（0.000）	（0.000）	（0.000）
Soe	−0.0101*	−0.0506***	−0.0009	−0.0125***
	（0.079）	（0.000）	（0.549）	（0.000）
Dual	−0.0034	−0.0023	−0.0002	−0.0010
	（0.162）	（0.442）	（0.839）	（0.292）
Indep	−0.1190***	0.0787***	−0.0391***	0.0186***
	（0.000）	（0.003）	（0.000）	（0.002）

变量符号	ENV_1		ENV_2	
	（1）	（2）	（3）	（4）
	竞争性强行业	竞争性弱行业	竞争性强行业	竞争性弱行业
Cash	−0.0479***	−0.0954***	−0.0394***	−0.0426***
	（0.001）	（0.000）	（0.000）	（0.000）
Gdpp	0.0174***	0.0274	0.0056*	0.0049
	（0.002）	（0.108）	（0.094）	（0.155）
AQI	−0.0345***	−0.0132***	−0.0145***	−0.0074***
	（0.000）	（0.000）	（0.000）	（0.001）
常数项	−0.5067***	−0.6784***	−0.1057**	−0.1063***
	（0.000）	（0.000）	（0.018）	（0.000）
Industry	控制	控制	控制	控制
调整的 R^2	0.0354	0.0371	0.0422	0.0402
N	7445	7342	7445	7342

注：括号中为 p 值；上述模型结果均是经过 Driscoll-Kraay 标准误调整后的结果

***、**和*分别表示 1%、5%和 10%的显著性水平

8.5 稳健性检验

8.5.1 改变模型的检验结果

沿袭已有文献的做法（Bertrand and Mullainathan，2003，2004；党力等，2015；刘运国和刘梦宁，2015；权小锋和尹洪英，2017），构建如下双重差分模型进一步验证本章的主效应：

$$\text{ENV}_{i,t} = \alpha + \beta_1 \times \text{Globalization}\_1_{i,t} + \beta_2 \times \text{Post}_{i,t} \times \text{Globalization}\_1_{i,t}$$
$$+ \beta_3 \times \text{Post}_{i,t} + \beta_i \times \sum \text{Controls} + \varepsilon_{i,t} \quad (8.2)$$

$$\text{ENV}_{i,t} = \alpha + \beta_1 \times \text{Globalization}\_2_{i,t} + \beta_2 \times \text{Post}_{i,t} \times \text{Globalization}\_2_{i,t}$$
$$+ \beta_3 \times \text{Post}_{i,t} + \beta_i \times \sum \text{Controls} + \varepsilon_{i,t} \quad (8.3)$$

其中，Globalization_1、Globalization_2 分别为不同水平的企业国际化程度，与 Post 共同组成双重差分模型的设计，其他变量含义同式（8.1）。

表 8.10 列示了双重差分模型的回归结果。从表中结果可知，第（1）列交互项 Post×Globalization_1 的系数为 0.0036 且在 10%的显著性水平上为正；第（2）列去掉了 Post 变量,加入了年度固定效应,交互项 Post×Globalization_1

的系数仍显著为正（$p<0.10$）。第（3）列交互项 Post×Globalization_2 的系数为 0.0041 且在 10%的显著性水平上为正；第（4）列去掉了 Post 变量，加入了年度固定效应，交互项 Post×Globalization_2 的系数依然显著为正（$p<0.10$）。以上检验结果依旧表明，国际化程度高的公司在"PM$_{2.5}$ 爆表"事件后企业绿色投资水平有所提高，再次支持了本章研究假说 H8.1。

表 8.10　双重差分模型的回归结果

变量符号	（1）	（2）	（3）	（4）
Globalization_1	0.000 3	0.000 1		
	（0.895）	（0.963）		
Post×Globalization_1	0.003 6*	0.003 6*		
	（0.079）	（0.067）		
Globalization_2			0.000 3	0.000 1
			（0.895）	（0.994）
Post×Globalization_2			0.004 1*	0.004 1*
			（0.072）	（0.063）
Post	0.008 4**		0.008 3*	
	（0.045）		（0.054）	
Size	0.029 8***	0.030 2***	0.029 8***	0.030 2***
	（0.000）	（0.000）	（0.000）	（0.000）
Lev	−0.018 7	−0.019 0	−0.018 8	−0.019 1
	（0.220）	（0.229）	（0.217）	（0.226）
Roa	−0.083 9***	−0.079 6***	−0.083 8***	−0.079 5***
	（0.000）	（0.000）	（0.000）	（0.000）
Growth	0.000 3	0.000 3	0.000 3	0.000 3
	（0.425）	（0.373）	（0.419）	（0.368）
Age	−0.007 7***	−0.005 4*	−0.007 7***	−0.005 4*
	（0.000）	（0.057）	（0.000）	（0.057）
Soe	−0.022 3***	−0.022 4***	−0.022 2***	−0.022 3***
	（0.000）	（0.000）	（0.000）	（0.000）
Dual	−0.003 2	−0.003 2	−0.003 3	−0.003 2
	（0.224）	（0.236）	（0.225）	（0.237）
Indep	−0.042 3	−0.042 9	−0.042 4	−0.043 1
	（0.114）	（0.113）	（0.113）	（0.112）

变量符号	（1）	（2）	（3）	（4）
Cash	−0.066 9***	−0.069 7***	−0.066 9***	−0.069 7***
	（0.000）	（0.000）	（0.000）	（0.000）
Gdpp	0.016 6***	0.016 7***	0.016 7***	0.016 7***
	（0.000）	（0.000）	（0.000）	（0.000）
AQI	−0.021 3***	0.002 8	−0.021 3***	0.002 8
	（0.000）	（0.590）	（0.000）	（0.596）
常数项	−0.497 5***	−0.625 9***	−0.498 1***	−0.626 4***
	（0.000）	（0.000）	（0.000）	（0.000）
Industry	控制	控制	控制	控制
Year	未控制	控制	未控制	控制
调整的 R^2	0.025 9	0.027 5	0.025 9	0.027 5
N	14 787	14 787	14 787	14 787

注：括号中为 p 值；上述模型结果均是经过 Driscoll-Kraay 标准误调整后的结果

***、**和*分别表示 1%、5%和 10%的显著性水平

8.5.2　替代性假说排除

到目前为止，本章还有几个问题有待解决。第一，干部晋升激励是否影响企业绿色投资水平；第二，干部本地偏好（家乡认同）是否影响企业绿色投资水平；第三，公司对地方经济重要性是否影响企业绿色投资水平；第四，是否因公司污染多而提高企业绿色投资水平。为此，本章尝试从以下几方面的努力，依次排除这种潜在的可能。

1. 干部晋升激励

已有文献表明，干部晋升往往与所在地区生产总值增长密切相关，由此可能会产生地方干部牺牲环境而追求地区生产总值增长的倾向（周黎安，2007；孙伟增等，2014；韩晶和张新闻，2016）；但是也有研究发现，干部晋升概率受经济绩效和环境绩效的双重影响（罗党论和赖再洪，2016；潘越等，2017）。可见，干部晋升激励因素可能会对环境治理绩效产生影响。因此，本章为了区分干部晋升激励对企业绿色投资水平的影响，参考聂辉华和蒋敏杰（2011）的做法，分别按照干部年龄和任期进行分组检验。表 8.11 列示了基于干部晋升激励因素分组的回归结果。由表 8.11 中第

（1）～（2）列检验结果可知，无论干部是否具有晋升年龄优势[①]，交互项 Post×Globalization 的系数均显著为正；第（3）～（4）列去掉了 Post 变量，加入了年度固定效应，交互项 Post×Globalization 的系数依旧显著为正。由表 8.11 中第（5）～（8）列检验结果可知，无论干部任期长短，交互项 Post×Globalization 的系数均显著为正。以上检验结果显示，国际化程度高的企业在"$PM_{2.5}$ 爆表"事件后企业绿色投资水平有所提高，这一现象并不因干部晋升激励差异而有所不同，研究假说 H8.1 依然稳健可靠，一定程度上可以排除这种干部晋升激励替代性假说。

表 8.11　基于干部晋升激励分组的回归结果

变量符号	(1) 年龄> 55 岁	(2) 年龄≤ 55 岁	(3) 年龄> 55 岁	(4) 年龄≤ 55 岁	(5) 任期≥ 5 年	(6) 任期< 5 年	(7) 任期≥ 5 年	(8) 任期< 5 年
Globalization	0.016 5***	0.008 2	0.016 8***	0.008 6	−0.021 5**	0.015 6**	−0.024 7***	0.016 6**
	(0.000)	(0.661)	(0.001)	(0.661)	(0.025)	(0.046)	(0.004)	(0.022)
Post× Globalization	0.011 6**	0.136 3***	0.011 5**	0.135 1***	0.053 4***	0.010 4***	0.052 8***	0.010 2***
	(0.042)	(0.000)	(0.048)	(0.000)	(0.000)	(0.000)	(0.000)	(0.000)
Post	0.009 1*	0.011 9**			0.001 5	0.013 6***		
	(0.050)	(0.036)			(0.455)	(0.001)		
Size	0.026 4***	0.065 5***	0.027 0***	0.065 9***	0.023 0***	0.034 2***	0.024 4***	0.034 6***
	(0.000)	(0.000)	(0.000)	(0.000)	(0.000)	(0.000)	(0.000)	(0.000)
Lev	−0.003 6	−0.019 5	−0.003 5	−0.018 4	−0.001 0	−0.015 0	−0.000 3	−0.015 2
	(0.762)	(0.796)	(0.782)	(0.811)	(0.947)	(0.482)	(0.987)	(0.479)
Roa	−0.069 2***	−0.059 0	−0.064 5***	−0.052 2	−0.052 8***	−0.091 5***	−0.041 9**	−0.086 2***
	(0.000)	(0.246)	(0.000)	(0.326)	(0.003)	(0.000)	(0.015)	(0.000)
Growth	0.000 7***	0.000 3	0.000 8***	0.000 3	0.001 2	0.000 1	0.001 1	0.000 1
	(0.001)	(0.808)	(0.004)	(0.829)	(0.189)	(0.952)	(0.160)	(0.886)
Age	−0.007 7***	−0.010 0***	−0.011 8***	0.003 3	−0.007 9***	−0.008 4***	0.024 8**	−0.004 8*
	(0.000)	(0.000)	(0.000)	(0.614)	(0.000)	(0.000)	(0.016)	(0.056)
Soe	−0.012 9*	−0.060 8***	−0.013 3*	−0.059 5***	−0.001 7	−0.039 0***	−0.006 1	−0.039 1***
	(0.084)	(0.000)	(0.065)	(0.000)	(0.705)	(0.000)	(0.207)	(0.000)

[①] 通常而言，正部级干部平均年龄达到 55 岁，借鉴聂辉华和蒋敏杰（2011）的做法，以省长年龄超过 55 岁和不超过 55 岁分为两组，后者具有年龄优势，晋升动机更强。干部任期也是影响晋升的一个重要因素，本章以任期 5 年为界限分为两组，同时，干部晋升时往往会考虑在下一级别岗位任期的年限。

续表

变量符号	（1）	（2）	（3）	（4）	（5）	（6）	（7）	（8）
	年龄＞55 岁	年龄≤55 岁	年龄＞55 岁	年龄≤55 岁	任期≥5 年	任期＜5 年	任期≥5 年	任期＜5 年
Dual	−0.002 4	0.009 2	−0.002 6	0.009 4	−0.009 3	−0.001 2	−0.009 2	−0.001 2
	(0.500)	(0.114)	(0.478)	(0.101)	(0.232)	(0.792)	(0.239)	(0.780)
Indep	−0.045 4*	0.026 1	−0.045 8*	0.021 9	−0.071 6	0.000 7	−0.074 9	−0.000 9
	(0.089)	(0.621)	(0.094)	(0.682)	(0.196)	(0.977)	(0.170)	(0.970)
Cash	−0.090 9***	0.008 7	−0.094 7***	0.011 2	−0.115 7***	−0.044 2***	−0.118 3***	−0.049 4***
	(0.000)	(0.756)	(0.000)	(0.720)	(0.000)	(0.007)	(0.000)	(0.002)
Gdpp	0.012 2	0.018 7***	0.012 6	0.019 0***	0.016 9	0.006 2**	0.014 0	0.006 2**
	(0.202)	(0.004)	(0.192)	(0.003)	(0.285)	(0.049)	(0.386)	(0.037)
AQI	−0.023 3***	−0.037 4**	0.013 4**	−0.044 9***	−0.063 2***	−0.022 3***	0.022 8	−0.000 8
	(0.000)	(0.040)	(0.020)	(0.004)	(0.000)	(0.000)	(0.189)	(0.913)
常数项	−0.386 0***	−1.018 2***	−0.536 8***	−1.093 8***	−0.114 4	−0.516 3***	−0.707 0***	−0.646 8***
	(0.000)	(0.000)	(0.000)	(0.000)	(0.476)	(0.000)	(0.000)	(0.000)
Industry	控制	控制	控制	控制	控制	控制	控制	控制
Year	未控制	未控制	控制	控制	未控制	未控制	控制	控制
调整的 R^2	0.026 7	0.098 2	0.028 9	0.099 4	0.039 2	0.030 0	0.047 7	0.032 3
N	11 729	3 058	11 729	3 058	4 457	10 330	4 457	10 330

注：括号中为 p 值；上述模型结果均是经过 Driscoll-Kraay 标准误调整后的结果；被解释变量为 ENV_1 ***、**和*分别表示 1%、5%和 10%的显著性水平

2. 干部本地偏好

胡珺等（2017）研究发现，家乡认同作为一项重要的非正式制度对环境治理有积极的推动作用。据此本章推测，地方干部同样存在家乡认同的情怀，表征出对本地的环境治理行为更友善（即本地偏好现象）。参考聂辉华和蒋敏杰（2011）、胡珺等（2017）的做法，分别按照干部的籍贯和来源进行分组检验。表 8.12 列示了基于干部本地偏好因素分组的回归结果。由表 8.12 中第（1）～（2）列检验结果可知，无论干部是否为本地籍贯，交互项 Post×Globalization 的系数均显著为正；第（3）～（4）列去掉了 Post 变量，加入了年度固定效应，交互项 Post×Globalization 的系数仍旧显著为正。表 8.12 中第（5）～（8）列检验结果可知，无论干部是本地晋升还是异地交流，交互项 Post×Globalization 的系数均显著为正。以上检验结果显示，国际化程度高的公司在"PM$_{2.5}$ 爆表"事件后企

业绿色投资水平有所提高，这一现象并不因干部本地偏好差异而发生实质性改变，研究假说 H8.1 依旧稳健，一定程度上可以排除这种干部本地偏好替代性假说。

表 8.12　基于干部本地偏好的因素的回归结果

变量符号	（1）本地籍贯	（2）外地籍贯	（3）本地籍贯	（4）外地籍贯	（5）本地晋升	（6）异地交流	（7）本地晋升	（8）异地交流
Globalization	−0.016 1*	0.018 4**	−0.019 0**	0.019 9***	0.013 1**	0.030 5***	0.012 1**	0.035 3***
	(0.084)	(0.023)	(0.038)	(0.005)	(0.031)	(0.007)	(0.042)	(0.003)
Post× Globalization	0.021 0***	0.009 5*	0.023 4***	0.009 0*	0.013 4**	0.030 3***	0.013 6**	0.029 5***
	(0.000)	(0.069)	(0.000)	(0.092)	(0.048)	(0.004)	(0.041)	(0.006)
Post	0.006 8***	0.010 6**			0.005 2	0.013 6**		
	(0.000)	(0.031)			(0.126)	(0.016)		
Size	0.032 4***	0.031 4***	0.032 4***	0.032 1***	0.026 2***	0.044 4***	0.026 9***	0.044 5***
	(0.000)	(0.000)	(0.000)	(0.000)	(0.000)	(0.000)	(0.000)	(0.000)
Lev	−0.055 9***	−0.004 9	−0.055 3***	−0.005 6	−0.030 3***	−0.034 5	−0.029 5***	−0.038 0
	(0.000)	(0.789)	(0.000)	(0.767)	(0.000)	(0.298)	(0.001)	(0.261)
Roa	−0.175 4***	−0.062 1***	−0.170 2***	−0.058 1***	−0.094 9***	−0.083 7***	−0.087 6***	−0.085 0***
	(0.000)	(0.000)	(0.000)	(0.000)	(0.000)	(0.001)	(0.000)	(0.001)
Growth	0.001 0**	−0.000 1	0.001 0**	−0.000 1	0.000 5	−0.000 3	0.000 5	−0.000 3
	(0.042)	(0.879)	(0.026)	(0.817)	(0.276)	(0.679)	(0.239)	(0.669)
Age	−0.008 3***	−0.007 2***	−0.059 0***	−0.001 1	−0.007 5***	−0.010 1***	−0.005 4	−0.003 8
	(0.000)	(0.000)	(0.002)	(0.810)	(0.000)	(0.000)	(0.166)	(0.485)
Soe	0.002 9	−0.033 0***	0.002 7	−0.033 1***	−0.019 7***	−0.048 4***	−0.019 8***	−0.048 6***
	(0.748)	(0.000)	(0.767)	(0.000)	(0.000)	(0.000)	(0.000)	(0.000)
Dual	−0.002 1	−0.004 5*	−0.002 0	−0.004 5*	−0.006 1**	−0.003 5	−0.006 0**	−0.003 7
	(0.145)	(0.055)	(0.167)	(0.070)	(0.039)	(0.247)	(0.049)	(0.199)
Indep	−0.079 5***	−0.040 7	−0.078 9***	−0.042 3	−0.075 9**	0.032 5	−0.076 5**	0.033 2
	(0.003)	(0.170)	(0.003)	(0.162)	(0.021)	(0.276)	(0.020)	(0.251)
Cash	−0.082 0***	−0.068 8***	−0.085 2***	−0.072 5***	−0.083 3***	−0.037 5	−0.083 7***	−0.045 8*
	(0.000)	(0.000)	(0.000)	(0.000)	(0.000)	(0.123)	(0.000)	(0.058)
Gdpp	−0.007 4	0.022 2**	−0.007 8	0.022 0**	0.005 2	0.034 9*	0.005 1	0.034 4*
	(0.129)	(0.018)	(0.113)	(0.020)	(0.465)	(0.085)	(0.488)	(0.095)
AQI	−0.019 9**	−0.023 7***	0.003 7	−0.000 8	−0.031 0***	−0.016 0***	−0.007 3	0.019 3**
	(0.036)	(0.000)	(0.825)	(0.865)	(0.000)	(0.006)	(0.374)	(0.017)

续表

变量符号	（1）本地籍贯	（2）外地籍贯	（3）本地籍贯	（4）外地籍贯	（5）本地晋升	（6）异地交流	（7）本地晋升	（8）异地交流
常数项	−0.294 8***	−0.592 4***	−0.077 7	−0.743 9***	−0.235 1**	−1.079 4***	−0.365 7***	−1.269 1***
	(0.000)	(0.000)	(0.554)	(0.000)	(0.033)	(0.000)	(0.003)	(0.000)
Industry	控制	控制	控制	控制	控制	控制	控制	控制
Year	未控制	未控制	控制	控制	未控制	未控制	控制	控制
调整的 R^2	0.044 1	0.029 5	0.045 9	0.031 8	0.028 1	0.042 1	0.029 7	0.045 0
N	4 383	10 404	4 383	10 404	9 800	4 987	9 800	4 987

注：括号中为 p 值；上述模型结果均是经过 Driscoll-Kraay 标准误调整后的结果
***、**和*分别表示 1%、5%和 10%的显著性水平

3. 地方经济重要性

若样本企业为地方政府的支柱企业，对当地经济发展会有重要影响，地方政府与企业互动频率也更为频繁，政府也可能赋予企业更多的政策性目标，环境治理则是其中的一个重要部分，那么，支柱企业可能表现出绿色投资支出更多。为进一步排除该可能性，本章参照 Giannetti 等（2015）的做法，按照雇员规模（以中位数 2500 人为标准）进行分组检验，结果如表 8.13 所示。由表 8.13 中第（1）～（2）列检验结果可知，本章在雇员规模大的样本企业中，交互项 Post×Globalization 的系数为正但不显著，反而在雇员规模小的样本中，交互项 Post×Globalization 的系数显著为正（$p<$ 0.01）；第（3）～（4）列去掉了 Post 变量，加入了年度固定效应，结果依然稳健。按照地方经济重要性假说逻辑，则交互性应在雇员规模大的样本企业中更为明显，但检验结果却相异，这在一定程度上排除了地方经济重要性假说，再次支持了研究假说 H8.1。

表 8.13 基于地方经济重要性的因素考察

变量符号	（1）雇员规模大	（2）雇员规模小	（3）雇员规模大	（4）雇员规模小
Globalization	0.0068	0.0301***	0.0074	0.0291***
	(0.468)	(0.001)	(0.468)	(0.000)
Post×Globalization	0.0065	0.0224***	0.0071	0.0224***
	(0.288)	(0.003)	(0.239)	(0.003)
Post	0.0117**	0.0059		
	(0.031)	(0.110)		

续表

变量符号	（1）	（2）	（3）	（4）
	雇员规模大	雇员规模小	雇员规模大	雇员规模小
Size	0.0362***	0.0333***	0.0361***	0.0339***
	（0.000）	（0.000）	（0.000）	（0.000）
Lev	−0.0113	−0.0220	−0.0116	−0.0208
	（0.337）	（0.170）	（0.363）	（0.207）
Roa	−0.1229***	−0.0830***	−0.1202***	−0.0774***
	（0.000）	（0.000）	（0.000）	（0.000）
Growth	0.0006	0.0002	0.0006	0.0002
	（0.297）	（0.437）	（0.291）	（0.421）
Age	−0.0107***	−0.0059***	−0.0154***	0.0028
	（0.000）	（0.000）	（0.000）	（0.609）
Soe	−0.0226***	−0.0285***	−0.0223***	−0.0286***
	（0.000）	（0.001）	（0.000）	（0.001）
Dual	−0.0036	−0.0025	−0.0033	−0.0021
	（0.145）	（0.404）	（0.194）	（0.476）
Indep	−0.0544**	−0.0160	−0.0552**	−0.0190
	（0.046）	（0.662）	（0.045）	（0.604）
Cash	−0.0604***	−0.0743***	−0.0710***	−0.0708***
	（0.000）	（0.000）	（0.000）	（0.000）
Gdpp	0.0181***	0.0122	0.0187***	0.0123
	（0.001）	（0.120）	（0.001）	（0.111）
AQI	−0.0111**	−0.0335***	0.0434***	−0.0309***
	（0.049）	（0.000）	（0.000）	（0.000）
常数项	−0.7210***	−0.4628***	−0.9263***	−0.5428***
	（0.000）	（0.001）	（0.000）	（0.001）
Industry	控制	控制	控制	控制
Year	未控制	未控制	控制	控制
调整的 R^2	0.0452	0.0286	0.0491	0.0310
N	7398	7389	7398	7389

注：括号中为 p 值；上述模型结果均是经过 Driscoll-Kraay 标准误调整后的结果

***、**分别表示 1%、5% 的显著性水平

4. 环境污染治理

现有文献很多以重污染行业为研究对象（杨熠等，2011；黎文靖和路

晓燕，2015；武剑锋等，2015；罗党论和赖再洪，2016；刘星河，2016；薛爽等，2017），这也许是由于重污染行业的企业污染严重而导致绿色投资支出较多，而这与本章假说相反。若存在这一潜在可能，那么本章的结论只会出现在重污染行业样本中。参照刘运国和刘梦宁（2015）与胡珺等（2017）的做法，将本章研究样本划为重污染行业（包括采掘业、纺织服务皮毛业、金属非金属业、生物医药业、石化塑胶业、造纸印刷业、水电煤气业和食品饮料业）和非重污染行业两组。表 8.14 列示了基于重污染行业分组的检验结果，从中可以看出，无论是重污染行业样本还是非重污染行业样本，交互项 Post×Globalization 的系数均显著为正，随后去掉了 Post 变量，加入了年度固定效应，结果依然稳健，这在一定程度上排除了环境污染治理替代性假说，很好地支持了研究假说 H8.1。

表 8.14 基于重污染行业分组的检验结果

变量符号	（1）	（2）	（3）	（4）
	重污染行业	非重污染行业	重污染行业	非重污染行业
Globalization	0.003 7	0.027 4***	0.003 0	0.028 3***
	(0.807)	(0.000)	(0.837)	(0.000)
Post×Globalization	0.011 8**	0.020 8***	0.012 2**	0.020 3***
	(0.046)	(0.001)	(0.043)	(0.001)
Post	0.014 2**	0.006 1**		
	(0.027)	(0.029)		
Size	0.042 2***	0.023 7***	0.042 8***	0.024 0***
	(0.000)	(0.000)	(0.000)	(0.000)
Lev	−0.017 4*	−0.003 2	−0.016 5	−0.004 2
	(0.096)	(0.905)	(0.118)	(0.878)
Roa	−0.067 6***	−0.080 9***	−0.056 9***	−0.080 0***
	(0.000)	(0.000)	(0.000)	(0.000)
Growth	−0.000 2	0.000 7	−0.000 4	0.000 7
	(0.655)	(0.145)	(0.230)	(0.123)
Age	−0.009 5***	−0.007 7***	−0.022 9***	0.001 2
	(0.000)	(0.000)	(0.001)	(0.604)
Soe	−0.009 7*	−0.024 4***	−0.009 2*	−0.024 7***
	(0.075)	(0.000)	(0.073)	(0.000)

续表

变量符号	（1）重污染行业	（2）非重污染行业	（3）重污染行业	（4）非重污染行业
Dual	−0.003 5	−0.004 1	−0.003 6	−0.004 0
	(0.186)	(0.187)	(0.188)	(0.204)
Indep	−0.066 1***	−0.012 7	−0.070 4***	−0.013 5
	(0.001)	(0.703)	(0.000)	(0.689)
Cash	−0.066 2***	−0.070 9***	−0.065 3***	−0.075 5***
	(0.001)	(0.000)	(0.000)	(0.000)
Gdpp	0.029 8***	0.007 0	0.030 0***	0.007 1
	(0.000)	(0.362)	(0.000)	(0.350)
AQI	−0.031 2***	−0.014 5***	−0.013 9**	0.014 2*
	(0.000)	(0.000)	(0.039)	(0.069)
常数项	−0.852 0***	−0.347 4***	−0.868 9***	−0.536 5***
	(0.000)	(0.000)	(0.000)	(0.000)
Industry	控制	控制	控制	控制
Year	未控制	未控制	控制	控制
调整的 R^2	0.028 4	0.029 7	0.033 6	0.035 5
N	4 714	10 073	4 714	10 073

注：括号中为 p 值；上述模型结果均是经过 Driscoll-Kraay 标准误调整后的结果

***、**和*分别表示 1%、5%和 10%的显著性水平

8.5.3 其他稳健性检验

1. 分位数回归

本章对式（8.1）的估计，是建立在均值回归之上的，模型估计结果反映了"PM$_{2.5}$爆表"事件后国际化对企业绿色投资水平的平均效果。然而，根据本章表 8.3 的结果可知，企业绿色投资水平 ENV_1 和 ENV_2 的均值大于中位数，意味着企业绿色投资水平的分布并不对称，呈右偏分布，这种基于均值回归的方法可能无法全面刻画"PM$_{2.5}$爆表"事件后国际化程度对企业绿色投资水平的影响。相比之下，分位数回归则不受异常值的影响，估计结果更稳健。接下来，本章在估计过程中重复抽样 500 次，选择 $q = 0.25$、0.50、0.75 进行分位数回归。表 8.15 列示了使用自举法进行分位数回归的检验结果，从中可以看出，各列中交互项 Post×Globalization 的系

数均显著为正，与前文结果基本一致，这说明虽然企业绿色投资水平分布
不对称，但对前文的结论影响不大，依然很好地支持了研究假说 H8.1。

表 8.15　基于分位数回归的检验结果

变量符号	ENV_1			ENV_2		
	（1）	（2）	（3）	（4）	（5）	（6）
	$q = 0.25$	$q = 0.50$	$q = 0.75$	$q = 0.25$	$q = 0.50$	$q = 0.75$
Globalization	0.000 9	0.002 0	0.005 1	−0.000 4	−0.004 1	−0.017 2
	(0.271)	(0.312)	(0.246)	(0.644)	(0.275)	(0.134)
Post×Globalization	0.026 6**	0.005 9*	0.014 4*	0.004 3***	0.013 1***	0.028 1**
	(0.020)	(0.078)	(0.075)	(0.003)	(0.007)	(0.049)
Post	0.000 5**	0.001 7***	0.001 7	0.000 6	0.003 5***	0.006 3*
	(0.020)	(0.007)	(0.246)	(0.116)	(0.001)	(0.055)
Size	0.000 4***	0.001 8***	0.003 6***	0.001 1***	0.002 6***	0.004 3***
	(0.000)	(0.000)	(0.000)	(0.000)	(0.000)	(0.000)
Lev	−0.004 2***	−0.012 1***	−0.016 6***	−0.008 3***	−0.029 6***	−0.063 7***
	(0.000)	(0.000)	(0.000)	(0.000)	(0.000)	(0.000)
Roa	0.007 2***	0.020 8***	0.029 4***	0.005 2**	−0.005 0	−0.074 2***
	(0.000)	(0.000)	(0.001)	(0.011)	(0.405)	(0.000)
Growth	−0.000 3***	−0.000 9***	−0.001 8***	−0.000 4***	−0.001 1***	−0.002 0***
	(0.000)	(0.000)	(0.000)	(0.000)	(0.000)	(0.000)
Age	−0.000 3***	−0.001 1***	−0.002 3***	−0.000 5***	−0.001 8***	−0.004 0***
	(0.000)	(0.000)	(0.000)	(0.000)	(0.000)	(0.000)
Soe	0.001 4***	0.004 4***	0.008 8***	0.001 6***	0.006 4***	0.010 4***
	(0.000)	(0.000)	(0.000)	(0.000)	(0.000)	(0.001)
Dual	−0.000 1	0.000 1	0.000 6	−0.000 1	0.001 3	0.006 9*
	(0.823)	(0.908)	(0.742)	(0.922)	(0.349)	(0.081)
Indep	−0.007 1***	−0.015 8***	−0.011 9	−0.010 7***	−0.021 9**	−0.007 3
	(0.000)	(0.005)	(0.322)	(0.000)	(0.018)	(0.802)
Cash	−0.008 2***	−0.033 2***	−0.075 8***	−0.014 0***	−0.049 5***	−0.131 6***
	(0.000)	(0.000)	(0.000)	(0.000)	(0.000)	(0.000)
Gdpp	−0.001 9***	−0.004 5***	−0.006 1***	−0.002 8***	−0.005 2***	−0.008 6***
	(0.000)	(0.000)	(0.000)	(0.000)	(0.000)	(0.000)

续表

变量符号	ENV_1			ENV_2		
	（1）	（2）	（3）	（4）	（5）	（6）
	$q = 0.25$	$q = 0.50$	$q = 0.75$	$q = 0.25$	$q = 0.50$	$q = 0.75$
AQI	0.000 1	−0.001 2	−0.003 9	−0.000 9	−0.000 5	−0.008 8
	(0.779)	(0.327)	(0.128)	(0.197)	(0.782)	(0.157)
常数项	0.020 2***	0.054 6***	0.090 4***	0.020 9***	0.073 0	0.209 0***
	(0.000)	(0.000)	(0.000)	(0.000)	(0.000)	(0.000)
Industry	控制	控制	控制	控制	控制	控制
Year	控制	控制	控制	控制	控制	控制
伪 R^2	0.018 9	0.048 7	0.059 6	0.013 8	0.032 0	0.036 9
N	14 787	14 787	14 787	14 787	14 787	14 787

注：括号中为 p 值；上述模型结果均是经过 Driscoll-Kraay 标准误调整后的结果

***、**和*分别表示1%、5%和10%的显著性水平

2. 改变样本区间

考虑到样本的区间选择也可能会对研究结论产生影响，本章将样本区间缩短为 2008～2013 年，并将"PM$_{2.5}$爆表"事件发生当年及以后年度（即 2011～2013 年）取值为 1，否则（即 2008～2010 年）取值为 0。表 8.16 列示了更换样本区间的回归结果。从中可以看出，各列中交互项 Post×Globalization 的系数均显著为正，与前文结果一致，表明本章的结果具有较好的稳健性。

表 8.16　更换样本区间的回归结果

变量符号	ENV_1		ENV_2	
	（1）	（2）	（3）	（4）
Globalization	0.033 5***	0.032 7***	0.009 1**	0.008 1*
	(0.000)	(0.000)	(0.038)	(0.090)
Post×Globalization	0.014 2***	0.013 9***	0.007 2**	0.007 3***
	(0.009)	(0.010)	(0.011)	(0.009)
Post	0.008 2***		0.007 1***	
	(0.000)		(0.000)	
Size	0.034 6***	0.034 5***	0.009 9***	0.009 8***
	(0.000)	(0.000)	(0.000)	(0.000)

续表

变量符号	ENV_1		ENV_2	
	（1）	（2）	（3）	（4）
Lev	−0.009 9	−0.009 9	−0.003 6	−0.003 3
	（0.509）	（0.511）	（0.601）	（0.639）
Roa	−0.080 3***	−0.075 8***	0.016 6**	0.017 8***
	（0.000）	（0.000）	（0.011）	（0.008）
Growth	0.000 4	0.000 5	−0.000 1	−0.000 1
	（0.197）	（0.174）	（0.737）	（0.802）
Age	−0.009 2***	0.005 8	−0.005 0***	−0.000 1
	（0.000）	（0.349）	（0.000）	（0.923）
Soe	−0.030 4***	−0.029 7***	−0.006 2***	−0.006 0***
	（0.000）	（0.001）	（0.001）	（0.000）
Dual	−0.006 3*	−0.006 4*	−0.001 4	−0.001 4
	（0.078）	（0.075）	（0.339）	（0.334）
Indep	0.021 8	0.023 3	−0.000 5	0.000 2
	（0.154）	（0.143）	（0.929）	（0.967）
Cash	−0.084 7***	−0.084 1***	−0.050 3***	−0.050 3***
	（0.000）	（0.000）	（0.000）	（0.000）
Gdpp	0.011 5***	0.011 6***	0.001 1	0.001 2
	（0.001）	（0.001）	（0.552）	（0.520）
AQI	−0.003 3	0.026 5***	−0.001 0	0.008 8*
	（0.613）	（0.000）	（0.820）	（0.063）
常数项	−0.632 0***	−0.938 6***	−0.117 2***	−0.212 1***
	（0.000）	（0.000）	（0.000）	（0.000）
Industry	控制	控制	控制	控制
Year	未控制	控制	未控制	控制
调整的 R^2	0.028 4	0.029 7	0.033 6	0.035 5
N	11 172	11 172	11 172	11 172

注：括号中为 p 值；上述模型结果均是经过 Driscoll-Kraay 标准误调整后的结果

***、**和*分别表示 1%、5%和 10%的显著性水平

此外，由于部分企业绿色投资支出额为 0，本章采用了 Tobit 回归，文中主要结论依然成立。同时，为避免变量极端值对本章回归结果可能产生

的影响，本章改变极值处理方法重新检验，对相关连续变量均在 3%分位数进行了缩尾处理，本章的检验结果未发生实质性改变，这表明本章的研究结论具有较好的稳健性。

8.6　本章小结

当前，环境污染问题依然影响着人居生活环境、公众健康、经济可持续发展，而加强环境保护与治理是推进生态文明建设战略的重要举措。本章基于利益相关者理论、合法性组织理论和代理理论，利用 2011 年的"$PM_{2.5}$ 爆表"作为外生冲击事件，从企业微观层面系统地考察了"$PM_{2.5}$ 爆表"事件后企业国际化程度影响绿色投资水平的机理和作用机制。基于 2007～2014 年的经验研究数据，本章发现以下内容。首先，国际化程度高的公司在"$PM_{2.5}$ 爆表"事件后企业绿色投资水平显著增加，说明"$PM_{2.5}$ 爆表"事件引起了非正式制度和正式制度变化，导致企业所面临的公共压力逐渐增大，这种外部的压力成了监督和约束企业环境治理行为的外驱力量；进一步，对于国际化程度高的企业而言，在面对公共压力和经营战略双重驱动下，企业在环境治理方面会采取更为积极的态度和措施，表现出绿色投资支出显著增加。其次，国际化程度高的企业在"$PM_{2.5}$ 爆表"事件后企业绿色投资水平显著提升，这一现象在信息透明度低、分析师跟踪少的企业更加显著，这说明公司内外部信息环境较差的企业，给管理者隐藏自利行为提供了时间和空间，而"$PM_{2.5}$ 爆表"事件带来公共压力的增大，外部压力监督和约束了企业行为，从而表现出企业环境绩效有所提升。最后，国际化程度高的企业在"$PM_{2.5}$ 爆表"事件后企业绿色投资水平显著提升这一现象受到企业产权性质、管理层权力以及行业竞争程度的影响。具体而言，在民营企业、管理层权力高的企业及行业竞争程度高的行业中，国际化程度高的公司在"$PM_{2.5}$ 爆表"事件后企业绿色投资水平提升现象更加显著。这些结论在采用双重差分模型缓解内生性、排除替代性假说以及一系列稳健性检验后，结论依然稳健。

本章结论可提供以下理论启示。首先，利用 2011 年"$PM_{2.5}$ 爆表"事件这一准自然试验，系统地考察了"$PM_{2.5}$ 爆表"事件后企业国际化对绿色投资水平的影响机理，一定程度上可以缓解内生性的困扰，从公司战略层面拓展了企业环境治理行为影响因素的文献，其结论有助于更深刻理解企业履行环境治理责任的动机，为今后相关研究提供了一个新的视角。其次，以往文献主要集中在企业国际化如何影响企业绩效（Lu and Beamish，

2004；Ruigrok et al.，2007；Elango et al.，2013；杨忠和张骁，2009；邓新明等，2014；陈立敏等，2016）以及融资决策、企业创新等公司财务行为方面的研究（Reeb et al.，2001；Castellani and Zanfei，2007；Whang and Hill，2009；Laurens et al.，2015；吴航，2015；林润辉等，2015）。本章进一步从企业绿色投资维度为企业国际化与公司财务行为决策研究提供了新的经验证据，是对企业国际化如何影响公司财务行为文献的补充。

　　本章研究结论还具有一定的政策启示。首先，迫切要求环保、证券市场监管等政府部门不断完善和健全环境保护与治理的相关制度，如相继出台的《环保法》（2015 年 1 月 1 日施行）、中央生态环境保护督察制度、《国务院关于修改〈建设项目环境保护管理条例〉的决定》（2017 年 10 月 1 日起施行）等制度，对监督和引导环境保护与治理都有重要的意义。其次，积极完善政府环境信息公开制度、企业环境信息披露制度以及环境信息与治理绩效的第三方评估制度，同时加强对社会公众的环保教育，提高社会公众的环保意识以及参与环境保护与治理的积极性。再次，加大环境污染企业的处罚力度，增加企业环境污染的违法成本，采取行政处罚和刑事处罚相结合的方式，并强化环境评估在 IPO 申请、融资、募集资金投向等环节的应用，充分发挥资本市场投资者的市场反应来约束企业环境行为，进而提高环境治理绩效。最后，除了制度层面的因素外，企业应当采取改善公司信息环境、提高公司治理质量、规范管理层权力等措施，进一步完善公司治理，激励和引导企业承担环境治理责任，实现产业转型、技术升级和节能减排，更加自觉地珍爱自然，更加积极地保护生态，努力走向社会主义生态文明新时代。

第9章　分析师关注与企业绿色投资

发挥资本市场对企业环境治理的支持作用，是推进生态文明建设战略的一项重要举措。作为专业化的资本市场信息中介，分析师对企业绿色投资行为也会产生重要影响。本章以中国沪深两市 A 股上市公司为研究样本，系统地考察了分析师关注对企业绿色投资行为的影响，并进一步探讨了其作用机制。通过深入剖析分析师作为一资本市场中介对企业绿色投资行为的影响机理，提出了两个竞争性假说：市场监督假说和业绩压力假说。实证结果显示：分析师关注有助于约束企业管理层以牺牲环境为代价的利己行为，使得企业管理层为应对环境合法性危机和获得环境合法性认同，显著提升企业环境治理绩效，表现为企业绿色投资显著增加，支持市场监督假说。以上结果在经过一系列稳健性测试后依然稳健。

9.1　问题的提出

近年来，环境污染问题已成为社会各界关注的焦点问题，同时也是资本市场舆情的热点话题。党的十八大、党的十九大相继提出"大力推进生态文明建设""大力度推进生态文明建设"的战略决策。由于环境污染是经济活动中产生的"副产品"，因而在实践中如何权衡经济可持续发展与环境治理是一个重要的研究课题。诚然，环境污染治理仅仅依靠政府部门进行监管远远不够，而是应充分发挥市场的力量，沿着"政府监管—市场监督—市场治理"的逻辑渐进式推进。分析师作为专业化的金融市场中介，在资本市场扮演着信息使用者和提供者的双重角色，在促进资源配置、增强市场有效性方面起着重要作用（程博和潘飞，2017）。

毋庸置疑，作为专业化的资本市场信息中介，作为资本市场中专业的信息中介，分析师在企业环境治理方面的作用同样不容忽视。并且在当前制度环境下，考察分析师关注对企业环境治理的影响是一个有待检验且十分有趣的科学问题。为了厘清分析师关注对企业绿色投资行为的影响机理，本章以 2007～2015 年沪深两市上市公司为研究样本，考察分析师关注究竟是提高了还是降低了企业环境的治理绩效问题。研究结果表明，分析师关注与企业环境治理呈显著的正相关关系，表现为企业绿色投资显著增加，在控制可能的内生性、排除替代性假说以及一系列稳健性检验之后，两者间的正相关关系依然显著，从而支持市场监督假说，这表明分析师关注可以直接或间接地约束管理层行为，对企业环境治理行为具有积极的推动作用。

相较于现有文献，本章可能存在的边际贡献主要体现在以下几方面：首先，丰富和拓展了新兴资本市场制度环境下企业环境治理影响因素的相关文献。目前，学者大多从媒体报道（Aerts and Cormier，2009）、经济增长（包群和彭水军，2006）、外商投资（许和连和邓玉萍，2012）、环境规制（Leiter et al.，2011；张济建等，2016）以及非正式制度（毕茜等，2015；刘星河，2016；胡珺等，2017）等方面考察企业绿色投资行为的决定因素，从资本市场中介视角分析市场力量如何影响并作用于企业环境治理的研究则相对匮乏。本章从分析师关注视角着手考察市场对上市公司环境污染治理行为决策的影响，丰富和拓展了环境治理的理论、途径以及研究边界。其次，以往文献较多从股价走势、股价同步性、内幕交易、并购绩效、盈余管理、预测精度、企业创新等方面（Chan and Hameed，2006；Manso，2011；Cohen et al.，2013；周开国等，2014；周铭山等，2016；陈钦源等，2017）探讨分析师的治理作用，缺少检验新兴资本市场情景下分析师关注对企业环境的治理作用，本章的研究是对现有文献的丰富和补充。最后，本章的研究为政府通过完善资本市场中介来推动环境治理提供了理论基础和决策依据，同时也对更好地激发企业履行环境治理责任、实现产业和技术升级等具有重要的启示意义。

9.2　理论分析与研究假说

建设生态文明，关系人民福祉，关系民族未来。然而，当前生态文明建设明显滞后于经济社会发展，影响了社会公众健康，这对经济可持续发展提出了新的挑战和更高要求。生态资源是可以免费享受的公共产品，具有外部性特征（胡珺等，2017），环境治理是一项系统工程，需要综合运用行政、市场、法治、科技等多种手段，而不能完全依靠政府或是制度来解决，需要多方齐抓共管，尤其是要发挥市场的监督作用，构建政府为主导、企业为主体、社会组织和公众共同参与的环境治理体系，引导和激励环境"消费者"自觉自发地保护生态环境。学者已经开始关注媒体报道、公众压力、道德规范、家乡认同、管理者意识形态等因素（毕茜等，2015；刘星河，2016；胡珺等，2017；Boiral et al.，2018）对环境治理的影响，但对分析师这一资本市场中介如何影响企业绿色投资行为并没有给予足够的关注，本章结合分析师的治理作用提出两个竞争性假说：市场监督假说和业绩压力假说。

9.2.1 市场监督假说

分析师是专业化的金融中介，一般来说，他们具有会计学、金融学和所跟踪行业的专门知识，通过研读财务报告、访谈、实地调研等方式，发挥信息解读、信息挖掘、信息生产等职能并发布研究报告，减少了投资者的信息收集和解读成本，降低了投资信息误读和漏读的风险（Yu，2008；潘越等，2011；游家兴和张哲远，2016；程博和潘飞，2017），同时也降低了管理层、投资者和股东之间的信息不对称程度。随着分析师关注数量的增加，其研究报告的影响力和渗透力也在逐步扩大，引起了市场参与者的广泛关注，间接发挥了治理作用，监督和约束企业经营行为和管理层行为（Miller，2006）。从市场监督的角度来看，分析师关注至少在以下两方面会提高企业绿色投资行为。

首先，分析师监督职能的发挥对企业绿色投资行为具有积极的影响。分析师运用专业知识、行业背景和执业能力，通过增加资本市场的信息供给，将上市公司的财务信息和非财务信息暴露于市场参与者的监督之下，一定程度上能够约束企业管理层以牺牲环境为代价的利己行为。管理层的利己行为一旦被识破，不仅其声誉有可能受损，还有可能面临行政处罚甚至刑事处罚。因此，分析师的专业信息生产和解读能力可以帮助企业加深环境合法性过程的认识和提高企业环境合法性水平，为避免环境污染承受处罚或相应的经济后果，有动机采取积极的环境治理行为，表现出企业绿色投资水平显著增加。例如，Clarkson 等（2008）、Aerts 和 Cormier（2009）、沈洪涛和冯杰（2012）、张济建等（2016）研究发现，舆论监督、道德规范、公众压力等有助于提高企业的环境信息披露和治理水平。

其次，分析师发布的研究报告将上市公司的财务信息和非财务信息公布于众，如前文所述，分析师关注有助于监督和约束企业管理层行为，使其采取积极的环境治理行为。同样值得注意的是，一方面，分析师的专业信息生产和解读能力将企业的财务信息和非财务信息暴露于市场参与者的监督之下，可能导致企业面临环境合法性危机；另一方面，企业也可能借分析师发布报告这一途径向市场传递有利信息，获得环境合法性认同。从信号传递理论来看，企业为了避免投资者、媒体、社会公众等市场参与者猜疑或者不信任，也存在强烈的动机将外部人无法获取的信号传递出去。企业环境治理信息披露就是一种重要的信号传递行为，使得管理层有动机采取积极的环境治理行为，加大绿色投入，实现产业和技术升级，进行企业形象管理，提高企业声誉。例如，Suttinee 和 Phapruke（2009）、沈洪涛等（2014）研究发现，企业管理层有动机进行更多的环境信息披露和企业形象管理。

基于上述分析，本章认为，分析师通过对公司所披露的信息进行信息生产和专业解读，容易引起投资者、媒体乃至监管机构的注意力，从而直接或间接监督和约束企业的经营活动和管理层行为，企业管理层为应对环境合法性危机和获得环境合法性认同，有动机增加企业绿色投资支出，提高环境治理水平。据此本章提出以下假说。

H9A：限定其他条件，如符合市场监督假说，分析师关注与企业绿色投资水平显著正相关，即分析师关注数量越多，企业绿色投资水平越高。

9.2.2　业绩压力假说

分析师在资本市场中扮演信息使用者和提供者双重角色，在促进资源配置和增强市场有效性方面起着重要的作用，随着中国资本市场的发展，分析师在资本市场的影响力与日俱增。分析师是专业的资本市场信息中介，运用专业特长和优势，发布公司盈余预测、投资评级、目标价格、长期增长率、每股现金流预测等报告（Wiersema and Zhang，2011）。其中，盈余预测作为分析师的核心职责之一，其对公司短期内盈利情况的预估往往备受投资者关注，并逐渐成为市场的共识预期。从而会增加企业管理层的短期业绩压力（Edmans，2009；李春涛等，2014；余明桂等，2017）。若企业实际业绩未达到分析师的预期，则有可能导致公司的股价暴跌、管理层声誉受损、薪酬降低和离职率增加、削减资本性支出等（Bartov et al.，2002；Farrell and Whidbee，2003；Graham et al.，2005；潘越等，2011；余明桂等，2017）。

从业绩压力的角度来看，盈余预测是资本市场上评价公司业绩好坏的重要阈值。为了达到或超过分析师盈余预测，加剧了企业管理层的短视行为，在业绩压力的驱使下，企业管理层可能会牺牲公司长远利益来粉饰短期业绩。例如，调整资本预算并放弃 NPV（net present value，净现值）为正的投资项目、削减在创新项目上的投资（Graham et al.，2005；Edmans，2009）。具体到企业绿色投资行为，企业绿色投资支出不仅需要耗费大量的资金，而且为企业带来的直接经济利益甚微，因为经济效益远远低于环境效益和社会效益，所以往往表现出企业很少主动进行环境治理（Cheng et al.，2022；张济建等，2016；程博和毛昕旸，2021）。因此，在业绩压力的驱动下，被分析师关注较多的企业，管理层可能会考虑到职业发展和市场声誉，为达到分析师预测要求，导致企业管理层短视，会发生以牺牲环境为代价的利己行为，从而削减甚至放弃绿色投资支出来提高短期业绩，进而降低环境治理绩效。

基于上述分析，本章认为，分析师关注传导的业绩压力将会导致企业管理层短视，削减甚至放弃绿色投资支出来提高短期业绩，进而降低环境治理水平。据此本章提出以下竞争性假说。

H9B：限定其他条件，如符合业绩压力假说，分析师关注与企业绿色投资水平显著负相关，即分析师关注数量越多，企业绿色投资水平越低。

9.3 研 究 设 计

9.3.1 样本选择与数据来源

本章以 2007～2015 年沪深两市 A 股上市公司为研究样本。之所以以 2007 年作为研究的起始年份是因为现行的会计准则自当年 1 月 1 日起实施，而会计准则是具有经济后果的，它不仅会对财务报告和资本市场产生影响，也会对企业经营理念和企业行为产生重要影响（娄芳等，2010；张先治等，2014）。在数据整理过程中，剔除了金融保险行业、ST 及 *ST 公司以及主要变量和控制变量有缺失的样本，最终得到 17 076 个公司-年度观测值。企业新增绿色投资支出数据通过手工收集整理，其数据源自公司年报附注中的在建工程项目，其他数据来自 CSMAR 数据库和 Wind 数据库，并结合上市公司年报、东方财富网、新浪财经网、金融界、巨潮资讯网、深圳证券交易所、上海证券交易所等专业网站所披露的信息对相关数据进行核实和印证。为了控制异常值的干扰，对相关连续变量均在 1%分位数进行缩尾处理。样本的地区和年度分布如表 9.1 所示。

表 9.1 样本的地区和年度分布

地区分布	年度分布									合计
	2007	2008	2009	2010	2011	2012	2013	2014	2015	
安徽	43	49	53	61	67	74	75	76	83	581
北京	84	92	99	129	146	176	176	183	207	1 292
福建	40	44	46	58	69	76	79	78	85	575
甘肃	14	15	19	20	23	23	24	25	27	190
广东	128	166	162	231	289	326	329	336	379	2 346
广西	18	21	24	26	25	27	28	30	32	231
贵州	14	16	17	19	17	18	18	17	17	153
海南	16	16	15	19	24	24	25	24	25	188
河北	26	29	30	35	40	44	45	48	50	347

续表

地区分布	年度分布									合计
	2007	2008	2009	2010	2011	2012	2013	2014	2015	
河南	31	30	34	43	54	64	65	63	68	452
黑龙江	20	20	21	25	28	29	30	30	34	237
湖北	49	53	58	64	68	79	80	79	83	613
湖南	34	36	39	47	59	63	67	67	75	487
吉林	22	25	28	30	33	34	35	35	36	278
江苏	88	106	106	132	187	222	224	232	257	1 554
江西	21	24	26	27	31	32	32	33	35	261
辽宁	37	41	44	48	55	61	63	64	68	481
内蒙古	16	17	19	21	23	24	25	24	23	192
宁夏	10	10	9	9	11	11	12	11	12	95
青海	7	8	10	10	10	11	11	11	11	89
山东	67	74	81	89	127	139	141	144	155	1 017
山西	23	23	28	30	32	33	35	36	36	276
陕西	22	21	25	29	34	38	37	38	42	286
上海	113	129	132	139	161	177	175	176	191	1 393
四川	42	49	57	64	69	80	80	82	91	614
天津	24	26	26	26	32	33	33	35	39	274
西藏	6	5	7	7	9	10	10	9	10	73
新疆	29	31	31	34	37	39	40	41	43	325
云南	22	22	24	26	27	27	26	27	29	230
浙江	101	116	122	157	199	230	234	242	281	1 682
重庆	22	22	24	26	31	32	34	35	38	264
合计	1 189	1 336	1 416	1 681	2 017	2 256	2 288	2 331	2 562	17 076

9.3.2 模型设定和变量说明

为了检验本章的研究假说，将待检验的回归模型设定为

$$\text{ENV\_Perf}_{i,t} = \alpha + \beta_1 \times \text{Follow}_{i,t} + \beta_i \times \sum \text{Controls} + \varepsilon_{i,t} \quad (9.1)$$

其中，ENV_Perf 为企业绿色投资水平，表征企业环境绩效；i 为企业；t 为年份，α 为截距项；β_1、β_i 为估计系数；ε 为误差项。Patten（2005）指出，企业绿色投资支出是度量企业环境治理绩效的一个有效指标，此处借鉴 Patten（2005）、黎文靖和路晓燕（2015）、胡珺等（2017）、程博等（2018）的做法，以企业当年新增的绿色投资支出来衡量企业的环境治理绩效，并采用企业当年新增绿色投资支出与企业年末总资产的比值来消除公司规模的影响。此外，用经过当年销售收入标准化处理后的企业新增绿色投资支出和企业绿色投资

支出预算数作为企业环境治理绩效的替代指标进行稳健性测试。

Follow 为分析师关注。本章借鉴 Yu（2008）、李春涛等（2014）的方法，将分析师关注定义为实际发布盈利预测报告的机构数目。如果证券分析师在过去的一个财务年度中发布过某家公司至少一份盈利预测或评级报告，则认为分析师关注了这家公司。比如，2015 年共有 43 个证券分析师发布了 84 份关于贵州茅台（600519.SH）的盈利预测或投资评级报告，不管涉及多少个分析师，本章认为 2015 年有 43 个分析师关注了贵州茅台。研究中以分析师关注数量加 1 的自然对数来衡量分析师关注指标，在稳健性分析中采用分析师发布的报告数量加 1 的自然对数来度量分析师关注。

Controls 变量符号表示控制变量。回归模型控制了公司规模（Size）、财务杠杆（Lev）、盈利能力（Roa）、成长能力（Growth）、上市年龄（Listage）、人均生产总值（Gdp_city）、国际化竞争（Openness）、产品市场竞争（HHI）、产权性质（Soe）、两职合一（Dual）、独立董事比例（Indep）、机构持股比例（Instishare）、现金持有水平（Cash）和经营现金流（Cashflow）。此外，在回归模型中还控制了行业效应（Industry）和年度效应（Year）。变量定义说明如表 9.2 所示。

表 9.2　变量定义说明

变量符号	变量描述
ENV_Perf	企业绿色投资水平，定义为企业当年新增绿色投资支出与企业年末资产总额之比
Follow	分析师关注，定义为分析师发布的报告数量加 1 的自然对数
Size	公司规模，定义为公司总资产的自然对数
Lev	财务杠杆，定义为负债总额与资产总额之比
Roa	盈利能力，定义为净利润与资产总额之比
Growth	成长能力，定义为营业收入增长率
Listage	上市年龄，定义为公司 IPO 以来所经历的年限
Gdp_city	人均生产总值，定义为公司注册地人均 GDP 的自然对数
Openness	国际化竞争，定义为企业海外销售收入与企业总销售收入之比
HHI	产品市场竞争，定义为行业中所有企业市场份额的平方和（赫芬达尔指数）
Soe	产权性质，定义为国有性质时取 1，民营性质时取 0
Dual	两职合一，定义为总经理兼任董事长时取 1，否则取 0
Indep	独立董事比例，定义为独立董事人数与董事会人数之比
Instishare	机构持股比例，定义为机构投资者持股数量与公司发行总股数之比
Cash	现金持有水平，定义为企业货币资金持有量与资产总额之比
Cashflow	经营现金流，定义为企业经营活动产生的净现金流量与资产总额之比
Industry	行业效应，行业虚拟变量
Year	年度效应，年份虚拟变量

9.3.3　描述性统计结果

表 9.3 报告了主要变量的描述性统计结果。从表中企业绿色投资水平（ENV_Perf）以及分析师关注（Follow）的数据来看，样本中各企业绿色投资水平以及分析师关注均存在较大的个体差异。此外，样本公司其他控制变量也存在一定程度的差异。

表 9.3　主要变量的描述性统计结果

变量	样本量	均值	标准差	最小值	中位数	最大值
ENV_Perf	17 076	0.034	0.045	0.000	0.017	0.207
Follow	17 076	1.515	1.158	0.000	1.609	3.638
Size	17 076	21.940	1.389	18.955	21.744	26.948
Lev	17 076	0.472	0.229	0.047	0.470	1.222
Roa	17 076	0.036	0.060	−0.245	0.034	0.223
Growth	17 076	0.497	1.787	−0.808	0.104	14.168
Listage	17 076	10.327	6.044	1.000	10.000	22.000
Gdp_city	17 076	9.791	0.621	8.411	9.925	10.996
Openness	17 076	0.116	0.202	0.000	0.003	0.912
HHI	17 076	0.064	0.057	0.016	0.048	0.391
Soe	17 076	0.458	0.498	0.000	0.000	1.000
Dual	17 076	0.216	0.411	0.000	0.000	1.000
Indep	17 076	0.369	0.052	0.298	0.333	0.571
Instishare	17 076	36.858	23.667	0.279	36.181	87.938
Cash	17 076	0.184	0.140	0.001	0.145	0.710
Cashflow	17 076	0.041	0.079	−0.222	0.041	0.269

表 9.4 报告了主要变量的皮尔逊相关系数分析结果。数据表明，分析师关注（Follow）与企业绿色投资水平（ENV_Perf）的相关系数为 0.133（$p<0.01$），保持了较高的同步性，结论初步支持了企业绿色投资水平随着分析师关注数量的增加而提高，符合市场监督假说，而非业绩压力假说预期。另外，模型其他变量的相关系数较低，大部分相关系数在 0.30 以内，进一步对所有进入模型的解释变量和控制变量进行方差膨胀因子诊断，结果显示方差膨胀因子均值为 1.32，最大值 1.93，最小值 1.02，均小于 2，表明变量之间的共线性问题不严重。

表 9.4　皮尔逊相关系数分析结果

变量符号	ENV_Perf	Follow	Size	Lev	Roa	Growth	Listage	Gdp_city	Openness	HHI	Soe	Dual	Indep	Instishare	Cash	Cashflow
ENV_Perf	1															
Follow	0.133***	1														
Size	0.029***	0.435***	1													
Lev	-0.028**	-0.110***	0.388***	1												
Roa	0.031***	0.389***	0.033***	-0.386***	1											
Growth	-0.097***	-0.092***	-0.021***	0.078***	0.014*	1										
Listage	-0.141***	-0.265***	0.177***	0.348***	-0.174***	0.111***	1									
Gdp_city	-0.076***	0.016*	0.073***	-0.011	0.021***	0.041***	0.054***	1								
Openness	0.054***	-0.007	-0.092***	-0.110***	-0.002	-0.082***	-0.161***	0.001	1							
HHI	-0.014*	0.107***	0.163***	0.022***	0.030***	0.028***	-0.061***	0.054***	-0.039***	1						
Soe	0.023***	-0.028***	0.306***	0.263***	-0.100***	-0.004	0.355***	0.022***	-0.121***	0.071***	1					
Dual	0.004	0.025***	-0.170***	-0.151***	0.036***	-0.004	-0.191***	0.027***	0.094***	-0.029***	-0.261***	1				
Indep	-0.027***	-0.002	0.018***	-0.023***	-0.013	0.032***	-0.020*	0.026***	-0.002	0.023***	-0.059***	0.055***	1			
Instishare	0.013*	0.330***	0.414***	0.128***	0.128***	-0.004	0.196***	0.032***	-0.061***	0.083***	0.253***	-0.127***	-0.023***	1		
Cash	-0.112***	0.175***	-0.184***	-0.410***	0.272***	-0.017***	-0.265***	0.044***	0.085***	-0.004	-0.158***	0.123***	0.014*	-0.051***	1	
Cashflow	0.086***	0.169***	0.042***	-0.132***	0.310***	-0.085***	-0.019**	-0.021***	0.026***	0.037***	0.044***	-0.030***	-0.030***	0.113***	0.112***	1

***、**和*分别表示 1%、5%和 10%的显著性水平

9.4　实证结果分析

本章实证检验的思路如下：第一，进行单变量分析，考察不同分析师关注水平下企业绿色投资水平的差异；第二，检验分析师关注与企业绿色投资水平之间的关系；第三，构造分析师关注工具变量以讨论内生性问题；第四，替代性假说排除。值得注意的是，本章数据是具有时间序列和横截面数据的非平稳面板数据，对于混合截面数据，OLS 回归可能导致结果存在一定的偏差（Petersen，2009）；非平稳面板数据则可能存在异方差、序列相关和截面相关等问题，使用通常的面板数据估计方法有可能会低估标准误，同样也会导致计量结果有偏。鉴于此，本章采用 Driscoll-Kraay 标准差进行稳健性估计（Driscoll and Kraay，1998）。此外，为确保结果的稳健性，主要回归分析也采用面板数据固定效应估计，并进行了企业层面的聚类调整和 White（1980）异方差调整。

9.4.1　单变量分析

表 9.5 报告了不同分析师关注水平下企业绿色投资水平差异的单变量检验结果。数据表明，在有无分析师关注两组样本中，有分析师关注样本组企业绿色投资水平（ENV_Perf）的均值为 0.0375，无分析师关注样本组均值为 0.0242，两者的差异（0.0133）在 1%的水平上显著；高分析师关注样本组企业绿色投资水平（ENV_Perf）均值为 0.0398，低分析师关注样本组为 0.0296，两者的差异（0.0102）同样在 1%的水平上显著。这一检验结果表明，分析师关注水平不同的企业其企业绿色投资水平存在显著差异，与本章市场监督假说的预期一致。

表 9.5　单变量检验结果

组别	ENV_Perf 均值	差异（A–B）		
		均值差异	t 值	Z 值（中值检验）
有分析师关注组（A）	0.0375	0.0133***	16.7597	22.065***
无分析师关注组（B）	0.0242			
高分析师关注组（A）	0.0398	0.0102***	14.7636	19.280***
低分析师关注组（B）	0.0296			

注：高低分析师关注样本组是根据分析师关注的中位数进行分组检验的结果

***表示在 1%的水平上显著

9.4.2 回归结果分析

表 9.6 报告了分析师关注与企业绿色投资水平关系的检验结果。列（1）中 D-K（Driscoll-Kraay）估计结果以及第（2）列中 FE（fixed effect，固定效应）估计结果均显示，在控制其他因素的影响后，分析师关注（Follow）与企业绿色投资水平（ENV_Perf）的估计系数为 0.0043，在 1% 的水平上显著，这意味着分析师关注数量越多，越有助于提高企业绿色投资水平，从而支持市场监督假说而非业绩压力假说。

表 9.6 分析师关注与企业绿色投资水平关系的检验结果

变量符号	（1）	（2）
	D-K	FE
Follow	0.004 3***	0.004 3***
	(10.13)	(7.07)
Size	0.005 8***	0.005 8***
	(5.41)	(4.94)
Lev	−0.008 7	−0.008 7**
	(−1.52)	(−2.04)
Roa	0.009 7	0.009 7
	(1.40)	(1.28)
Growth	0.000 1	0.000 1
	(0.31)	(0.22)
Listage	−0.005 5***	−0.005 5***
	(−11.29)	(−2.82)
Gdp_city	0.004 1***	0.004 1
	(3.58)	(1.17)
Openness	0.009 0**	0.009 0**
	(2.50)	(1.97)
HHI	0.068 9***	0.068 9***
	(7.75)	(2.90)
Soe	−0.003 1**	−0.003 1
	(−2.02)	(−1.02)
Dual	−0.000 1	−0.000 1
	(−0.21)	(−0.10)

续表

变量符号	（1）	（2）
	D-K	FE
Indep	−0.014 5***	−0.014 5
	（−2.96）	（−1.37）
Instishare	0.000 1***	0.000 1**
	（3.32）	（2.23）
Cash	−0.034 5***	−0.034 5***
	（−4.70）	（−8.90）
Cashflow	−0.009 3***	−0.009 3**
	（−6.29）	（−2.15）
常数项	−0.065 8***	−0.065 8
	（−3.15）	（−1.24）
Year	控制	控制
Industry	控制	控制
调整的 R^2	0.057 1	0.054 7
N	17 076	17 076

注：FE 模型估计结果经过稳健异方差稳健调整，同时在公司层面进行了聚类调整

***、**分别表示 1%、5%的显著性水平

已有文献表明，分析师关注水平可能会受到公司规模、盈利能力、成长能力以及机构持股比例等因素的影响（李春涛等，2014；余明桂等，2017）。为此，借鉴 Yu（2008）的方法，通过回归模型残差得到净分析师关注（NetFollow），模型设定如下：

$$\text{Follow}_{i,t} = \alpha + \beta_1 \times \text{Size}_{i,t} + \beta_2 \times \text{Roa}_{i,t} + \beta_3 \times \text{Growth}_{i,t} + \beta_4 \times \text{Instishare}_{i,t} + \varepsilon_{i,t} \qquad (9.2)$$

其中，$\beta_1 \sim \beta_4$ 为估计系数。

根据模型（9.2）的残差可以得到净分析师关注，并将其作为分析师关注的代理变量，构建如下模型检验净分析师关注对企业绿色投资水平的影响。

$$\text{ENV\_Perf}_{i,t} = \alpha + \beta_1 \times \text{NetFollow}_{i,t} + \beta_i \times \sum \text{Controls} + \varepsilon_{i,t} \qquad (9.3)$$

上述模型中，除 NetFollow 外，其他变量与模型（9.1）相同。表 9.7 报告了净分析师关注与企业绿色投资水平关系的检验结果。无论是 D-K 估

计还是 FE 估计，净分析师关注（NetFollow）与企业绿色投资水平
（ENV_Perf）的估计系数均为 0.0043，且在 1%的水平上显著，再次验证了
本章的研究假说 H9A。

表 9.7　净分析师关注与企业绿色投资水平关系的检验结果

变量符号	（1）	（2）
	D-K	FE
NetFollow	0.004 3***	0.004 3***
	(10.30)	(7.02)
Size	0.007 1***	0.007 1***
	(7.20)	(6.13)
Lev	−0.008 7	−0.008 7**
	(−1.53)	(−2.05)
Roa	0.037 8***	0.037 8***
	(4.02)	(4.61)
Growth	−0.000 2*	−0.000 2
	(−1.71)	(−1.12)
Listage	−0.005 5***	−0.005 5***
	(−11.34)	(−2.82)
Gdp_city	0.004 0***	0.004 0
	(3.60)	(1.16)
Openness	0.009 0**	0.009 0**
	(2.50)	(1.97)
HHI	0.069 0***	0.069 0***
	(7.79)	(2.91)
Soe	−0.003 1**	−0.003 1
	(−2.01)	(−1.03)
Dual	−0.000 1	−0.000 1
	(−0.22)	(−0.10)
Indep	−0.014 4***	−0.014 4
	(−2.94)	(−1.36)
Instishare	0.000 1***	0.000 1***
	(4.82)	(3.42)

续表

变量符号	（1）	（2）
	D-K	FE
Cash	$-0.034\,5^{***}$	$-0.034\,5^{***}$
	(-4.70)	(-8.90)
Cashflow	$-0.009\,2^{***}$	$-0.009\,2^{**}$
	(-6.33)	(-2.14)
常数项	$-0.089\,7^{***}$	$-0.089\,7^{*}$
	(-4.69)	(-1.70)
Year	控制	控制
Industry	控制	控制
调整的 R^2	0.057 0	0.054 6
N	17 076	17 076

注：FE 模型估计结果经过稳健异方差稳健调整，同时在公司层面进行了聚类调整

***、**和*分别表示 1%、5%和 10%的显著性水平

9.4.3 内生性讨论

尽管前文的分析能够为分析师关注影响企业绿色投资水平提供强有力的经验证据，但并不排除模型中可能存在遗漏变量，为确保结论的稳健可靠须考虑内生性问题。此处借鉴 Yu（2008）、余明桂等（2017）的研究方法构造分析师关注的工具变量，模型设定如下：

$$\text{Exp\_Follow}_{i,j,t} = \frac{\text{Analyst}_{j,t}}{\text{Analyst}_{j,0}} \times \text{Follow}_{i,j,0} \qquad (9.4)$$

$$\text{Exp\_Follow}_{i,t} = \sum_{j=1}^{n} \text{Exp\_Follow}_{i,t,t} \qquad (9.5)$$

其中，$\text{Analyst}_{j,t}$ 和 $\text{Analyst}_{j,0}$ 分别为券商 j 在第 t 年度和基年拥有的分析师数量；$\text{Follow}_{i,j,0}$ 为公司 i 在基年受到券商 j 的分析师关注的数量；$\text{Exp\_Follow}_{i,j,t}$ 为估计的公司 i 在第 t 年受到券商 j 的分析师关注的数量；$\text{Exp\_Follow}_{i,t}$ 为估计的公司 i 在第 t 年受到分析师关注的总数。显而易见，Exp_Follow 与 Follow 相关，但与企业绿色投资水平没有直接关系，因此，可以将其作为分析师关注的工具变量。由于 2006 年以前国内券商经历了较大规模的整改清理，本章选择 2006 年为基年。

表 9.8 报告了分析师关注（工具变量）与企业绿色投资水平关系的检验结果。数据表明，无论是 D-K 估计还是 FE 估计，分析师关注（Follow）与企业绿色投资水平（ENV_Perf）的估计系数均为 0.0069，且在 1%的水平上显著，即分析师关注较多的企业绿色投资水平越高，检验结果再次验证了研究假说 H9A。

表 9.8 分析师关注（工具变量）与企业绿色投资水平关系的检验结果

变量符号	（1）	（2）
	D-K	FE
Follow	0.0069***	0.0069***
	(11.87)	(4.66)
Size	0.0047***	0.0047**
	(3.57)	(2.21)
Lev	0.0018	0.0018
	(0.28)	(0.22)
Roa	0.0043	0.0043
	(0.41)	(0.30)
Growth	0.0001	0.0001
	(0.32)	(0.36)
Listage	−0.0076***	−0.0076**
	(−8.37)	(−2.49)
Gdp_city	−0.0006	−0.0006
	(−0.28)	(−0.11)
Openness	−0.0092***	−0.0092
	(−3.93)	(−1.25)
HHI	0.0727***	0.0727*
	(5.17)	(1.80)
Soe	0.0020	0.0020
	(0.79)	(0.37)
Dual	−0.0037***	−0.0037
	(−2.70)	(−1.55)
Indep	−0.0229***	−0.0229
	(−2.75)	(−1.35)

续表

变量符号	(1)	(2)
	D-K	FE
Instishare	0.0001	0.0001
	(0.50)	(0.31)
Cash	−0.0393***	−0.0393***
	(−9.46)	(−4.31)
Cashflow	−0.0212***	−0.0212***
	(−6.49)	(−2.91)
常数项	0.0432**	0.0432
	(2.10)	(0.49)
Year	控制	控制
Industry	控制	控制
调整的 R^2	0.0695	0.0634
N	6123	6123

注:FE 模型估计结果经过稳健异方差稳健调整,同时在公司层面进行了聚类调整

***、**和*分别表示 1%、5%和 10%的显著性水平

9.4.4 替代性假说排除

前文的研究结果表明,分析师关注能够显著提高企业绿色投资水平。那么,是否由于企业污染严重而导致企业绿色投资支出较多进而引起分析师关注?或是业绩越好的公司越注重绿色投资(承担更多的环境社会责任),从而得到更多分析师的青睐?本章尝试从以下四个方面排除这种潜在的可能性。

1. 将样本分为重污染行业和非重污染行业

根据环境保护部公布的《上市公司环境信息披露指南》,将本章的研究样本划分为重污染行业(包括采掘业、纺织服务皮毛业、金属非金属业、生物医药业、石化塑胶业、造纸印刷业、水电煤气业和食品饮料业)和非重污染行业两类。倘若在非重污染行业也能发现分析师关注能够显著提高企业绿色投资水平的经验证据,则可在一定程度上排除企业污染多的替代性假说。从表 9.9 可以看出,无论是重污染行业还是非重污染行业,样本中变量分析师关注(Follow)和净分析师关注(NetFollow)的估计系数均显著为正,且均在 1%的水平显著,这在一定程度上排除了潜在的替代性假说。

表 9.9 基于重污染行业分组的检验结果

变量符号	（1）重污染行业	（2）非重污染行业	（3）重污染行业	（4）非重污染行业
Follow	0.006 5***	0.003 8***		
	(6.32)	(6.20)		
NetFollow			0.006 7***	0.003 8***
			(6.64)	(6.35)
Size	0.005 1**	0.005 1***	0.007 1***	0.006 3***
	(2.19)	(3.34)	(3.05)	(4.56)
Lev	0.008 4	−0.010 5*	0.008 5	−0.010 5*
	(0.89)	(−1.91)	(0.90)	(−1.92)
Roa	0.004 1	0.009 6	0.048 1***	0.034 4***
	(1.00)	(1.15)	(11.22)	(2.85)
Growth	0.000 4	0.000 1	−0.000 1	−0.000 1
	(0.80)	(0.86)	(−0.05)	(−0.92)
Listage	0.004 2**	−0.006 0***	0.004 2**	−0.006 0***
	(2.09)	(−10.11)	(2.10)	(−10.15)
Gdp_city	0.008 6**	0.002 3***	0.008 5**	0.002 3***
	(2.43)	(3.32)	(2.46)	(3.32)
Openness	−0.007 8	0.012 8***	−0.007 9	0.012 9***
	(−1.52)	(3.06)	(−1.54)	(3.06)
HHI	0.030 0**	0.067 5***	0.029 6**	0.067 6***
	(2.32)	(4.37)	(2.29)	(4.38)
Soe	−0.001 7	−0.003 4***	−0.001 6	−0.003 5***
	(−0.55)	(−4.94)	(−0.49)	(−4.97)
Dual	−0.000 1	−0.000 5	−0.000 1	−0.000 5
	(−0.01)	(−0.93)	(−0.02)	(−0.93)
Indep	−0.006 2	−0.013 8*	−0.006 1	−0.013 7*
	(−0.46)	(−1.85)	(−0.45)	(−1.85)
Instishare	0.000 1***	0.000 1***	0.000 1***	0.000 1***
	(3.00)	(2.77)	(4.26)	(3.85)
Cash	−0.043 3***	−0.031 6***	−0.043 3***	−0.031 5***
	(−3.18)	(−5.50)	(−3.19)	(−5.50)

续表

变量符号	(1)	(2)	(3)	(4)
	重污染行业	非重污染行业	重污染行业	非重污染行业
Cashflow	−0.020 7***	−0.006 4**	−0.020 6***	−0.006 3**
	(−4.38)	(−2.43)	(−4.28)	(−2.42)
常数项	−0.213 3***	−0.027 1	−0.249 1***	−0.048 4
	(−3.20)	(−0.77)	(−3.79)	(−1.49)
Year	控制	控制	控制	控制
Industry	控制	控制	控制	控制
调整的 R^2	0.085 8	0.051 0	0.086 1	0.050 8
N	3 858	13 218	3 858	13 218

注：上述模型结果均经过 Driscoll-Kraay 标准误调整

***、**和*分别表示 1%、5%和 10%的显著性水平

2. 采用企业被惩罚的排污费用衡量企业环境治理水平

与企业绿色投资支出不同，排污费用具有事后的惩罚性质，若企业排污费用支出越多，表明企业的污染越严重，环境治理绩效越差（胡珺等，2017）。如果存在替代性假说，则意味着分析师关注与企业污染水平正相关。因此，本章手工收集了 2007 年以来上市公司年报附注中披露的排污费用，构建如下模型以检验分析师关注与企业排污费用之间的关系：

$$\text{Lnfee}_{i,t} = \alpha + \beta_1 \times \text{Follow}_{i,t} + \beta_i \times \sum \text{Controls} + \varepsilon_{i,t} \qquad (9.6)$$

其中，Lnfee 为企业排污费用，以企业排污费用加 1 的自然对数来度量；α 为截距项；β_1、β_i 为估计系数；ε 为误差项；i 为个体；t 为时间。

表 9.10 中的数据表明，变量分析师关注（Follow）和净分析师关注（NetFollow）的估计系数均显著为负，这意味着分析师关注降低了企业排污费用，发挥了外部监督作用，提高了企业绿色投资水平，从而在一定程度上排除了潜在的替代性假说。

表 9.10　分析师关注与企业排污费用关系的检验结果

变量符号	(1)	(2)	(3)	(4)
	D-K	FE	D-K	FE
Follow	−0.127 5***	−0.127 5**		
	(−2.78)	(−2.36)		

续表

变量符号	（1）	（2）	（3）	（4）
	D-K	FE	D-K	FE
NetFollow			−0.126 7***	−0.126 7**
			（−2.88）	（−2.32）
Size	0.197 1***	0.197 1	0.158 1*	0.158 1
	（2.81）	（1.55）	（1.90）	（1.26）
Lev	0.197 6	0.197 6	0.199 0	0.199 0
	（0.87）	（0.47）	（0.87）	（0.47）
Roa	−0.577 8	−0.577 8	−1.414 3**	−1.414 3*
	（−0.82）	（−0.87）	（−2.02）	（−1.91）
Growth	−0.021 8***	−0.021 8	−0.014 7*	−0.014 7
	（−2.94）	（−1.45）	（−1.70）	（−0.94）
Listage	0.116 4	0.116 4	0.116 6	0.116 6
	（0.62）	（0.76）	（0.62）	（0.76）
Gdp_city	−0.166 7	−0.166 7	−0.165 9	−0.165 9
	（−1.06）	（−0.46）	（−1.05）	（−0.46）
Openness	0.067 2	0.067 2	0.067 1	0.067 1
	（0.50）	（0.15）	（0.50）	（0.15）
HHI	−5.319 9**	−5.319 9**	−5.323 9**	−5.323 9**
	（−2.47）	（−2.31）	（−2.48）	（−2.32）
Soe	−0.417 4*	−0.417 4	−0.416 9*	−0.416 9
	（−1.91）	（−1.26）	（−1.91）	（−1.26）
Dual	0.099 3***	0.099 3	0.099 4***	0.099 4
	（2.76）	（0.75）	（2.77）	（0.75）
Indep	−0.792 9	−0.792 9	−0.794 6	−0.794 6
	（−1.21）	（−0.76）	（−1.21）	（−0.76）
Instishare	0.000 4	0.000 4	−0.000 4	−0.000 4
	（0.60）	（0.17）	（−0.65）	（−0.18）
Cash	−0.356 9**	−0.356 9	−0.358 4**	−0.358 4
	（−2.26）	（−1.04）	（−2.27）	（−1.04）
Cashflow	0.668 9*	0.668 9*	0.667 4*	0.667 4*
	（1.91）	（1.69）	（1.90）	（1.69）

续表

变量符号	（1）	（2）	（3）	（4）
	D-K	FE	D-K	FE
常数项	−1.832 6	−1.832 6	−1.119 0	−1.119 0
	（−0.76）	（−0.37）	（−0.51）	（−0.23）
Year	控制	控制	控制	控制
Industry	控制	控制	控制	控制
调整的 R^2	0.131 2	0.129 0	0.131 2	0.129 0
N	17 076	17 076	17 076	17 076

注：FE 模型估计结果已经过稳健异方差稳健调整，同时在公司层面进行了聚类调整；采用企业排污费用与资产总额之比以及与销售收入之比作为被解释变量，结果未发生实质性改变

***、**和*分别表示 1%、5%和 10%的显著性水平

3. 借助回归残差估计的企业绿色投资水平

首先，参照胡珺等（2017）的做法，以企业绿色投资水平（ENV_Perf_2）为被解释变量、企业排污费用（Lnfee）为解释变量进行回归估计，检验结果如表 9.11 中第（1）列所示。可以看出，企业排污费用（Lnfee）的估计系数显著为负（$p < 0.01$），表明企业排污费用越多，企业绿色投资支出越少。其次，以列（1）的残差（ENV_Perf_e）为被解释变量，剔除了企业污染水平对企业绿色投资水平的影响，进而检验分析师关注与绿色投资水平的关系，回归结果如表 9.11 中第（2）列、第（3）列所示，可以发现分析师关注（Follow）和净分析师关注（NetFollow）的估计系数均显著为正（$p < 0.01$），与前文检验结果一致，从而在一定程度上排除了替代性假说。

表 9.11　基于残差估计的检验结果

变量符号	（1）	（2）	（3）
	ENV_Perf	ENV_Perf_e	ENV_Perf_e
Lnfee	−0.000 3***		
	（−4.69）		
Follow		0.004 1***	
		（10.53）	
NetFollow			0.004 1***
			（10.69）
Size	0.007 5***	−0.001 7	−0.000 4
	（7.53）	（−1.57）	（−0.44）

续表

变量符号	(1)	(2)	(3)
	ENV_Perf	ENV_Perf_e	ENV_Perf_e
Lev	−0.010 3*	0.001 5	0.001 5
	(−1.84)	(0.28)	(0.28)
Roa	0.018 6**	−0.008 3	0.018 5**
	(2.48)	(−1.25)	(2.06)
Growth	−0.000 1	0.000 1	−0.000 2
	(−0.18)	(0.49)	(−1.55)
Listage	−0.005 8***	0.000 5	0.000 5
	(−10.59)	(0.89)	(0.88)
Gdp_city	0.003 9***	−0.000 4	−0.000 5
	(3.18)	(−0.41)	(−0.44)
Openness	0.008 9**	0.000 1	0.000 1
	(2.52)	(0.03)	(0.03)
HHI	0.067 9***	0.001 4	0.001 5
	(8.79)	(0.16)	(0.18)
Soe	−0.003 7***	0.000 7	0.000 7
	(−2.66)	(0.48)	(0.47)
Dual	−0.000 1	0.000 2	0.000 2
	(−0.17)	(0.41)	(0.39)
Indep	−0.014 7***	0.001 3	0.001 4
	(−2.90)	(0.27)	(0.28)
Instishare	0.000 1***	−0.000 1	0.000 1
	(4.10)	(−1.25)	(0.45)
Cash	−0.033 1***	−0.000 8	−0.000 7
	(−4.47)	(−0.11)	(−0.10)
Cashflow	−0.009 8***	0.000 9	0.000 9
	(−5.73)	(0.66)	(0.71)
常数项	−0.090 8***	0.027 9	0.005 2
	(−4.73)	(1.23)	(0.24)
Year	控制	控制	控制
Industry	控制	控制	控制
调整的 R^2	0.052 6	0.005 3	0.005 2
N	170 76	170 76	170 76

注：模型结果均经过 Driscoll-Kraay 标准误调整

***、**和*分别表示 1%、5%和 10%的显著性水平

4. 基于业绩匹配的排他检验

业绩越好的公司通常越注重环境投资（承担更多的环境社会责任），同时也会得到更多分析师的青睐，被更多分析师跟踪。为了解决这一问题，采用以下步骤进行排他性检验。首先，选取存在分析师关注的样本，将分析师研报中涉及环境问题的企业作为实验组（Treated = 1），经研究团队手工查阅报告，有 2218 个样本分析师报告涉及环境问题，占比 12.99%，把不涉及环境问题的企业作为控制组。其次，以盈利能力（Roa）对实验组中的企业进行 1∶1 匹配，确保企业绩效水平可比。最后，根据匹配后的样本检验 Treated 对环境投资的影响，结果如表 9.12 所示。从中可知，Treated 与企业绿色投资水平显著正相关，表明分析师关注对企业环境问题确实存在监督效应。

表 9.12　基于业绩匹配的排他性检验结果

变量符号	（1）	（2）
	D-K	FE
Treated	0.0032***	0.0032*
	(6.62)	(1.74)
Size	0.0053	0.0053*
	(1.62)	(1.74)
Lev	0.0194***	0.0194
	(3.52)	(1.51)
Roa	0.0142	0.0142
	(0.68)	(0.51)
Growth	−0.0001	−0.0001
	(−0.08)	(−0.04)
Listage	−0.0031*	−0.0031
	(−1.88)	(−0.85)
Gdp_city	−0.0040***	−0.0040
	(−3.05)	(−0.65)
Openness	−0.0061	−0.0061
	(−1.33)	(−0.56)
HHI	0.0365*	0.0365
	(1.86)	(0.70)

续表

变量符号	(1)	(2)
	D-K	FE
Soe	0.0060*	0.0060
	(1.88)	(0.64)
Dual	−0.0021*	−0.0021
	(−1.79)	(−0.70)
Indep	−0.0113	−0.0113
	(−1.54)	(−0.53)
Instishare	−0.0001	−0.0001
	(−0.76)	(−0.17)
Cash	−0.0423***	−0.0423***
	(−4.04)	(−5.46)
Cashflow	−0.0284***	−0.0284***
	(−7.39)	(−2.75)
常数项	0.0090	0.0090
	(0.13)	(0.09)
Year	控制	控制
Industry	控制	控制
调整的 R^2	0.0740	0.0654
N	4436	4436

注：FE 模型估计结果经过稳健异方差稳健调整，同时在公司层面进行了聚类调整
***、*分别表示 1%、10%的显著性水平

9.5　指标敏感性测试

9.5.1　改变企业环境治理测量指标

为确保结果的稳健性，本章采用经过当年销售收入标准化处理后的企业绿色投资支出预算数（ENV_Perf_1）和企业新增绿色投资支出（ENV_Perf_2）来衡量企业环境治理绩效。表 9.13 报告了更换企业绿色投资水平指标测量的检验结果。第（1）、（2）、（5）、（6）列中分析师关注（Follow）与企业绿色投资水平 ENV_Perf_1 和 ENV_Perf_2 均在 1%的水平上显著正相关，第（3）、（4）、（7）、（8）列中净分析师关注（NetFollow）与企业绿色投资水平 ENV_Perf_1 和 ENV_Perf_2 均在 1%的水平上显著

正相关，表明在更换企业绿色投资水平指标测量方式后，研究结论依然稳健。

表 9.13　更换企业绿色投资水平指标测量的检验结果

变量符号	ENV_Perf_1				ENV_Perf_2			
	（1）	（2）	（3）	（4）	（5）	（6）	（7）	（8）
	D-K	FE	D-K	FE	D-K	FE	D-K	FE
Follow	0.029 6***	0.029 6***			0.007 0***	0.007 0***		
	（5.59）	（3.47）			（5.63）	（3.63）		
NetFollow			0.029 3***	0.029 3***			0.007 0***	0.007 0***
			（5.52）	（3.44）			（5.60）	（3.62）
Size	0.072 9***	0.072 9***	0.082 0***	0.082 0***	0.025 2***	0.025 2***	0.027 3***	0.027 3***
	（9.90）	（3.11）	（11.42）	（3.57）	（6.28）	（5.31）	（7.40）	（5.77）
Lev	−0.125 6***	−0.125 6	−0.125 9***	−0.125 9	−0.019 5	−0.019 5	−0.019 6	−0.019 6
	（−2.83）	（−1.55）	（−2.82）	（−1.56）	（−1.13）	（−1.18）	（−1.14）	（−1.19）
Roa	−0.683 3***	−0.683 3***	−0.489 5***	−0.489 5***	−0.086 0***	−0.086 0***	−0.039 8**	−0.039 8
	（−5.67）	（−4.58）	（−4.54）	（−3.11）	（−6.90）	（−3.15）	（−2.25）	（−1.36）
Growth	0.001 8	0.001 8	0.000 1	0.000 1	0.000 4	0.000 4	−0.000 1	−0.000 1
	（0.60）	（0.49）	（0.04）	（0.03）	（0.99）	（0.46）	（−0.11）	（−0.06）
Listage	0.041 6***	0.041 6**	0.041 6***	0.041 6**	−0.007 1***	−0.007 1	−0.007 1***	−0.007 1
	（7.42）	（2.01）	（7.42）	（2.00）	（−3.60）	（−1.07）	（−3.62）	（−1.07）
Gdp_city	0.064 6	0.064 6	0.064 4	0.064 4	0.016 9***	0.016 9	0.016 9***	0.016 9
	（1.59）	（1.10）	（1.58）	（1.10）	（3.50）	（1.26）	（3.49）	（1.26）
Openness	0.063 8	0.063 8	0.063 9	0.063 9	0.021 0**	0.021 0	0.021 0**	0.021 0
	（1.54）	（0.92）	（1.54）	（0.92）	（2.35）	（1.56）	（2.36）	（1.56）
HHI	0.556 3***	0.556 3	0.557 2***	0.557 2	0.163 3***	0.163 3*	0.163 6***	0.163 6*
	（4.57）	（1.46）	（4.58）	（1.47）	（5.71）	（1.81）	（5.73）	（1.81）
Soe	−0.102 0***	−0.102 0*	−0.102 2***	−0.102 2*	−0.020 7***	−0.020 7*	−0.020 8***	−0.020 8*
	（−6.74）	（−1.75）	（−6.73）	（−1.75）	（−4.16）	（−1.86）	（−4.16）	（−1.86）
Dual	−0.027 9***	−0.027 9	−0.028 0***	−0.028 0	−0.002 3	−0.002 3	−0.002 3	−0.002 3
	（−3.27）	（−1.51）	（−3.27）	（−1.51）	（−0.79）	（−0.54）	（−0.79）	（−0.54）
Indep	−0.159 0**	−0.159 0	−0.158 6**	−0.158 6	−0.050 5*	−0.050 5	−0.050 4*	−0.050 4
	（−2.34）	（−1.13）	（−2.34）	（−1.13）	（−1.93）	（−1.38）	（−1.93）	（−1.38）
Instishare	0.000 4**	0.000 4	0.000 6***	0.000 6	0.000 1***	0.000 1	0.000 2***	0.000 2**
	（2.34）	（1.09）	（3.70）	（1.64）	（2.81）	（1.60）	（3.49）	（2.22）

续表

变量符号	ENV_Perf_1				ENV_Perf_2			
	（1）	（2）	（3）	（4）	（5）	（6）	（7）	（8）
	D-K	FE	D-K	FE	D-K	FE	D-K	FE
Cash	0.077 2**	0.077 2	0.077 6**	0.077 6	−0.052 6***	−0.052 6***	−0.052 5***	−0.052 5***
	(2.14)	(1.24)	(2.14)	(1.24)	(−3.53)	(−3.55)	(−3.53)	(−3.55)
Cashflow	−0.391 5***	−0.391 5***	−0.391 2***	−0.391 2***	−0.073 9***	−0.073 9***	−0.073 9***	−0.073 9***
	(−11.60)	(−5.53)	(−11.61)	(−5.53)	(−9.67)	(−5.51)	(−9.68)	(−5.50)
常数项	−2.427 6***	−2.427 6***	−2.593 2***	−2.593 2***	−0.518 7***	−0.518 7**	−0.558 0***	−0.558 0***
	(−4.71)	(−2.88)	(−4.93)	(−3.10)	(−7.03)	(−2.54)	(−8.02)	(−2.73)
Year	控制	控制	控制	控制	控制	控制	控制	控制
Industry	控制	控制	控制	控制	控制	控制	控制	控制
调整的 R^2	0.026 5	0.024 0	0.026 4	0.023 9	0.030 1	0.027 7	0.030 1	0.027 6
N	17 076	17 076	17 076	17 076	17 076	17 076	17 076	17 076

注：FE 模型估计结果经过稳健异方差稳健调整，同时在公司层面进行了聚类调整

***、**和*分别表示 1%、5%和 10%的显著性水平

9.5.2　改变分析师关注测量指标

参照谢震和艾春荣（2014）的做法，以分析师发布的报告数量加 1 的自然对数来度量分析师关注（Follow）。类似前文模型（9.3）的方法，以更换后的分析师关注变量计算净分析师关注（NetFollow）。表 9.14 报告了更换分析师关注指标测量的检验结果。第（1）列、第（2）列中分析师关注（Follow）与企业绿色投资水平 ENV_Perf 均在 1%的水平上显著正相关，第（3）列、第（4）列中净分析师关注（NetFollow）与企业绿色投资水平 ENV_Perf 均在 1%的水平上显著正相关，表明在更换分析师关注指标测量方式后，本章的研究结论未发生实质性改变。

表 9.14　更换分析师关注指标的检验结果

变量符号	（1）	（2）	（3）	（4）
	D-K	FE	D-K	FE
Follow	0.003 3***	0.003 3***		
	(8.99)	(6.51)		
NetFollow			0.003 3***	0.003 3***
			(9.02)	(6.43)
Size	0.005 9***	0.005 9***	0.007 1***	0.007 1***
	(5.45)	(4.94)	(7.07)	(6.05)

续表

变量符号	（1）	（2）	（3）	（4）
	D-K	FE	D-K	FE
Lev	−0.009 0	−0.009 0**	−0.009 0	−0.009 0**
	（−1.57）	（−2.12）	（−1.58）	（−2.12）
Roa	0.010 1	0.010 1	0.035 8***	0.035 8***
	（1.45）	（1.34）	（3.78）	（4.37）
Growth	0.000 1	0.000 1	−0.000 2	−0.000 2
	（0.31）	（0.21）	（−1.59）	（−1.00）
Listage	−0.005 5***	−0.005 5***	−0.005 5***	−0.005 5***
	（−11.28）	（−2.84）	（−11.31）	（−2.84）
Gdp_city	0.004 1***	0.004 1	0.004 1***	0.004 1
	（3.54）	（1.19）	（3.56）	（1.18）
Openness	0.009 0**	0.009 0**	0.009 0**	0.009 0**
	（2.53）	（1.97）	（2.53）	（1.97）
HHI	0.068 2***	0.068 2***	0.068 3***	0.068 3***
	（7.91）	（2.87）	（7.97）	（2.87）
Soe	−0.003 1**	−0.003 1	−0.003 1**	−0.003 1
	（−2.01）	（−1.02）	（−2.01）	（−1.03）
Dual	−0.000 1	−0.000 1	−0.000 1	−0.000 1
	（−0.12）	（−0.05）	（−0.13）	（−0.06）
Indep	−0.014 5***	−0.014 5	−0.014 4***	−0.014 4
	（−2.98）	（−1.37）	（−2.95）	（−1.36）
Instishare	0.000 1***	0.000 1**	0.000 1***	0.000 1***
	（3.30）	（2.22）	（4.82）	（3.43）
Cash	−0.033 8***	−0.033 8***	−0.033 8***	−0.033 8***
	（−4.62）	（−8.73）	（−4.62）	（−8.73）
Cashflow	−0.009 7***	−0.009 7**	−0.009 7***	−0.009 7**
	（−6.24）	（−2.24）	（−6.26）	（−2.23）
常数项	−0.065 9***	−0.065 9	−0.087 8***	−0.087 8*
	（−3.16）	（−1.24）	（−4.62）	（−1.66）
Year	控制	控制	控制	控制
Industry	控制	控制	控制	控制
调整的 R^2	0.056 4	0.054 0	0.056 2	0.053 9
N	17 076	17 076	17 076	17 076

注：FE 模型估计结果经过稳健异方差稳健调整，同时在公司层面进行了聚类调整

***、**和*分别表示 1%、5%和 10%的显著性水平

9.6 本 章 小 结

当前，环境问题已经成为中国经济社会健康发展道路上亟待解决的一个重要问题。党的十八大报告提出"大力推进生态文明建设"的战略决策，党的十八大以来，习近平总书记多次强调"绿水青山就是金山银山"；党的十九大报告强调"要坚决打好防范化解重大风险、精准脱贫、污染防治的攻坚战"。并提出"构建政府为主导、企业为主体、社会组织和公众共同参与的环境治理体系"。如何激励和引导企业承担环境治理责任，实现绿色发展，尤其是发挥资本市场对企业环境治理的支持作用，是推进生态文明建设战略的一项重要举措。

政府的推动和市场需求的拉动是驱动企业环境治理的重要力量，而环境治理是一项系统工程，不能单靠政府或是制度来解决，需要综合运用行政、市场、法治、科技等多种手段，尤其是要发挥市场的监督作用，须沿着"政府监管—市场监督—市场治理"逻辑的渐进式推进企业环境治理。与以往文献相比，本章选择资本市场为出发点，将资本市场重要中介——分析师嵌入企业绿色投资决策分析框架，以2007~2015年沪深两市上市公司为研究样本，系统地分析了分析师关注对企业绿色投资水平的影响机理。研究结果表明：分析师关注对企业绿色投资具有积极的推动作用，具体表现为被分析师关注较多的企业为应对环境合法性危机和获得环境合法性认同，增加企业绿色投资支出，提高环境治理水平。

本章的研究结论蕴含了以下启示。首先，政府、企业、社会组织、公众是环境治理体系的重要主体，不仅是环境问题产生的参与者，也是环境治理参与者，而环境污染物中超过80%来源于企业生产，因此，引导和激励企业履行环境治理责任、提高环境治理水平是推进生态文明建设战略的关键。其次，环境属于公共资源，环境问题的负外部性以及市场主体的机会主义存在，决定了政府作为市场外部性问题的纠正者，应在环境治理中承担更多的责任。当务之急，环保和证券市场监管等政府部门应尽快健全环境保护与治理的相关制度，加大环境污染企业的处罚力度，增加企业环境污染的违法成本，监督和引导企业保护生态环境。最后，分析师作为一种重要的公司外部治理机制，在推动环境治理中发挥着重要的作用，因而在加强政府部门监管的同时，可以充分运用和发挥市场力量，共同治理企业的环境污染行为，引导环境"消费者"更加自觉地珍爱自然，更加积极地保护生态，加快产业转型和技术升级，实现绿色发展。

第 10 章　媒体关注与企业绿色投资

企业环境行为和环境治理责任是社会各界普遍关注的重要话题，媒体关注也是驱动企业绿色投资的重要因素之一。本章以中国 A 股上市公司为研究样本，借助"$PM_{2.5}$ 爆表"事件作为外生冲击，考察了媒体关注对企业绿色投资行为的影响。研究结果表明，媒体关注能够显著提高企业环境绩效，表现出企业绿色投资显著增加，并且发现"$PM_{2.5}$ 爆表"事件与媒体关注对企业环境绩效的治理效应一定程度上存在替代作用。进一步研究显示，"$PM_{2.5}$ 爆表"事件带来公共压力的增大与媒体关注对企业环境绩效的治理效应，在内部控制质量较低的公司以及竞争性较强的行业中，这一现象更加明显。以上结果在经过一系列稳健性测试后依然稳健。

10.1　问题的提出

随着工业化进程的不断推进以及人民生活水平的提高，生态环境问题影响着人居生活环境、社会稳定以及经济可持续发展。生态文明建设已成为推动社会可持续发展的头等大事。党的十八大报告提出"大力推进生态文明建设"的战略决策，习近平总书记在党的十八大以后反复倡导"绿水青山就是金山银山"的生态战略。党的十九大提出要"形成绿色发展方式和生活方式，坚定走生产发展、生活富裕、生态良好的文明发展道路"[1]。党的十九届五中全会会议提出，要"守住自然生态安全边界""加快推动绿色低碳发展，持续改善环境质量，提升生态系统质量和稳定性，全面提高资源利用效率""促进人与自然和谐共生"。党的十九届六中全会会议强调，在生态文明建设上，党中央以前所未有的力度抓生态文明建设，美丽中国建设迈出重大步伐，我国生态环境保护发生历史性、转折性、全局性变化。[2]环境污染问题不仅

---

[1] 《习近平：决胜全面建成小康社会 夺取新时代中国特色社会主义伟大胜利——在中国共产党第十九次全国代表大会上的报告》，https://www.gov.cn/zhuanti/2017-10/27/content_5234876.htm[2025-02-06]。

[2] 《中国共产党第十九届中央委员会第六次全体会议公报》，https://www.xinhuanet.com/politics/leaders/2021-11/11/c_1128055386.htm[2025-02-07]。

成为社会关注的焦点，同样也是资本市场舆情的热点话题。可见，当前深入考察企业环境治理行为的影响因素在促进社会可持续发展、改善人居生活环境和促进社会稳定等方面具有重要的现实意义。

企业环境绩效评价不仅是对企业环境治理行为的客观评价，更为重要的是监督和促进企业加强环境保护与治理（Cheng et al.，2022；宋建波和李丹妮，2013；程博，2019）。其中，媒体关注是一种重要的外部监督机制，通过舆论压力对企业形成一种环境合法性压力，促使企业作出更为积极的环境治理行为（Aerts and Cormier，2009；Tang Z and Tang J T，2016；Cheng et al.，2022；沈洪涛和冯杰，2012；张济建等，2016；程博和毛昕旸，2021）。但不可否认的是，现有文献并没有很好地解决媒体关注与企业环境治理行为之间可能的内生性问题，也没有深入考察不同情景下媒体关注对企业环境治理行为影响的差异。本章正是尝试解决上述问题，借助 2011 年底"PM$_{2.5}$爆表"事件作为外生冲击，系统地分析媒体关注对企业绿色投资行为的影响机理及其作用机制。

本章基于合法性组织理论和代理理论视角，对"PM$_{2.5}$爆表"事件后媒体关注与企业绿色投资行为之间的关系进行了理论探讨和实证检验，并进一步考察了行业竞争程度和内部控制质量的调节机制。研究发现：媒体关注可以显著提高企业绿色投资水平，而"PM$_{2.5}$爆表"事件在一定程度上与媒体关注存在替代作用，即削弱了媒体关注对企业绿色投资水平的促进作用，上述现象在行业竞争程度高、内部控制质量低的公司中更为明显。

本章可能的贡献主要体现在以下三方面。首先，与以往文献不同，本章借助"PM$_{2.5}$曝光"事件这一准自然试验，系统地探讨了"PM$_{2.5}$爆表"事件后媒体关注对企业绿色投资行为的影响机理，可以缓解内生性问题的困扰，也丰富了企业环境绩效相关领域的文献。其次，媒体关注的治理效应可能还依赖于其他公司的治理机制，本章将行业竞争和内部控制两种情景因素纳入分析师框架，弥补了以往文献较少关注情景机制的不足。最后，本章的研究结论对进一步完善公司治理，激励和引导企业承担环境治理责任，加快产业转型和技术升级，实现绿色发展，推进生态文明建设战略决策具有重要的意义。

10.2　理论分析与研究假说

媒体是社会的守望者，承担着传播信息、引导舆论、教育大众以及提供娱乐等多重功能，已成为独立于行政、司法、立法系统之外的"第四权力"，在信息时代扮演着非常重要的角色（苏振华，2017；张小强，2018；程博等，2021c）。数字化时代变革衍生的网络治理推动现代公司治理模式转变，已不再局限于行政治理和市场治理的双元模式，被誉为"第四权力"的媒体，作为网络治理的主要载体，不仅是经济社会发展中信息环境的主要营造者，而且是资本市场的监督者，在现代公司治理中扮演着重要角色（程博等，2021c）。

媒体关注作为一种重要的外部公司治理机制，对公司经营行为起到监督和规范作用（Dyck et al.，2008；Joe et al.，2009）。梳理已有文献，媒体关注发挥治理作用的途径可归结为以下几方面。①媒体的信息传播、信息加工、信息解读等功能可以引起监管部门的注意，增加公司违规行为发现的概率，迫使企业管理者修正自己的不当行为（Dyck et al.，2008；李培功和沈艺峰，2010；罗进辉，2012；应千伟等，2017；刘启亮等，2022）。②媒体关注的强大舆论压力会影响企业管理者的声誉，迫使他们按照社会道德规范调整其行为模式（Dyck et al.，2008；罗进辉，2012；梁上坤，2017）。③媒体关注的信息揭露和传播功能会影响投资者的决策和股价变动，进而对管理者的收益和行为产生影响（Kothari et al.，2009；Fang and Peress，2009；于忠泊等，2011；梁上坤，2017；程博等，2021b）。

生态资源是可以免费享受的公共产品，具有典型的外部性特征（Cheng et al.，2022；胡珺等，2017）。因而，环境污染治理不能完全依靠政府或凭借正式制度来解决，而是需要引导和激励环境"消费者"自觉自发地保护生态环境。同时，企业绿色投资支出需要耗费大量的资金，为企业带来的直接经济利益甚微（张济建等，2016；程博和毛昕旸，2021），它不仅不能立刻带来企业财务状况的实质改观，而且可能会使企业短期财务状况变得更加"糟糕"，以致企业增加绿色投资支出的动力略显不足（程博等，2021b）。通常而言，企业管理者具有利己特质，往往以追求利润最大化为目标，若管理者自身利益与企业利益不能很好地协调，管理者可能违背委托者的初衷，表现出逆向选择和道德风险行为（Jensen and Meckling，1976）。

具体到企业环境治理行为的研究问题上，本章认为，媒体关注程度越高，企业提高绿色投资水平的动机越强，这是因为：一方面，媒体关注的强大舆论压力可以监督和规范企业的环境管理不当行为（Brammer and Pavelin，2004；Porter and Kramer，2006；沈洪涛和冯杰，2012），由此，企业有动机通过增加绿色投资支出途径进行环境合法性"辩白"；另一方面，媒体关注的强大舆论压力会压缩企业管理者自利行为的空间和时间，有助于提高企业对环境合法性过程的认识，利用增加绿色投资支出这一方式进行合法性管理的"表白"，以应对环境合法性压力，从而提高企业环境绩效（Aerts and Cormier，2009；Tang Z and Tang J T，2016；Cheng et al.，2022；沈洪涛等，2014；程博，2019）。

"PM$_{2.5}$ 爆表"事件后，舆论压力引起非正式制度和正式制度的变化。一方面，舆论压力提高了民众环境保护意识，形成了一种稳定且有持续影响力的社会规范（即非正式制度），进而使企业、社会公众乃至政府部门对环境保护与治理快速作出反应（Cho and Patten，2007；肖华和张国清，2008）；另一方面，舆论压力加速了 PM$_{2.5}$ 入国标的进程，为环境保护与治理提供了制度保障，进而可以有效监督和约束社会成员的环境治理行为。因此，"PM$_{2.5}$ 爆表"事件后企业所依存的非正式制度和正式制度环境变化与媒体关注对企业绿色投资行为的影响可能存在一定的替代作用。基于以上分析，本章提出研究假说 H10.1。

H10.1：限定其他条件不变，媒体关注能够显著提高企业绿色投资水平，"PM$_{2.5}$ 爆表"事件与媒体关注对企业环境绩效的治理效应一定程度上存在替代作用，即媒体关注能够显著提高企业绿色投资水平这一现象在"PM$_{2.5}$ 爆表"事件后有所减弱。

上述分析认为，媒体关注与"PM$_{2.5}$ 爆表"事件对企业环境绩效的治理效应具有一定程度的替代作用，即"PM$_{2.5}$ 爆表"事件削弱了媒体关注与企业环境绩效之间的正相关关系。毋庸置疑，媒体关注与"PM$_{2.5}$ 爆表"事件带来的治理效应可能还依赖于其他公司治理机制。本章主要关注行业竞争（外部治理）和内部控制（内部治理）两种治理机制情景下是否存在差异。行业竞争程度越激烈，意味着行业进入门槛越低，企业竞争对手也越多，面临较高的经营风险。从代理理论来看，在面对激烈的行业竞争时，企业管理层因业绩考核、声誉、职位稳固性等因素的束缚，可能会导致企业放弃或延缓环境保护、环境治理、研发等资本支出计划（Hou and Robinson，2006；王菁等，2014；熊婷等，2016；程博等，2021b）。从组织合法性理论来看，在面对激烈的行业竞争时，企业管理层为获取资源或是声誉考量，会通过增加绿色投资支出的途径向市场"表白"，得到环境合法性认同，从而赢得利益相关者的支持和认可。本章预期，如符合代理理论逻辑，"PM$_{2.5}$ 爆表"事件削弱媒体关注与企业环境绩效之间的正相关关系，这一现象在行业竞争程度高的公司更加明显；如符合组织合法性理论逻辑，"PM$_{2.5}$ 爆表"事件削弱媒体关注与企业环境绩效之间的正相关关系，这一现象在行业竞争程度低的公司更加明显。基于以上分析，本章提出如下竞争性研究假说。

H10.2A：限定其他条件不变，"PM$_{2.5}$爆表"事件带来的公共压力削弱了媒体关注对企业绿色投资水平的提升作用，这一现象在行业竞争程度高的公司更加明显。

H10.2B：限定其他条件不变，"PM$_{2.5}$爆表"事件带来的公共压力削弱了媒体关注对企业绿色投资水平的提升作用，这一现象在行业竞争程度低的公司更加明显。

内部控制的本质是保证企业的正常运作和发展，旨在降低交易成本的同时弥补契约不完备性的一种治理机制（刘明辉和张宜霞，2002；程博等，2016）。本章认为，良好的内部控制有助于提升企业环境绩效，这是因为：一方面，2010 年颁布了《企业内部控制应用指引》（第 4 号——社会责任），该指引明确规定企业应当遵守环境保护、资源节约等方面的相关法律法规，要求企业承担环境保护与治理责任。显而易见，企业内部控制质量越高，贯彻、落实、执行环境相关法律法规越好，内部控制对企业承担环境保护与治理责任发挥着一定程度的积极作用。另一方面，风险评估是内部控制体系的重要组成部分，若企业存在环境保护与治理行为不当，可能会招致环保部门以及证券监管部门的处罚，而良好的内部控制约束和监督了企业环境治理行为，并且有助于企业通过内部控制制度识别环境风险，采取必要措施来应对环境合法性风险。因此，本章预期"PM$_{2.5}$爆表"事件削弱媒体关注与企业绿色投资水平之间的正相关关系，这一现象在内部控制质量低的公司更加明显。基于以上分析，本章提出如下研究假说 H10.3。

H10.3：限定其他条件不变，"PM$_{2.5}$爆表"事件带来的公共压力削弱了媒体关注对企业绿色投资水平的提升作用，这一现象在内部控制质量低的公司更加明显。

10.3　研　究　设　计

10.3.1　样本选择与数据来源

因为"PM$_{2.5}$爆表"事件发生在 2011 年，2014 年修订《环保法》会干扰研究结论，故本章选择 2008～2013 年沪深两地 A 股上市公司作为初始样本，并对样本做如下筛选：①剔除金融保险类公司样本；②剔除 ST、

*ST 的样本；③剔除模型中主要变量和控制变量有缺失值的样本。通过以上标准，最终获得 4729 个公司–年度观测值。企业新增绿色投资支出数据来源于公司年报附注，经过手工收集整理获取；媒体关注数据来自中国重要报纸全文数据库，经过手工收集整理获取；内部控制质量数据来自迪博的中国上市公司内部控制指数数据库；公司特征即财务数据来自 CSMAR 数据库和 Wind 数据库，对于无法用数据库提取和计算的部分变量，通过手工搜集整理，并结合上市公司年报、东方财富网、新浪财经网、金融界、巨潮资讯网、深圳证券交易所、上海证券交易所等专业网站所披露的信息对研究相关数据进行了核实和印证。为了控制异常值的干扰，相关连续变量均在 1%和 99%水平上进行了缩尾处理。

10.3.2　模型设定和变量说明

为验证本章的研究假说，借鉴 Bertrand 和 Mullainathan（2003）、刘运国和刘梦宁（2015）的研究设计，将待检验的回归模型设定为

$$ENV_{i,t} = \alpha + \beta_1 \times Media_{i,t} + \beta_2 \times Post_{i,t} + \beta_3 \times Post_{i,t} \times Media_{i,t} + \beta_i \times \sum Controls + \varepsilon_{i,t} \quad (10.1)$$

其中，ENV 为企业绿色投资水平，表征企业环境绩效；i 为企业；t 为年份。本章借鉴 Patten（2005）、黎文靖和路晓燕（2015）、胡珺等（2017）的做法，以企业当年新增的绿色投资支出衡量企业环境绩效。为了消除公司规模的影响，对企业新增绿色投资支出用企业年末资产总额进行了标准化处理。在稳健性检验中，对企业新增绿色投资支出用企业当年销售收入进行了标准化处理。考虑到本章样本数据是具有时间序列和横截面数据的非平稳面板数据，借鉴 Driscoll 和 Kraay（1998）的估计方法，本章采用 Driscoll-Kraay 标准差进行稳健性估计，来消除异方差、时间序列相关和截面相关问题。

Post 为区分"PM$_{2.5}$ 爆表"事件前后的指示变量，事件发生当年及以后定义为 1，事件前定义为 0。由此，本章将"PM$_{2.5}$ 爆表"事件发生当年及以后年度（即 2011～2013 年）取值为 1，否则（即 2008～2010 年）取值为 0；Media 为媒体关注，根据公司年度媒体报道次数加 1 的自然对数确定，数值越大，表示媒体关注程度越高。

HHI 和 IC 为分组变量。HHI 为衡量行业竞争程度的指标，指标越大，说明市场集中度越高，企业垄断程度越高，反之行业竞争程度指标越小，市场竞争越激烈。IC 采用了迪博的中国上市公司内部控制指数，表示企业内部控制质量，得分越高说明企业内部控制质量越好。

　　借鉴 Cheng 等（2022）、黎文靖和路晓燕（2015）、胡珺等（2017）的研究，回归模型控制了如下变量：公司规模（Size），公司总资产的自然对数；财务杠杆（Lev），资产负债率；盈利能力（Roa），净利润与资产总额之比；成长能力（Growth），营业收入增长率；上市年龄（Age），公司 IPO 以来所经历年限；企业性质（Soe），为虚拟变量，国有性质时取 1，民营性质时取 0；管理层权力（Dual），总经理兼任董事长时取 1，否则取 0；独立董事比例（Indep），独立董事人数占董事会人数的比例；现金持有量（Cash），企业货币资金持有量与资产总额之比；地区人均生产总值（Gdpp），公司注册地人均地区生产总值的自然对数；地区空气质量（AQI），生态环境部披露的各地区每日空气质量的年平均值的自然对数。此外，回归模型中还控制行业（Industry）和年度（Year）固定效应。变量定义说明如表 10.1 所示。

表 10.1　变量定义说明

变量类型	变量名称	变量符号	变量定义
被解释变量	企业绿色投资水平	ENV	当年新增绿色投资支出与企业年末资产总额之比
解释变量	"PM$_{2.5}$爆表"事件	Post	"PM$_{2.5}$爆表"事件发生当年及以后年度（2011～2013）取值为 1，否则（2008～2010）取值为 0
	媒体关注	Media	公司年度媒体报道次数加 1 的自然对数
分组变量	行业竞争程度	HHI	行业中所有企业市场份额的平方和（赫芬达尔指数）
	内部控制	IC	迪博的中国上市公司内部控制指数
控制变量	公司规模	Size	公司总资产的自然对数
	财务杠杆	Lev	资产负债率
	盈利能力	Roa	净利润与资产总额之比
	成长能力	Growth	营业收入增长率
	上市年龄	Age	公司 IPO 以来所经历年限
	企业性质	Soe	国有性质时取 1，民营性质时取 0
	管理层权力	Dual	总经理兼任董事长时取 1，否则取 0
	独立董事比例	Indep	独立董事人数占董事会人数的比例
	现金持有量	Cash	企业货币资金持有量与资产总额之比
	地区人均生产总值	Gdpp	公司注册地人均地区生产总值的自然对数
	地区空气质量	AQI	地区每日空气质量的年平均值的自然对数
	行业固定效应	Industry	行业虚拟变量
	年度固定效应	Year	年份虚拟变量

10.4 实证结果分析

10.4.1 描述性统计分析

表 10.2 报告了主要变量的描述性统计结果。从中可以看出，企业绿色投资水平（ENV）的均值为 0.040，最小值为 0.000，中位数为 0.023，最大值为 0.235，表明样本中各企业绿色投资水平存在较大差异。媒体关注（Media）的均值为 3.990，标准差为 0.980，最小值为 1.792，中位数为 3.912，最大值为 6.898，这也表明样本中各企业受到媒体关注的程度也存在较大差异。此外，样本公司其他控制变量也存在不同程度的差异。

表 10.2　主要变量的描述性统计结果

变量	样本数	均值	标准差	最小值	中位数	最大值
ENV	4729	0.040	0.049	0.000	0.023	0.235
Media	4729	3.990	0.980	1.792	3.912	6.898
HHI	4729	0.046	0.034	0.019	0.036	0.202
IC	4729	676.392	89.807	8.970	687.040	929.880
Size	4729	21.781	1.164	19.289	21.668	25.206
Lev	4729	0.473	0.202	0.061	0.479	0.927
Roa	4729	0.036	0.059	−0.188	0.031	0.221
Growth	4729	0.254	0.864	−0.643	0.085	6.496
Age	4729	10.92	5.152	3.000	11.000	21.000
Soe	4729	0.481	0.500	0.000	0.000	1.000
Dual	4729	0.205	0.404	0.000	0.000	1.000
Indep	4729	0.368	0.051	0.300	0.333	0.571
Cash	4729	0.170	0.114	0.012 0	0.141	0.550
Gdpp	4729	9.714	0.632	8.370	9.862	11.000
AQI	4729	4.256	0.205	3.813	4.236	4.836

表 10.3 报告了变量之间的相关性系数。从中可以看出，媒体关注（Media）与企业绿色投资水平（ENV）在 1%的水平上显著正相关，这表明媒体关注程度与企业环境绩效有较好的同步性。模型其他变量的相关系数则较低，大部分相关系数在 0.30 以内，变量之间共线性问题并不严重。

表 10.3　相关性分析

变量符号	ENV	Media	HHI	IC	Size	Lev	Roa	Growth	Age	Soe	Dual	Indep	Cash	Gdpp	AQI
ENV	1.000														
Media	0.047***	1.000													
HHI	-0.031**	-0.064***	1.000												
IC	0.032**	0.344***	0.008	1.000											
Size	0.156***	0.530***	-0.067***	0.415***	1.000										
Lev	0.063***	0.111***	-0.046***	-0.076***	0.345***	1.000									
Roa	-0.02	0.222***	-0.003	0.511***	0.092***	-0.390***	1.000								
Growth	-0.052***	-0.016	-0.009	-0.031*	-0.059***	0.046***	0.017	1.000							
Age	-0.119***	0.102***	-0.063***	-0.025*	0.196***	0.302***	-0.111***	0.090***	1.000						
Soe	0.015	0.167***	-0.077***	0.029**	0.266***	0.254***	-0.132***	0.003	0.381***	1.000					
Dual	-0.012	-0.077***	0.019	-0.023	-0.145***	-0.107***	0.015	0.004	-0.180***	-0.253***	1.000				
Indep	0.007	0.026*	-0.02	0.025*	0.021	-0.030*	-0.004	0.039***	-0.023	-0.025	0.075***	1.000			
Cash	-0.129***	0.072***	0.063***	0.135***	-0.080***	-0.377***	0.294***	-0.013	-0.116***	-0.090***	0.037**	-0.006	1.000		
Gdpp	-0.070***	-0.017	0.065***	0.003	-0.008	-0.043***	0.002	0.019	0.029**	-0.003	0.034**	0.023	0.044***	1.000	
AQI	0.039***	0.031**	-0.023	-0.094***	0.099***	0.033**	-0.049***	0.019	0.022	0.059***	-0.048***	-0.040***	-0.072***	-0.130***	1.000

***、**和*分别表示 1%、5%和 10%的显著性水平

10.4.2 媒体关注对企业绿色投资影响的检验结果

表 10.4 报告了假说 H10.1 的检验结果。第（1）列的回归结果显示，在控制其他因素的影响后，媒体关注（Media）的系数为 0.0033 且在 1% 的显著水平上为正，这说明随着媒体关注程度的上升，社会公众的舆论压力也随之增大，从而监督和约束企业更好地履行环境治理和保护责任，进而表现出较高的企业绿色投资水平；交互项 Post×Media 的系数为 −0.0041 且在 1% 的显著水平上为负，说明"PM$_{2.5}$ 爆表"事件减弱了媒体关注与企业绿色投资水平之间的正相关关系。第（2）列去掉了 Post 变量，加入了年度固定效应，媒体关注（Media）的系数为 0.0035 且在 1% 的显著水平上为正，交互项 Post×Media 的系数仍为 −0.0041 且在 1% 的显著水平上为负，同样支持"PM$_{2.5}$ 爆表"事件减弱了媒体关注对企业绿色投资水平的提升作用，换言之，"PM$_{2.5}$ 爆表"事件与媒体关注对提高企业绿色投资水平具有一定程度的替代作用。由此，本章假说 H10.1 得到验证。

表 10.4 假说 H10.1 的检验结果

变量符号	（1）	（2）
Media	0.0033***	0.0035***
	(4.63)	(4.80)
Post×Media	−0.0041***	−0.0041***
	(−2.72)	(−2.67)
Post	0.0230***	
	(3.44)	
Size	0.0217***	0.0216***
	(16.23)	(15.28)
Lev	−0.0047	−0.0056
	(−0.75)	(−0.94)
Roa	0.0014	0.0002
	(0.08)	(0.01)
Growth	−0.0006	−0.0005
	(−1.31)	(−1.28)
Age	−0.0050***	0.0033
	(−28.94)	(0.66)

续表

变量符号	（1）	（2）
Soe	−0.0103***	−0.0099***
	（−5.19）	（−5.13）
Dual	0.0011	0.0011
	（0.74）	（0.73）
HHI	0.1210***	0.1142***
	（3.41）	（3.11）
Indep	−0.0083	−0.0078
	（−0.94）	（−0.88）
Cash	−0.0455***	−0.0482***
	（−12.65）	（−13.14）
Gdpp	0.0026	0.0028
	（1.00）	（1.09）
AQI	−0.0173***	0.0035
	（−4.14）	（0.27）
常数项	−0.3361***	−0.5036***
	（−7.69）	（−4.95）
Industry	控制	控制
Year	未控制	控制
调整的 R^2	0.0453	0.0480
N	4729	4729

注：括号中为 t 值；上述模型结果均是经过 Driscoll-Kraay 标准误调整后的结果

***表示 1%的显著性水平

10.4.3　行业竞争和内部控制影响的检验结果

前文验证了"PM$_{2.5}$ 爆表"事件减弱了媒体关注对企业环境绩效的提升作用，这一现象是否因行业竞争程度和内部控制质量水平不同而存在差异。本章进一步地将行业竞争程度（HHI）最小的 1/3 分位定义为竞争性较高行业的样本，其余 2/3 定义为竞争性较低行业的样本；将内部控制（IC）最大的 1/3 分位定义为内部控制质量高的样本，其余 2/3 定义为内部控制质量低的样本。表 10.5 报告了假说 H10.2 和 H10.3 的检验结果。从中可知，第（1）列和第（2）列是按行业竞争程度分组的回归结果，在控制其他因素的影响后，第（1）列中媒体关注（Media）的系数为 0.0057 且在 1%的显著水平上为正,交互项 Post×Media 的系数为−0.0080 且在 1%的显著水平上为负;而在第(2)列中交互项 Post×Media 的系数为−0.0015 但不显著,这一结果表明,相比处于竞争性较低行业的公司,处在竞争性较高行业的公司,"PM$_{2.5}$爆表"事件所带来的公共压力削弱媒体关注对其企业绿色投资水平的提升作用更为明显,支持研究假说 H10.2A,符合代理理论预期。进一步来看,第(3)列和第(4)列是按内部控制质量分组的回归结果,在控制其他因素的影响后,第(4)列中媒体关注(Media)的系数为 0.0028 且在 1%的显著水平上为正,交互项 Post×Media 的系数为−0.0034 且在 1%的显著水平上为负;而在第(3)列中交互项 Post×Media 的系数为−0.0006 但不显著,这一结果则表明,相比于内部控制质量高的公司,内部控制质量低的公司,"PM$_{2.5}$爆表"事件所带来的公共压力削弱媒体关注对其企业绿色投资水平的提升作用更为明显,验证了本章的研究假说 H10.3。

表 10.5　假说 H10.2 和 H10.3 的检验结果

变量符号	(1)	(2)	(3)	(4)
	行业竞争程度高	行业竞争程度低	内部控制质量高	内部控制质量低
Media	0.0057***	0.0024*	0.0023**	0.0028***
	(3.59)	(1.85)	(2.23)	(5.15)
Post×Media	−0.0080***	−0.0015	−0.0006	−0.0034***
	(−3.46)	(−0.91)	(−0.87)	(−3.70)
Post	0.0416***	0.0095	0.0058**	0.0215***
	(3.87)	(1.25)	(2.35)	(4.20)
Size	0.0249***	0.0221***	0.0351***	0.0206***
	(10.91)	(5.68)	(10.97)	(10.83)
Lev	0.0076	−0.0132***	−0.0400***	0.0039
	(0.45)	(−2.73)	(−6.70)	(0.81)
Roa	−0.0117	−0.0032	−0.0157	0.0184
	(−0.89)	(−0.31)	(−0.89)	(1.22)
Growth	−0.0028***	0.0011*	0.0011*	−0.0016***
	(−6.11)	(1.95)	(1.82)	(−3.27)
Age	−0.0062***	−0.0041***	−0.0077***	−0.0048***
	(−20.67)	(−4.60)	(−7.81)	(−13.11)
Soe	−0.0051**	−0.0119***	−0.0162**	−0.0143***
	(−2.17)	(−4.12)	(−2.29)	(−6.05)

续表

变量符号	(1)	(2)	(3)	(4)
	行业竞争程度高	行业竞争程度低	内部控制质量高	内部控制质量低
Dual	0.0082^{**}	-0.0029^{*}	-0.0106^{***}	0.0053^{***}
	(2.40)	(-1.75)	(-2.97)	(6.01)
HHI	-0.2730	0.1325^{***}	0.0667^{*}	0.1888^{***}
	(-0.65)	(3.53)	(1.67)	(4.97)
Indep	-0.0236	-0.0074	0.0115	-0.0377^{***}
	(-1.34)	(-0.91)	(0.63)	(-2.90)
Cash	-0.0330^{*}	-0.0595^{***}	-0.0523^{***}	-0.0598^{***}
	(-1.65)	(-5.74)	(-14.37)	(-11.55)
Gdpp	0.0135^{***}	-0.0031	-0.0101^{***}	0.0073^{**}
	(3.59)	(-1.65)	(-7.19)	(2.48)
AQI	-0.0273^{***}	-0.0127^{***}	-0.0108^{**}	-0.0220^{***}
	(-5.45)	(-4.75)	(-2.02)	(-2.81)
常数项	-0.4370^{***}	-0.4010^{***}	-0.3829^{***}	-0.2805^{***}
	(-9.18)	(-4.86)	(-5.53)	(-3.74)
Industry	控制	控制	控制	控制
Year	控制	控制	控制	控制
调整的 R^2	0.0646	0.0489	0.0993	0.0571
N	1907	2822	1672	3057

注：括号中为 t 值；上述模型结果均是经过 Driscoll-Kraay 标准误调整后的结果

***、**和*分别表示 1%、5%和 10%的显著性水平

10.5　稳健性检验

10.5.1　改变模型的检验结果

沿袭已有文献的做法（Bertrand and Mullainathan，2003，2004；Cheng et al.，2022；党力等，2015；刘运国和刘梦宁，2015；程博等，2021b），构建如下双重差分模型进一步验证本章的主效应：

$$\text{ENV}_{i,t} = \alpha + \beta_1 \times \text{Treat}_{i,t} + \beta_2 \times \text{Post}_{i,t} + \beta_3 \times \text{Post}_{i,t} \times \text{Treat}_{i,t} \quad (10.2)$$
$$+ \beta_i \times \sum \text{Controls} + \varepsilon_{i,t}$$

其中，ENV 为企业绿色投资水平，表征企业环境绩效；i 为企业；t 为年份；Treat 为指示变量，当媒体关注（Media）超过其中位数时定义 1（即实验组），

否则定义为 0（即控制组），此时与 Post 共同组成双重差分模型的设计，其他变量同式（10.1）。

表 10.6 报告了改变模型的检验结果。第（1）列的回归结果显示，在控制其他因素的影响后，Treat 的系数为 0.0195 且在 1%的显著水平上为正，交互项 Post×Treat 的系数为−0.0161 且在 10%的显著水平上为负；第（2）列去掉了 Post 变量，加入了年度固定效应，Treat 的系数为 0.0198 且在 1%的显著水平上为正，交互项 Post×Treat 的系数为−0.0166 且在 10%的显著水平上为负。以上检验结果再次验证了本章的研究假说 H10.1，这意味着"$PM_{2.5}$ 爆表"事件减弱了媒体关注对企业绿色投资水平的提升作用。

表 10.6　改变模型的检验结果

变量符号	(1)	(2)
Treat	0.0195***	0.0198***
	(3.85)	(3.84)
Post×Treat	−0.0161*	−0.0166*
	(−1.86)	(−1.87)
Post	0.0179***	
	(3.30)	
Size	0.0676***	0.0677***
	(10.02)	(9.96)
Lev	−0.0292**	−0.0293**
	(−2.28)	(−2.29)
Roa	−0.1205***	−0.1093**
	(−2.88)	(−2.55)
Growth	−0.0001	0.0001
	(−0.01)	(0.01)
Age	−0.0122***	0.0209
	(−10.50)	(0.86)
Soe	−0.0370***	−0.0355***
	(−4.70)	(−4.47)
Dual	−0.0031	−0.0032
	(−0.85)	(−0.87)
HHI	0.0806	0.1086
	(0.80)	(1.05)

续表

变量符号	（1）	（2）
Indep	0.0198	0.0199
	（0.80）	（0.80）
Cash	−0.0597***	−0.0641***
	（−5.21）	（−5.90）
Gdpp	0.0049	0.0050
	（0.65）	（0.68）
AQI	−0.0235	0.0186
	（−1.39）	（0.62）
常数项	−1.2044***	−1.6908***
	（−24.62）	（−6.60）
Industry	控制	控制
Year	未控制	控制
调整的 R^2	0.0513	0.0546
N	4729	4729

注：括号中为 t 值；上述模型结果均是经过 Driscoll-Kraay 标准误调整后的结果
***、**和*分别表示 1%、5%和 10%的显著性水平

10.5.2 改变企业环境绩效测量指标

为了确保结果的稳健，本章采用经过当年销售收入标准化处理后的企业新增绿色投资支出（NENV）衡量企业绿色投资水平。表 10.7 报告了更换企业绿色投资水平指标测量后假说 H10.1 的稳健性检验结果。第（1）列的回归结果显示，在控制其他因素的影响后，媒体关注（Media）的系数为 0.0117 且在 1%的显著水平上为正，交互项 Post×Media 的系数为−0.0105 且在 1%的显著水平上为负；第（2）列去掉了 Post 变量，加入了年度固定效应，媒体关注（Media）的系数为 0.0116 且在 1%的显著水平上为正，交互项 Post×Media 的系数仍为−0.0105 且在 1%的显著水平上为负。上述检验结果表明，在更换企业绿色投资水平指标测量方式后，本章研究假说 H10.1 的结论依然稳健。

表 10.7 假说 H10.1 的稳健性检验结果

变量符号	（1）	（2）
Media	0.0117***	0.0116***
	（6.78）	（6.71）

续表

变量符号	（1）	（2）
Post×Media	−0.0105***	−0.0105***
	(−2.72)	(−2.68)
Post	0.0515***	
	(3.39)	
Size	0.0680***	0.0681***
	(9.84)	(9.76)
Lev	−0.0290**	−0.0293**
	(−2.22)	(−2.27)
Roa	−0.1203***	−0.1105**
	(−2.85)	(−2.57)
Growth	−0.0001	−0.0001
	(−0.03)	(−0.01)
Age	−0.0117***	0.0214
	(−13.78)	(0.87)
Soe	−0.0363***	−0.0348***
	(−4.75)	(−4.53)
Dual	−0.0031	−0.0032
	(−0.86)	(−0.88)
HHI	0.1139	0.1358
	(1.12)	(1.32)
Indep	0.0191	0.0193
	(0.74)	(0.75)
Cash	−0.0588***	−0.0634***
	(−5.20)	(−5.93)
Gdpp	0.0050	0.0051
	(0.63)	(0.67)
AQI	−0.0252	0.0187
	(−1.59)	(0.63)
常数项	−1.2508***	−1.7432***
	(−24.40)	(−6.81)
Industry	控制	控制
Year	未控制	控制
调整的 R^2	0.0523	0.0555
N	4729	4729

注：括号中为 t 值；上述模型结果均是经过 Driscoll-Kraay 标准误调整后的结果

***、**分别表示 1%、5%的显著性水平

表 10.8 报告了更换企业绿色投资水平指标测量后假说 H10.2 和 H10.3 的稳健性检验结果。第（1）列和第（2）列是按行业竞争程度分组的回归结果，在控制其他因素的影响后，第（1）列中媒体关注（Media）的系数为 0.0183 且在 1% 的显著水平上为正，交互项 Post×Media 的系数为 –0.0189 且在 1% 的显著水平上为负；而在第（2）列中交互项 Post×Media 的系数为 –0.0063 但不显著，假说 H10.2A 再次得到验证。第（3）列和第（4）列是按内部控制质量分组的回归结果，在控制其他因素的影响后，第（4）列中媒体关注（Media）的系数为 0.0092 且在 1% 的显著水平上为正，交互项 Post×Media 的系数为 –0.0057 且在 1% 的显著水平上为负；而在第（3）列中交互项 Post×Media 的系数为 –0.0014 但不显著，本章的研究假说 H10.3 依旧稳健可靠。

表 10.8　假说 H10.2 和 H10.3 的稳健性检验结果

变量符号	(1)	(2)	(3)	(4)
	行业竞争程度高	行业竞争程度低	内部控制质量高	内部控制质量低
Media	0.0183***	0.0109***	0.0083***	0.0092***
	(5.37)	(2.73)	(2.96)	(6.62)
Post×Media	–0.0189***	–0.0063	–0.0014	–0.0057***
	(–4.27)	(–1.16)	(–0.82)	(–2.81)
Post	0.0826***	0.0309	0.0113**	0.0290***
	(4.14)	(1.44)	(2.09)	(3.53)
Size	0.0865***	0.0708***	0.1097***	0.0614***
	(10.71)	(5.53)	(11.28)	(15.29)
Lev	0.0155	–0.0543***	–0.1710***	0.0027
	(0.43)	(–4.21)	(–9.14)	(0.23)
Roa	–0.1067***	–0.1790***	–0.1942***	–0.0640
	(–3.60)	(–4.66)	(–7.25)	(–1.30)
Growth	–0.0045*	0.0015	0.0027	–0.0018
	(–1.84)	(0.61)	(0.86)	(–1.08)
Age	–0.0122***	–0.0113***	–0.0221***	–0.0085***
	(–13.10)	(–11.13)	(–7.08)	(–6.11)
Soe	–0.0168**	–0.0476***	–0.0411**	–0.0473***
	(–2.02)	(–4.19)	(–2.53)	(–11.70)
Dual	0.0142	–0.0166***	–0.0274**	0.0028*
	(1.45)	(–4.71)	(–2.30)	(1.84)

续表

变量符号	(1) 行业竞争程度高	(2) 行业竞争程度低	(3) 内部控制质量高	(4) 内部控制质量低
HHI	−2.4205***	0.1335	−0.2388***	0.4839***
	(−4.38)	(1.25)	(−4.90)	(3.77)
Indep	−0.0535	0.0481***	−0.0036	−0.0221
	(−0.89)	(2.73)	(−0.06)	(−0.64)
Cash	−0.0142	−0.0983**	−0.1158***	−0.1055***
	(−0.29)	(−2.37)	(−6.96)	(−6.61)
Gdpp	0.0318***	−0.0111***	−0.0156***	0.0114
	(2.80)	(−3.59)	(−6.83)	(1.38)
AQI	−0.0376***	−0.0185*	0.0051	−0.0465*
	(−2.69)	(−1.69)	(0.34)	(−1.89)
常数项	−1.7979***	−1.4316***	−1.4058***	−1.1905***
	(−11.25)	(−4.95)	(−6.51)	(−7.35)
Industry	控制	控制	控制	控制
Year	控制	控制	控制	控制
调整的 R^2	0.0898	0.0531	0.1469	0.0608
N	1907	2822	1672	3057

注：括号中为 t 值；上述模型结果均是经过 Driscoll-Kraay 标准误调整后的结果

***、**和*分别表示 1%、5%和 10%的显著性水平

此外，由于部分企业绿色投资水平的数值为 0，本章改变计量方法采用 Tobit 回归，文中主要结论依然成立。同时，为避免变量极端值对本章回归结果可能产生的影响，本章改变极值处理方法重新检验，对相关连续变量均在 3%分位数进行了缩尾处理，检验结果与前文基本一致，这表明本章的研究结论具有较好的稳健性。

10.6　本章小结

媒体关注作为一种重要的外部治理机制，在企业环境治理方面同样发挥着积极的作用。具体来说，媒体关注及舆论压力监督和约束了企业环境治理，增强了企业环境合法性"辩白"的动机。同时，媒体关注提高了企业对环境合法性的认识，压缩了管理者自利行为的空间和时间，也为企业

进行环境合法性"表白"创造了机会。本章以 2008～2013 年中国 A 股上市公司为研究样本，利用 2011 年"PM$_{2.5}$曝光"事件这一准自然试验，系统地考察了媒体关注对企业绿色投资水平的影响。本章研究发现：媒体关注能够显著提高企业绿色投资水平，但在一定程度上与"PM$_{2.5}$爆表"事件存在替代作用，这一现象在内部控制质量较低的公司和竞争性较高的行业中更为明显。本章基于"PM$_{2.5}$曝光"事件为外生冲击，从企业环境绩效视角肯定了媒体关注的积极意义，不仅丰富了媒体关注以及企业环境绩效相关领域的文献，而且将媒体关注纳入企业绿色投资行为的分析框架中，考察了行业竞争程度和内部控制质量两种情景的动态影响，拓展了现有的学术研究。此外，本章的研究成果对进一步完善公司治理，激励和引导企业承担环境治理责任，加快产业转型和技术升级，实现绿色发展，推进生态文明建设战略决策具有一定的启示意义。

第 11 章 研究总结与未来展望

保护生态环境、应对气候变化、推动可持续发展是世界各国的共同责任。党的十八大以来，习近平总书记站在对人类文明负责、对子孙后代负责的高度，多次在不同国际场合就加强生态环境保护阐明中国理念、中国方案、中国行动。本书在"双碳"目标及绿色可持续发展的背景下，以企业绿色投资行为的驱动机制为研究主线，以制度理论、双重红利理论、代理理论为主要理论基础，遵循"事实归纳、原因分析、微观基础、战略思路"这样一种内在逻辑联系，沿着"政府监管—市场治理"的逻辑渐进式推进，基于制度和市场双驱动视角，对企业绿色投资行为的驱动机制及其效应进行了全面、深入、细致、系统的研究，其结论在促进企业可持续发展、实现"双碳"目标和总结中国经验推进全球气候治理体系的变革与建设等方面具有重要的理论价值和现实指导意义。

11.1 研 究 结 论

本书的主要研究发现和研究结论如下。

第一，本书基于《环境保护税法》税制改革所产生的准自然实验变化，考察了绿色税制对重污染企业绿色投资行为的影响。绿色税制是政府采用财政手段将企业环境污染的社会成本内部化的重要工具，与非重污染企业相比，重污染企业作为政府环境监管的重要对象，绿色税制对其环境治理行为影响可能更大。研究结果显示，与绿色税制出台之前相比，绿色税制出台之后重污染企业绿色投资水平平均增加了约 38%，意味着绿色税制显著提高了重污染企业绿色投资水平，并经过倾向评分匹配检验、固定效应模型检验、安慰剂检验、动态效应分析检验以及替代性假说排除检验等稳健测试后结论依然稳健可靠。进一步研究显示，绿色税制显著提高了重污染企业绿色投资水平的现象在规模大、国有性质、分析师关注度高的重污染企业中尤为明显。上述结论从企业绿色投资行为视角为绿色税制的效果评估提供了微观证据，丰富和拓展了环境治理与税制改革方面的研究文献，对理解新兴市场国家中政治成本如何影响企业环境行为以及理解政府采用财政手段如何调整、影响企业环境行为及其后续税制改革和相关环境政策的制定具有一定的启示意义。具体而言，一方面，绿色税制在促进绿色生产和调节绿色消费方面能发挥税收的激励与限制作用，有助于解决生态环境保护与经济发展之间的矛盾与冲突，促进企业高质量可持续发展；另一方面，政府监管部门在引导企业加强环境保护和治理的同时，应在制度保障上引入社会公众、媒体等社会力量来监督企业环境行为，同时，应充分发挥市场力量，增加企业环境污染的违法成本，强化环境评估和考核在 IPO 申请、再融资、募集资金投向等环节的应用，运用资本市场投资者的市场反应这一市场机制来倒逼企业提高环境治理水平，促进企业转型升级，实现绿色可持续发展。

第二，本书基于《环境保护税法》税制改革所产生的准自然实验变化，采用双重差分模型检验了绿色税制对企业创新水平的影响。理论上，绿色税制通过增加环境成本压力、政治成本压力以及创新带来的潜在收益三方面显著推动了企业创新活动的开展。研究结果显示，与非重污染企业相比，绿色税制使得重污染企业创新水平上升了 32.31%，相当于专利申请量平均增加约 1.381 项，即《环境保护税法》出台对企业创新具有溢出效应。进一步研究显示，绿色税制对企业创新的溢出效应在非国有性质、低融资约束、行业竞争程度低的重污染企业中更为明显。此外，还发现政府给予企业的环保补贴对绿色税制的企业创新溢出效应的激励作用有限，未发现企业绿色投资对企业创新存在挤出效应。上述结论从企业创新视角为绿色税制的效果评估提供了微观证据，绿色税制是政府采用财政手段将企业环境污染的社会成本内部化的重要工具，本书的研究结论为政府完善税收体系，引导企业遵守《环境保护税法》并主动防污减排提供了理论基础和决策依据，同时也有助于增强企业的环保意识和社会责任感，加快企业转型升级步伐，加大治污减排力度，进而实现可持续发展。同时，丰富和拓展了企业创新与绿色税制改革方面的研究文献，对于全面认识绿色税制对促进企业创新、推动经济可持续发展以及后续税制改革和相关环境政策的制定同样具有重要的现实意义。

第三，本书从资源获取和信号传递的角度探讨环保补贴对企业绿色投资行为的影响，并考察产权性质、行业属性和环保经历等异质性特征对环保补贴有效性的调节效应。研究结果显示，环保补贴政策对企业绿色投资行为起到了积极的推动作用，并且环保补贴对企业绿色投资的促进作用在国有企业、重污染企业和有环保经历的企业中更为明显。此外，绿色投资有助于企业获得更多的信贷资金和提升股票流动性。上述结论解释了环保补贴对企业绿色投资水平的激励作用，为生态文明建设战略背景下环保补贴如何影响这种关系提供了系统化的理论逻辑，不仅丰富了企业绿色投资行为影响因素及其经济后果方面的文献，而且对进一步完善环保补贴相关政策的制定及政府部门加强对企业环境治理的督导与监管具有一定的参考价值。

第四，政府环保补贴可以提高企业绿色投资水平并且这一影响可能会受不同环境规制的影响。本书利用《环保法》和《环境保护税法》两个外生政策冲击事件，系统考察了环境规制组合对环保补贴绩效的影响。研究结果显示，单一的环境规制工具对环保补贴绩效的促进作用有限，而环境规制组合对环保补贴绩效起到显著的促进作用。上述结论不因是否为污染行业、所有权性质差异而改变，在考虑工具变量回归、双重差分模型、改变变量度量、三重差分模型设计的替代性假说排除等一系列稳健性测试之后依然稳健。上述结论对政府环保补贴政策实施的效果进行了进一步微观解读，有助于更全面地认识环保补贴对企业转型升级和实现绿色发展的作用，并且对进一步完善环保补贴相关政策，尤其是提升环保补贴绩效的激励作用具有重要的启示。具体而言，一方面，政府部门应进一步完善企业环保补贴申请的审核、审批和监督机制，提高政府环保补贴政策的有效性和科学性，如采取事前补贴和事后补贴相结合的方式。针对投资大、周期长的环境治理项目进行事前补贴，以缓解企业资金压力，提高环境治理的意愿；对于金额小、周期短的环境治理项目进行事后补贴，根据评估机构评估情况和治理效果综合核定补贴，减少企业的逆向选择行为发生；另一方面，政府部门可以分类制定环保补贴标准，对于环境治理基础设施与技术的投资，应加大补贴力度，提高环保技术产出效应和示范效应，同时鼓励银行、保险、证券、基金等金融机构关注生态环境，推出绿色金融产品，解决企业因环境治理而导致的融资难问题。

第五，环境污染物中超过80%来源于企业生产，而国有企业在中国经济中仍占主体地位，探讨国有企业绿色投资决策对实现绿色发展，推进生态文明建设战略具有重要的理论价值和现实意义。本书以我国全面修订的《环保法》正式施行为准自然实验事件，系统地考察了环境规制对不同产权性质的企业绿色投资行为的影响。研究结果显示，新修订《环保法》的施行使得国有企业绿色投资水平增加了约46.65%，这一现象在重污染企业和无环保经历的企业中更为明显，这些结论在经过一系列稳健性测试后依然稳健。进一步研究显示，在行业竞争程度高、机构持股比例低、分析师关注度低、媒体关注度高、管理层权力高以及低融资约束的国有企业绿色投资水平显著增加的现象更为明显。上述结论为解释推进生态文明建设战略背景下环境规制作用于不同产权性质企业绿色投资行为提供了系统化的理论逻辑，丰富和拓展了企业绿色投资水平影响因素方面的文献，有助于深层次理解国有企业在环境治理中所扮演的重要角色，在推进生态文明建设战略，促进社会可持续发展、人居生活环境和社会稳定、实现"双碳"目标等方面具有重要的理论价值和现实指导意义。

第六，本书利用"$PM_{2.5}$ 爆表"事件作为外生冲击，系统地考察了"$PM_{2.5}$ 爆表"事件后国际化对企业绿色投资的影响机理和作用机制。研究结果显示，"$PM_{2.5}$ 爆表"事件引起了非正式制度和正式制度变化，这种外部的压力成了监督和约束企业环境治理行为的外驱力量，使得国际化程度高的公司在"$PM_{2.5}$ 爆表"事件后企业绿色投资水平显著增加。进一步研究显示，国际化程度高的公司在"$PM_{2.5}$ 爆表"事件后企业绿色投资水平显著提升，这一现象在信息透明度低、分析师跟踪少、民营企业、管理层权力高的企业及行业竞争程度高的企业中更为明显。此外，上述结论并不因企业所在地干部晋升激励、本地偏好、地方经济重要性、环境污染治理等因素的影响而发生实质性改变。总体来看，从对企业行为长期影响来看，"$PM_{2.5}$ 爆表"事件带来的公共压力和企业国际化驱动的动机叠加后对企业绿色投资行为作用更明显，这一结论不仅对企业经营者如何更好地履行环境治理责任和提高企业核心竞争力具有实际的指导意义，而且对环保部门和证券市场监管部门思考如何引导企业环境治理行为有一定的政策意义。具体而言，一方面，迫切要求环保、证券市场监管等政府部门不断完善和健全环境保护与治理的相关制度，尤其是积极完善政府环境信息公开制度、企业环境信息披露制度以及环境信息与治理绩效的第三方评估制度，同时加强对社会公众的环保教育，提高社会公众的环保意识以及参与环境保护与治理的积极性；另一方面，加大环境污染企业的处罚力度，增加企业环境污染的违法成本，采取行政处罚和刑事处罚相结合的方式，同时要进一步完善公司治理，激励和引导企业承担环境治理责任，实现产业转型和技术升级以及节能减排，更加自觉地珍爱自然，更加积极地保护生态，努力走向社会主义生态文明新时代。

第七，作为专业化的资本市场信息中介，分析师关注也会对企业绿色投资行为产生重要影响。本书系统地考察了分析师关注对企业绿色投资行为的影响，并进一步探讨其作用机制。通过深入剖析分析师作为资本市场中介对企业绿色投资行为的影响机理，提出了"市场监督"和"业绩压力"两个竞争性假说。研究结果显示，分析师关注有助于约束企业管理层以牺牺环境为代价的利己行为，使得企业管理层为应对环境合法性危机和获得环境合法性认同，显著提升企业环境治理绩效，表现为企业绿色投资显著增加，支持市场监督假说。上述结论从分析师关注视角着手考察市场对上市公司环境污染治理行为决策的影响，为政府通过完善资本市场中介来推动环境治理提供了理论基础和决策依据，同时也对更好地激发企业履行环境治理责任、实现产业和技术升级等具有重要的启示意义。具体而言，充分运用和发挥市场力量，共同治理企业的环境污染行为，引导环境"消费者"更加自觉地珍爱自然，更加积极地保护生态，加快产业转型和技术升级，实现绿色发展。

第八，媒体也是驱动企业绿色投资的重要因素之一。本书基于"$PM_{2.5}$ 爆表"事件作为外生冲击，系统地考察了媒体关注对企业绿色投资行为的影响。研究结果显示，媒体关注能够显著提高企业环境绩效，表现出企业绿色投资水平显著增加，并且发现"$PM_{2.5}$ 爆表"事件与媒体关注对企业环境绩效的治理效应一定程度上存在替代作用。进一步研究显示，"$PM_{2.5}$ 爆表"事件带来公共压力的增大与媒体关注对企业环境绩效的治理效应，在内部控制质量较低的公司以及竞争性较强的行业中更加明显。上述结论不仅丰富了媒体关注以及企业环境绩效相关领域的文献，而且将媒体关注纳入企业绿色投资行为的分析框架中，考察了行业竞争程度和内部控制两种情景的动态影响，拓展了现有的学术研究，对激励和引导企业承担环境治理责任，加快产业转型和技术升级，实现绿色发展具有一定的启示意义。

11.2 未 来 展 望

基于"政府监管—市场治理"的逻辑思路，协同环境政策工具和市场力量，将制度驱动和市场驱动置于同一研究框架，本书各章从不同角度对企业绿色投资行为驱动机制进行了深入分析，努力探求合理有效的研究方法进行实证检验，同时辅之大量的稳健性测试，但不可避免地存在如下局限性。

第一，本书以制度理论、双重红利理论、代理理论为主要理论基础，构建了企业绿色投资行为驱动机制的理论分析框架，有助于深入探讨企业绿色投资行为的驱动机制及其效应，便于取得重要、创新的理论和实证成果，但囿于自己学科背景、研究能力与学术水平的局限，对制度理论、双重红利理论、代理理论等相关理论研究成果理解上可能不透彻，导致本书的理论分析深度有所欠缺。

第二，内生性问题几乎是所有因果关系研究都无法忽略的问题，虽然本书以多个外生事件为准自然实验，采用严谨的研究设计和科学的统计检验方法，尝试缓解研究中的内生性问题干扰，但这并不可能完全解决本书研究中可能存在的内生性问题，这对计量模型估计的结果可能也会产生一定的影响。

第三，本书将制度驱动和市场驱动置于同一研究框架中，探讨了企业绿色投资行为的驱动机制及其效应。在制度驱动方面，本书选择了绿色税制、环保补贴、环境规制组合以及环保法规等制度因素对企业绿色投资行为的影响，但并不能囊括所有相关的环境政策及制度；在市场驱动方面，本书探讨了社会公众、分析师、媒体等市场力量对企业绿色投资行为的影响，并没有包括机构投资者、审计师、消费者等市场力量对企业绿色投资行为的影响，这是因为：一是目前已有文献在机构投资者对企业绿色投资行为方面进行了较为详尽的探讨；二是环境相关审计属于政府审计（国家审计）的内容，因而本书未从审计师如何驱动企业绿色投资行为的角度进行相关研究；三是由于难以直接捕捉消费者行为对企业绿色行为的直接影响，本书尝试以天猫、京东为代表的线上电商平台记录的另类数据来解决这一问题，但并没有发现有意义的结果，故未在本书中报告。

在后续的研究中，至少可以从以下几个方面进行探索和拓展。

首先，系统地挖掘制度驱动的不同类型，并深入分析不同类型的制度对企业绿色投资行为的影响差异，仍是未来需要进一步挖掘和深入探讨的重要内容。

其次，仍需持续关注不同类别的市场力量对企业绿色投资行为的影响，以及各种市场力量的相互作用，同时考察其与制度驱动的互动效应，将是另一个重要的研究主题。

再次，本书在开展实证研究之前，对内蒙古伊利实业集团股份有限公司、浙江海亮股份有限公司、南京钢铁股份有限公司等企业进行了实地调研，为推导待检验的假说提供了思路，但并没有围绕企业绿色投资这一主题深入进行案例研究，今后将选择典型案例进行深入拓展。

最后，应进一步深入探讨如何尽可能地识别各驱动机制与企业绿色投资行为之间的因果关系。寻找准自然实验的背景，采纳多种研究设计和科学的计量方法，尽可能排除其他可能的解释，提高研究结论的可靠性和普适性，为企业绿色投资及其环境治理的政策制定和监管提供理论依据和决策支持。

参 考 文 献

白彬，张再生. 2017. 环境问题政治成本：分析框架、产生机理与治理策略. 中国行政
　　管理，（3）：131-136.

包群，彭水军. 2006. 经济增长与环境污染：基于面板数据的联立方程估计. 世界经
　　济，（11）：48-58.

包群，邵敏，杨大利. 2013. 环境管制抑制了污染排放吗?. 经济研究，48（12）：42-54.

毕茜，顾立盟，张济建. 2015. 传统文化、环境制度与企业环境信息披露. 会计研究，（3）：
　　12-19，94.

毕茜，李虹媛，于连超. 2019. 高管环保经历嵌入对企业绿色转型的影响与作用机制. 广
　　东财经大学学报，34（5）：4-21.

毕茜，于连超. 2016. 环境税的企业绿色投资效应研究：基于面板分位数回归的实证研
　　究. 中国人口•资源与环境，26（3）：76-82.

蔡春，毕铭悦. 2014. 关于自然资源资产离任审计的理论思考. 审计研究，（5）：3-9.

曹翔，苏馨儿. 2023. 碳排放权交易试点政策是否促进了碳中和技术创新?. 中国人
　　口•资源与环境，33（7）：94-104.

常莹莹，裴红梅. 2020. 环境信息披露、高质量审计与盈余持续性. 当代会计评论，（2）：
　　106-135.

陈德球，胡晴. 2022. 数字经济时代下的公司治理研究：范式创新与实践前沿. 管理世
　　界，（6）：213-239.

陈桂生. 2019. 环境治理悖论中的地方政府与公民社会：一个智猪博弈的模型. 四川大
　　学学报（哲学社会科学版），（2）：85-93.

陈红，纳超洪，雨田木子，等. 2018. 内部控制与研发补贴绩效研究. 管理世界，34（12）：
　　149-164.

陈建涛，吴茵茵，陈建东. 2021. 环境保护税对重污染行业环保投资的影响. 税务研
　　究，（11）：44-49.

陈立敏，刘静雅，张世蕾. 2016. 模仿同构对企业国际化—绩效关系的影响：基于制度
　　理论正当性视角的实证研究. 中国工业经济，（9）：127-143.

陈钦源，马黎珺，伊志宏. 2017. 分析师跟踪与企业创新绩效：中国的逻辑. 南开管理
　　评论，20（3）：15-27.

陈诗一，祁毓. 2022. "双碳"目标约束下应对气候变化的中长期财政政策研究. 中国
　　工业经济，（5）：5-23.

陈诗一，许璐. 2022. "双碳"目标下全球绿色价值链发展的路径研究. 北京大学学报
　　（哲学社会科学版），59（2）：5-12.

陈仕华，卢昌崇. 2014. 国有企业党组织的治理参与能够有效抑制并购中的"国有资产
　　流失"吗?. 管理世界，（5）：106-120.

陈幸幸，史亚雅，宋献中. 2019. 绿色信贷约束、商业信用与企业环境治理. 国际金融研究，（12）：13-22.

程博. 2019. 分析师关注与企业环境治理：来自中国上市公司的证据. 广东财经大学学报，（2）：74-89.

程博，毛昕旸. 2021. 企业异质性、环保补贴与企业绿色投资. 当代会计评论，（1）：97-120.

程博，潘飞. 2017. 语言多样性、信息获取与分析师盈余预测质量. 管理科学学报，20（4）：50-70.

程博，潘飞，王建玲. 2016. 儒家文化、信息环境与内部控制. 会计研究，（12）：79-84，96.

程博，邱保印，殷俊明. 2021c. 信任文化影响供应商分布决策吗. 外国经济与管理，43（7）：54-67.

程博，熊婷，殷俊明. 2021a. 他山之石或可攻玉：税制绿色化对企业创新的溢出效应. 会计研究，（6）：176-188.

程博，许宇鹏，李小亮. 2018. 公共压力、企业国际化与企业环境治理. 统计研究，35（9）：54-66.

程博，许宇鹏，林敏华. 2021b. 媒体监督的公司治理效应研究：基于企业避税行为视角的考察. 审计与经济研究，36（2）：105-115.

程博，宣扬，潘飞. 2017. 国有企业党组织治理的信号传递效应：基于审计师选择的分析. 财经研究，43（3）：69-80.

崔广慧，姜英兵. 2019. 环境规制对企业环境治理行为的影响：基于新《环保法》的准自然实验. 经济管理，41（10）：54-72.

崔也光，周畅，王肇. 2019. 地区污染治理投资与企业环境成本. 财政研究，（3）：115-129.

党力，杨瑞龙，杨继东. 2015. 反腐败与企业创新：基于政治关联的解释. 中国工业经济，（7）：146-160.

邓柏峻，李仲飞，梁权熙. 2016. 境外股东持股与股票流动性. 金融研究，（11）：142-157.

邓博夫，王泰玮，吉利. 2021. 地区经济增长压力下的政府环境规制与企业环保投资：政府双重目标协调视角. 财务研究，（3）：70-81.

邓新明，熊会兵，李剑峰，等. 2014. 政治关联、国际化战略与企业价值：来自中国民营上市公司面板数据的分析. 南开管理评论，17（1）：26-43.

丁杰，李仲飞，黄金波. 2022. 绿色信贷政策能够促进企业绿色创新吗?——基于政策效应分化的视角. 金融研究，（12）：55-73.

董颖，石磊. 2013. "波特假说"：生态创新与环境管制的关系研究述评. 生态学报，（3）：809-824.

杜建军，刘洪儒，吴浩源. 2020. 环保督察制度对企业环境保护投资的影响. 中国人口·资源与环境，30（11）：151-159.

范俊玉. 2011. 我国环境治理中政府激励不足原因分析及应对举措. 中州学刊，（1）：115-119.

范子英，赵仁杰. 2019. 法治强化能够促进污染治理吗?——来自环保法庭设立的证据. 经济研究，54（3）：21-37.

付明卫, 叶静怡, 孟俣希, 等. 2015. 国产化率保护对自主创新的影响: 来自中国风电制造业的证据. 经济研究, 50 (2): 118-131.

葛察忠, 王金南, 翁智雄, 等. 2015. 环保督政约谈制度探讨. 环境保护, 43 (12): 23-26.

葛守昆, 李慧. 2010. 制度变迁、有效需求、环境保护与转型期中国经济增长. 江海学刊, (1): 86-91.

关健, 阚弌. 2020. 绩效反馈、机构投资者持股与企业环境绩效关系研究. 中南大学学报 (社会科学版), 26 (4): 124-138.

韩晶, 张新闻. 2016. 绿色增长是影响官员晋升的主要因素么?——基于 2003—2014 年省级面板数据的经验研究. 经济社会体制比较, (5): 12-24.

侯青川, 靳庆鲁, 刘阳. 2016. 放松卖空管制与公司现金价值: 基于中国资本市场的准自然实验. 金融研究, (11): 112-127.

胡珺, 黄楠, 沈洪涛. 2020. 市场激励型环境规制可以推动企业技术创新吗?——基于中国碳排放权交易机制的自然实验. 金融研究, (1): 171-189.

胡珺, 宋献中, 王红建. 2017. 非正式制度、家乡认同与企业环境治理. 管理世界, (3): 76-94, 187-188.

胡元林, 李茜. 2016. 环境规制对企业绩效的影响: 以企业环保投资为传导变量. 科技与经济, 29 (1): 72-76.

黄健, 李尧. 2018. 污染外溢效应与环境税费征收力度. 财政研究, (4): 75-85.

黄速建, 余菁. 2006. 国有企业的性质、目标与社会责任. 中国工业经济, (2): 68-76.

季晓佳, 陈洪涛, 王迪. 2019. 媒体报道、政府监管与企业环境信息披露. 中国环境管理, 11 (2): 44-54.

姜付秀, 屈耀辉, 陆正飞, 等. 2008. 产品市场竞争与资本结构动态调整. 经济研究, (4): 99-110.

江轩宇. 2016. 政府放权与国有企业创新: 基于地方国企金字塔结构视角的研究. 管理世界, (9): 120-135.

蒋伏心, 王竹君, 白俊红. 2013. 环境规制对技术创新影响的双重效应: 基于江苏制造业动态面板数据的实证研究. 中国工业经济, (7): 44-55.

鞠晓生, 卢荻, 虞义华. 2013. 融资约束、营运资本管理与企业创新可持续性. 经济研究, 48 (1): 4-16.

孔东民, 刘莎莎, 王亚男. 2013b. 市场竞争、产权与政府补贴. 经济研究, 48 (2): 55-67.

孔东民, 刘莎莎, 应千伟. 2013a. 公司行为中的媒体角色: 激浊扬清还是推波助澜?. 管理世界, (7): 145-162.

蓝紫文, 李增泉. 2022. 关系型合约视角下双重股权结构选择动因解析: 来自中概股的经验证据. 财经研究, (3): 139-153.

黎文靖, 路晓燕. 2015. 机构投资者关注企业的环境绩效吗?——来自我国重污染行业上市公司的经验证据. 金融研究, (12): 97-112.

黎文靖, 郑曼妮. 2016. 实质性创新还是策略性创新?——宏观产业政策对微观企业创新的影响. 经济研究, 51 (4): 60-73.

李春涛, 宋敏, 张璇. 2014. 分析师跟踪与企业盈余管理: 来自中国上市公司的证据. 金融研究, (7): 124-139.

李明辉, 张艳, 张娟. 2011. 国外环境审计研究述评. 审计与经济研究, 26 (4): 29-37.

李培功, 沈艺峰. 2010. 媒体的公司治理作用: 中国的经验证据. 经济研究, 45 (4): 14-27.

李强, 田双双. 2016. 环境规制能够促进企业环保投资吗?——兼论市场竞争的影响. 北京理工大学学报 (社会科学版), 18 (4): 1-8.

李青原, 肖泽华. 2020. 异质性环境规制工具与企业绿色创新激励: 来自上市企业绿色专利的证据. 经济研究, 55 (9): 192-208.

李树, 陈刚. 2013. 环境管制与生产率增长: 以 APPCL2000 的修订为例. 经济研究, 48 (1): 17-31.

李维安. 2001. 公司治理. 天津: 南开大学出版社.

李欣, 顾振华, 徐雨婧. 2022. 公众环境诉求对企业污染排放的影响: 来自百度环境搜索的微观证据. 财经研究, 48 (1): 34-48.

李依, 高达, 卫平. 2021. 中央环保督察能否诱发企业绿色创新?. 科学学研究, 39 (8): 1504-1516.

李园园, 李桂华, 邵伟, 等. 2019. 政府补助、环境规制对技术创新投入的影响. 科学学研究, 37 (9): 1694-1701.

李月娥, 李佩文, 董海伦. 2018. 产权性质、环境规制与企业环保投资. 中国地质大学学报 (社会科学版), 18 (6): 36-49.

李增泉, 孙铮. 2009. 制度、治理与会计: 基于中国制度背景的实证会计研究. 上海: 格致出版社.

李子豪. 2017. 公众参与对地方政府环境治理的影响: 2003—2013 年省际数据的实证分析. 中国行政管理, (8): 102-108.

梁平汉, 高楠. 2014. 人事变更、法制环境和地方环境污染. 管理世界, (6): 65-78.

梁上坤. 2017. 媒体关注、信息环境与公司费用粘性. 中国工业经济, (2): 154-173.

梁上坤. 2018. 机构投资者持股会影响公司费用粘性吗?. 管理世界, 34 (12): 133-148.

廖中举. 2016. 利益相关压力、环境创新与企业的成长研究. 科学学与科学技术管理, 37 (7): 34-41.

林润辉, 李康宏, 周常宝, 等. 2015. 企业国际化多样性、国际化经验与快速创新: 来自中国企业的证据. 研究与发展管理, 27 (5): 110-121, 136.

林毅夫, 李志赟. 2004. 政策性负担、道德风险与预算软约束. 经济研究, (2): 17-27.

林忠华. 2014. 领导干部自然资源资产离任审计探讨. 审计研究, (5): 10-14.

刘常建, 许为宾, 蔡兰, 等. 2019. 环保压力与重污染企业的银行贷款契约: 基于 "PM$_{2.5}$ 爆表" 事件的经验证据. 中国人口·资源与环境, 29 (12): 121-130.

刘浩, 徐华新. 2023. "控制" 条件、产权束改变与会计准则制定: 换入形成表外资产的理论分析. 上海财经大学学报, 25 (3): 108-122.

刘浩, 许楠, 时淑慧. 2015. 内部控制的 "双刃剑" 作用: 基于预算执行与预算松弛的研究. 管理世界, (12): 130-145.

刘金科, 肖翊阳. 2022. 中国环境保护税与绿色创新: 杠杆效应还是挤出效应?. 经济研究, 57 (1): 72-88.

刘隆亨, 翟帅. 2016. 论我国以环保税法为主体的绿色税制体系建设. 法学杂志, 37 (7): 32-41.

刘明辉, 张宜霞. 2002. 内部控制的经济学思考. 会计研究, (8): 54-56.

刘启亮, 陆开森, 李祎, 等. 2022. 媒体负面报道与高管腐败治理. 会计研究, (3): 123-135.

刘儒昀, 王海滨. 2017. 领导干部自然资源资产离任审计演化分析. 审计研究, (4): 32-38.

刘瑞明, 石磊. 2010. 国有企业的双重效率损失与经济增长. 经济研究, 45 (1): 127-137.

刘星河. 2016. 公共压力、产权性质与企业融资行为: 基于 "PM$_{2.5}$ 爆表" 事件的研究. 经济科学, (2): 67-80.

刘晔, 张训常. 2018. 环境保护税的减排效应及区域差异性分析: 基于我国排污费调整的实证研究. 税务研究, (2): 41-47.

刘郁, 陈钊. 2016. 中国的环境规制: 政策及其成效. 经济社会体制比较, (1): 164-173.

刘媛媛, 黄正源, 刘晓璇. 2021. 环境规制、高管薪酬激励与企业环保投资: 来自 2015 年《环境保护法》实施的证据. 会计研究, (5): 175-192.

刘运国, 刘梦宁. 2015. 雾霾影响了重污染企业的盈余管理吗?——基于政治成本假说的考察. 会计研究, (3): 26-33, 94.

娄芳, 李玉博, 原红旗. 2010. 新会计准则对现金股利和会计盈余关系影响的研究. 管理世界, (1): 122-132.

罗党论, 赖再洪. 2016. 重污染企业投资与地方官员晋升: 基于地级市 1999—2010 年数据的经验证据. 会计研究, (4): 42-48, 95.

罗进辉. 2012. 媒体报道的公司治理作用: 双重代理成本视角. 金融研究, (10): 153-166.

马珩, 张俊, 叶紫怡. 2016. 环境规制、产权性质与企业环保投资. 干旱区资源与环境, 30 (12): 47-52.

毛恩荣, 周志波. 2021. 环境税改革与 "双重红利" 假说: 一个理论述评. 中国人口·资源与环境, 31 (12): 128-139.

毛奕欢, 林雁, 谭洪涛. 2022. 中央环保督察与企业生产决策: 来自企业实质性改进的证据. 产业经济研究, (3): 15-27.

蒙强, 蓝相洁, 李彤. 2016. "双重红利" 目标下我国环境保护税改革的路径. 经济纵横, (9): 101-104.

孟为, 陆海天. 2018. 风险投资与新三板挂牌企业股票流动性: 基于高科技企业专利信号作用的考察. 经济管理, 40 (3): 178-195.

聂辉华, 蒋敏杰. 2011. 政企合谋与矿难: 来自中国省级面板数据的证据. 经济研究, 46 (6): 146-156.

牛欢, 严成樑. 2021. 环境税率、双重红利与经济增长. 金融研究, (7): 40-57.

诺思 D C. 2008. 制度、制度变迁与经济绩效. 杭行, 译. 上海: 格致出版社, 上海人民出版社.

潘爱玲, 刘昕, 邱金龙, 等. 2019. 媒体压力下的绿色并购能否促使重污染企业实现实质性转型. 中国工业经济, (2): 174-192.

潘越, 陈秋平, 戴亦一. 2017. 绿色绩效考核与区域环境治理: 来自官员更替的证据. 厦门大学学报 (哲学社会科学版), (1): 23-32.

潘越, 戴亦一, 林超群. 2011. 信息不透明、分析师关注与个股暴跌风险. 金融研究, (9): 138-151.

秦炳涛, 郭援国, 葛力铭. 2022. 公众参与如何影响企业绿色技术创新: 基于中介效应和空间效应的分析. 技术经济, 41 (2): 50-61.

秦鹏, 唐道鸿, 田亦尧. 2016. 环境治理公众参与的主体困境与制度回应. 重庆大学学报 (社会科学版), (4): 126-132.

青木昌彦, 周黎安, 王珊珊. 2000. 什么是制度?我们如何理解制度?. 经济社会体制比较, (6): 28-38.

权小锋, 吴世农, 文芳. 2010. 管理层权力、私有收益与薪酬操纵. 经济研究, 45 (11): 73-87.

权小锋, 尹洪英. 2017. 中国式卖空机制与公司创新：基于融资融券分步扩容的自然实验. 管理世界, (1): 128-144, 187-188.

沈红波, 谢越, 陈峥嵘. 2012. 企业的环境保护、社会责任及其市场效应：基于紫金矿业环境污染事件的案例研究. 中国工业经济, (1): 141-151.

沈洪涛, 冯杰. 2012. 舆论监督、政府监管与企业环境信息披露. 会计研究, (2): 72-78, 97.

沈洪涛, 黄珍, 郭肪汝. 2014. 告白还是辩白：企业环境表现与环境信息披露关系研究. 南开管理评论, 17 (2): 56-63, 73.

沈洪涛, 马正彪. 2014. 地区经济发展压力、企业环境表现与债务融资. 金融研究, (2): 153-166.

沈洪涛, 周艳坤. 2017. 环境执法监督与企业环境绩效：来自环保约谈的准自然实验证据. 南开管理评论, 20 (6): 73-82.

沈志渔, 刘兴国, 周小虎. 2008. 基于社会责任的国有企业改革研究. 中国工业经济, (9): 141-149.

盛洪. 1993. 中国先秦哲学与现代制度主义. 管理世界, (3): 187-197.

石宁, 陈文哲, 梁琪. 2023. 政府环境规制对市场契约关系的影响：基于供应商客户数据的实证分析. 中国人口·资源与环境, 33 (4): 147-160.

石庆玲, 陈诗一, 郭峰. 2017. 环保部约谈与环境治理：以空气污染为例. 统计研究, 34 (10): 88-97.

舒利敏, 廖菁华. 2022. 末端治理还是绿色转型?——绿色信贷对重污染行业企业环保投资的影响研究. 国际金融研究, (4): 12-22.

宋建波, 李丹妮. 2013. 企业环境责任与环境绩效理论研究及实践启示. 中国人民大学学报, 27 (3): 80-86.

宋马林, 王舒鸿. 2013. 环境规制、技术进步与经济增长. 经济研究, 48 (3): 122-134.

宋跃刚, 靳颂琳. 2023. 绿色信贷政策对企业环境绩效的影响效果与机制检验. 中国人口·资源与环境, 33 (9): 134-146.

苏冬蔚, 连莉莉. 2018. 绿色信贷是否影响重污染企业的投融资行为?. 金融研究, (12): 123-137.

苏振华. 2017. 中国媒体信任的来源与发生机制：基于 CGSS2010 数据的实证研究. 新闻与传播研究, 24 (5): 51-68, 127.

孙伟增, 罗党论, 郑思齐, 等. 2014. 环保考核、地方官员晋升与环境治理：基于 2004—2009 年中国 86 个重点城市的经验证据. 清华大学学报(哲学社会科学版), 29 (4): 49-62, 171.

谭志东, 张学慧, 谭建华. 2021. 环保督察与环保投资：基于中介效应的路径分析. 统计与决策，37（16）：167-170.

唐大鹏，杨真真. 2022. 地方环境支出、财政环保补助与企业绿色技术创新. 财政研究，（1）：79-93.

唐国平，李龙会，吴德军. 2013. 环境管制、行业属性与企业环保投资. 会计研究，（6）：83-89，96.

唐国平，刘忠全. 2019.《环境保护税法》对企业环境信息披露质量的影响：基于湖北省上市公司的经验证据. 湖北大学学报（哲学社会科学版），46（1）：150-157.

唐松，孙铮. 2014. 政治关联、高管薪酬与企业未来经营绩效. 管理世界，（5）：93-105，187-188.

田利辉，关欣，李政，等. 2022. 环境保护税费改革与企业环保投资：基于《环境保护税法》实施的准自然实验. 财经研究，48（9）：32-46，62.

涂正革，谌仁俊. 2015. 排污权交易机制在中国能否实现波特效应. 经济研究，50（7）：160-173.

汪建成，杨梅，李晓晔. 2021. 外部压力促进了企业绿色创新吗？——政府监管与媒体监督的双元影响. 产经评论，12（4）：66-81.

王兵，戴敏，武文杰. 2017. 环保基地政策提高了企业环境绩效吗？——来自东莞市企业微观面板数据的证据. 金融研究，（4）：143-160.

王菁，程博. 2014. 外部盈利压力会导致企业投资不足吗？——基于中国制造业上市公司的数据分析. 会计研究，（3）：33-40，95.

王菁，程博，孙元欣. 2014. 期望绩效反馈效果对企业研发和慈善捐赠行为的影响. 管理世界，（8）：115-133.

王垒，曲晶，刘新民. 2019. 异质机构投资者投资组合、环境信息披露与企业价值. 管理科学，32（4）：31-47.

王茂斌，孔东民. 2016. 反腐败与中国公司治理优化：一个准自然实验. 金融研究，（8）：159-174.

王萌. 2009. 我国排污费制度的局限性及其改革. 税务研究，（7）：28-31.

王少波，郑建明. 2007. 我国古代的环保法制及其对当代的启示. 国际商务（对外经济贸易大学学报），（6）：90-93.

王贤彬，张莉，徐现祥. 2011. 辖区经济增长绩效与省长省委书记晋升. 经济社会体制比较，（1）：110-122.

王新，李彦霖，毛洪涛. 2014. 企业国际化经营、股价信息含量与股权激励有效性. 会计研究，（11）：46-53，97.

王云，李延喜，马壮，等. 2017. 媒体关注、环境规制与企业环保投资. 南开管理评论，20（6）：83-94.

魏泽龙，谷盟. 2015. 转型情景下企业合法性与绿色绩效的关系研究. 管理评论，27（4）：76-84.

温日光，汪剑锋. 2018. 上市公司会因行业竞争压力上调公司盈余吗. 南开管理评论，21（1）：182-190，215.

吴航. 2015. 企业国际化影响创新绩效的机制研究：来自中国企业的证据. 杭州：浙江大学出版社.

吴昊旻，杨兴全，魏卉. 2012. 产品市场竞争与公司股票特质性风险：基于我国上市公司的经验证据. 经济研究, 47 (6): 101-115.

吴建祖, 王碧莹. 2023. 政绩考核与环境治理效率: 基于政绩考核新规的准实验研究. 公共管理评论, 5 (2): 117-137.

吴建祖, 王蓉娟. 2019. 环保约谈提高地方政府环境治理效率了吗?——基于双重差分方法的实证分析. 公共管理学报, 16 (1): 54-65, 171-172.

吴力波, 杨眉敏, 孙可哿. 2022. 公众环境关注度对企业和政府环境治理的影响. 中国人口·资源与环境, 32 (2): 1-14.

吴延兵. 2015. 国有企业双重效率损失再研究. 当代经济科学, 37 (1): 1-10, 124.

吴战篪, 李晓龙. 2015. 内部人抛售、信息环境与股价崩盘. 会计研究, (6): 48-55, 97.

武剑锋, 叶陈刚, 刘猛. 2015. 环境绩效、政治关联与环境信息披露: 来自沪市 A 股重污染行业的经验证据. 山西财经大学学报, 37 (7): 99-110.

夏立军, 陈信元. 2007. 市场化进程、国企改革策略与公司治理结构的内生决定. 经济研究, (7): 82-95, 136.

肖华, 张国清. 2008. 公共压力与公司环境信息披露: 基于"松花江事件"的经验研究. 会计研究, (5): 15-22, 95.

解维敏, 方红星. 2011. 金融发展、融资约束与企业研发投入. 金融研究, (5): 171-183.

谢宜章, 邹丹. 2021. 市场激励型环境规制对企业绿色投资的影响: 基于沪深 A 股高污染上市公司的实证研究. 云南师范大学学报 (哲学社会科学版), 53 (6): 75-83.

谢震, 艾春荣. 2014. 分析师关注与公司研发投入: 基于中国创业板公司的分析. 财经研究, 40 (2): 108-119.

谢智慧, 孙养学, 王雅楠. 2018. 环境规制对企业环保投资的影响: 基于重污染行业的面板数据研究. 干旱区资源与环境, 32 (3): 12-16.

熊家财, 苏冬蔚. 2016. 股票流动性与代理成本: 基于随机前沿模型的实证研究. 南开管理评论, 19 (1): 84-96.

熊婷, 程博, 潘飞. 2016. CEO 权力、产品市场竞争与公司研发投入. 山西财经大学学报, 38 (5): 56-68.

徐建中, 贯君, 林艳. 2017. 制度压力、高管环保意识与企业绿色创新实践: 基于新制度主义理论和高阶理论视角. 管理评论, 29 (9): 72-83.

徐乐, 马永刚, 王小飞. 2022. 基于演化博弈的绿色技术创新环境政策选择研究: 政府行为 VS.公众参与. 中国管理科学, 30 (3): 30-42.

徐珊, 黄健柏. 2015. 企业产权、社会责任与权益资本成本. 南方经济, (4): 76-92.

许和连, 邓玉萍. 2012. 外商直接投资导致了中国的环境污染吗?——基于中国省际面板数据的空间计量研究. 管理世界, (2): 30-43.

薛爽, 赵泽朋, 王迪. 2017. 企业排污的信息价值及其识别: 基于钢铁企业空气污染的研究. 金融研究, (1): 162-176.

杨德明, 赵璨. 2016. 超额雇员、媒体曝光率与公司价值: 基于《劳动合同法》视角的研究. 会计研究, (4): 49-54, 96.

杨柳勇, 张泽野, 郑建明. 2021. 中央环保督察能否促进企业环保投资?——基于中国上市公司的实证分析. 浙江大学学报 (人文社会科学版), 51 (3): 95-116.

杨瑞龙, 王元, 聂辉华. 2013. "准官员"的晋升机制: 来自中国央企的证据. 管理世界, (3): 23-33.

杨洋，魏江，罗来军. 2015. 谁在利用政府补贴进行创新?——所有制和要素市场扭曲的联合调节效应. 管理世界，（1）：75-86，98，188.

杨熠，李余晓璐，沈洪涛. 2011. 绿色金融政策、公司治理与企业环境信息披露：以 502 家重污染行业上市公司为例. 财贸研究，22（5）：131-139.

杨忠，张骁. 2009. 企业国际化程度与绩效关系研究. 经济研究，44（2）：32-42，67.

叶金珍，安虎森. 2017. 开征环保税能有效治理空气污染吗. 中国工业经济，（5）：54-74.

叶康涛，祝继高. 2009. 银根紧缩与信贷资源配置. 管理世界，（1）：22-28，188.

伊志宏，姜付秀，秦义虎. 2010. 产品市场竞争、公司治理与信息披露质量. 管理世界，（1）：133-141，161，188.

应千伟，呙昊婧，邓可斌. 2017. 媒体关注的市场压力效应及其传导机制. 管理科学学报，20（4）：32-49.

游家兴，张哲远. 2016. 财务分析师公司治理角色研究：文献综述与研究展望. 厦门大学学报（哲学社会科学版），（5）：128-136.

于芝麦. 2021. 环保约谈、政府环保补助与企业绿色创新. 外国经济与管理，43（7）：22-37.

于忠泊，田高良，齐保垒，等. 2011. 媒体关注的公司治理机制：基于盈余管理视角的考察. 管理世界，（9）：127-140.

余明桂，钟慧洁，范蕊. 2017. 分析师关注与企业创新：来自中国资本市场的经验证据. 经济管理，39（3）：175-192.

余明桂，钟慧洁，范蕊. 2019. 民营化、融资约束与企业创新：来自中国工业企业的证据. 金融研究，（4）：75-91.

俞杰. 2013. 环境税"双重红利"与我国环保税制改革取向. 宏观经济研究，（8）：3-7，17.

曾义，冯展斌，张茜. 2016. 地理位置、环境规制与企业创新转型. 财经研究，42（9）：87-98.

翟华云，刘亚伟. 2019. 环境司法专门化促进了企业环境治理吗?——来自专门环境法庭设置的准自然实验. 中国人口·资源与环境，29（6）：138-147.

张彩云. 2020. 排污权交易制度能否实现"双重红利"?——一个自然实验分析. 中国软科学，（2）：94-107.

张济建，于连超，毕茜，等. 2016. 媒体监督、环境规制与企业绿色投资. 上海财经大学学报，18（5）：91-103.

张敏，张胜，王成方，等. 2010. 政治关联与信贷资源配置效率：来自我国民营上市公司的经验证据. 管理世界，（11）：143-153.

张琦，谭志东. 2019. 领导干部自然资源资产离任审计的环境治理效应. 审计研究，（1）：16-23.

张琦，郑瑶，孔东民. 2019. 地区环境治理压力、高管经历与企业环保投资：一项基于《环境空气质量标准（2012）》的准自然实验. 经济研究，54（6）：183-198.

张先治，傅荣，贾兴飞，等. 2014. 会计准则变革对企业理念与行为影响的多视角分析. 会计研究，（6）：31-39，96.

张晓晨，程博. 2020. 企业亲环境行为的研究述评与展望. 绿色财会，（9）：3-10.

张小强. 2018. 互联网的网络化治理：用户权利的契约化与网络中介私权力依赖. 新闻

与传播研究，25（7）：87-108，128.

张彦博，李琪. 2013. 政府环保补助与环境质量改进的相关性研究. 经济纵横，（9）：50-53.

张玉明，邢超，张瑜. 2021. 媒体关注对重污染企业绿色技术创新的影响研究. 管理学报，18（4）：557-568.

赵莉，张玲. 2020. 媒体关注对企业绿色技术创新的影响：市场化水平的调节作用. 管理评论，32（9）：132-141.

赵阳，沈洪涛，周艳坤. 2019. 环境信息不对称、机构投资者实地调研与企业环境治理. 统计研究，36（7）：104-118.

赵振智，程振，吴飞，等. 2023. 中国环境保护税法对企业劳动雇佣的影响. 中国人口·资源与环境，33（1）：61-73.

郑思齐，万广华，孙伟增，等. 2013. 公众诉求与城市环境治理. 管理世界，（6）：72-84.

周开国，应千伟，陈晓娴. 2014. 媒体关注度、分析师关注度与盈余预测准确度. 金融研究，（2）：139-152.

周黎安. 2007. 中国地方官员的晋升锦标赛模式研究. 经济研究，（7）：36-50.

周苗苗. 2013. 浅析我国地方政府环保职能的缺失与完善. 法制与社会，（11）：134-135.

周铭山，林靖，许年行. 2016. 分析师跟踪与股价同步性：基于过度反应视角的证据. 管理科学学报，19（6）：49-73.

周亚拿，武立东，王凯. 2021. 分析师关注与企业绿色投资：声誉管理还是业绩管理. 山东社会科学，（3）：157-162.

祝贺缤，任薇薇. 2021. 绿色信贷与企业环保投资影响研究. 区域金融研究，（8）：18-24.

Aerts W，Cormier D. 2009. Media legitimacy and corporate environmental communication. Accounting，Organizations and Society，34（1）：1-27.

Alchian A A，Demsetz H. 1972. Production，information costs，and economic organization. The American Economic Review，62（5）：777-795.

Allen F，Qian J，Qian M J. 2005. Law，finance，and economic growth in China. Journal of Financial Economics，77（1）：57-116.

Amihud Y. 2002. Illiquidity and stock returns：cross-section and time-series effects. Journal of Financial Markets，5（1）：31-56.

Banerjee B. 2003. Who sustains whose development? Sustainable development and the reinvention of nature. Organization Studies，24（1）：143-180.

Baggs J，de Bettignies J E. 2007. Product market competition and agency costs. Journal of Industrial Economics，55（2）：289-323.

Balkin D B，Markman G D，Gomez-Mejia L R. 2000. Is CEO pay in high-technology firms related to innovation?. Academy of Management Journal，43（6）：1118-1129.

Bartov E，Givoly D，Hayn C. 2002. The rewards to meeting or beating earnings expectations. Journal of Accounting and Economics，33（2）：173-204.

Berrone P，Fosfuri A，Gelabert L，et al. 2013. Necessity as the mother of "green" inventions：institutional pressures and environmental innovations. Strategic Management Journal，34（8）：891-909.

Bertrand M，Mullainathan S. 2003. Enjoying the quiet life? Corporate governance and managerial preferences. Journal of Political Economy，111（5）：1043-1075.

Bertrand M，Mullainathan S. 2004. Are Emily and Greg more employable than Lakisha and Jamal? A field experiment on labor market discrimination. The American Economic Review，94（4）：991-1013.

Boiral O，Raineri N，Talbot D. 2018. Managers' citizenship behaviors for the environment: a developmental perspective. Journal of Business Ethics，149（2）：395-409.

Bonsón E，Perea D，Bednárová M. 2019. Twitter as a tool for citizen engagement: an empirical study of the Andalusian municipalities. Government Information Quarterly，36（3）：480-489.

Bosquet B. 2000. Environmental tax reform: does it work? A survey of the empirical evidence. Ecological Economics，34（1）：19-32.

Brammer S，Millington A. 2005. Corporate reputation and philanthropy: an empirical analysis. Journal of Business Ethics，61（1）：29-44.

Brammer S，Pavelin S. 2004. Voluntary social disclosures by large UK companies. Business Ethics: A European Review，13（2/3）：86-99.

Brown J R，Fazzari S M，Petersen B C. 2009. Financing innovation and growth: cash flow, external equity，and the 1990s R&D boom. The Journal of Finance，64（1）：151-185.

Brown J R，Martinsson G，Thomann C. 2022. Can environmental policy encourage technical change? Emissions taxes and R&D investment in polluting firms. The Review of Financial Studies，35（10）：4518-4560.

Butler A W，Grullon G，Weston J P. 2005. Stock market liquidity and the cost of issuing equity. Journal of Financial and Quantitative Analysis，40（2）：331-348.

Campbell T C，Gallmeyer M，Johnson S A，et al. 2011. CEO optimism and forced turnover. Journal of Financial Economics，101（3）：695-712.

Castellani D，Zanfei A. 2007. Internationalisation，innovation and productivity: how do firms differ in Italy?. The World Economy，30（1）：156-176.

Chan K. 1998. Mass communication and pro-environmental behaviour: waste recycling in Hong Kong. Journal of Environmental Management，52（4）：317-325.

Chan K，Hameed A. 2006. Stock price synchronicity and analyst coverage in emerging markets. Journal of Financial Economics，80（1）：115-147.

Chay K Y，Greenstone M. 2003. The impact of air pollution on infant mortality: evidence from geographic variation in pollution shocks induced by a recession. The Quarterly Journal of Economics，118（3）：1121-1167.

Chen H L，Hsu W T. 2009. Family ownership，board independence，and R&D investment. Family Business Review，22（4）：347-362.

Chen Q，Goldstein I，Jiang W. 2007. Price informativeness and investment sensitivity to stock price. The Review of Financial Studies，20（3）：619-650.

Chen S M，Sun Z，Tang S，et al. 2011. Government intervention and investment efficiency: evidence from China. Journal of Corporate Finance，17（2）：259-271.

Chen S，Tan H. 2012. Region effects in the internationalization-performance relationship in Chinese firms. Journal of World Business，47（1）：73-80.

Chen Y Y, Jin G Z, Kumar N, et al. 2012. Gaming in air pollution data? Lessons from China. The B. E. Journal of Economic Analysis & Policy, 13（3）: 1-43.

Cheng B, Christensen T, Ma L, et al. 2021. Does public money drive out private? Evidence from government regulations of industrial overcapacity governance in urban China. International Review of Economics & Finance, 76（11）: 767-780.

Cheng B, Lu S Y. 2023. Judicial system reform and trade credit financing: evidence from a quasi-natural experiment. Managerial and Decision Economics, 44（6）: 3422-3436.

Cheng B, Qiu B, Chan K C, et al. 2022. Does a green tax impact a heavy-polluting firm's green investments?. Applied Economics, 54（2）: 189-205.

Cheung S N S. 1983. The contractual nature of the firm. The Journal of Law and Economics, 26（1）: 1-21.

Cho C H, Patten D M. 2007. The role of environmental disclosures as tools of legitimacy: a research note. Accounting Organizations and Society, 32（7/8）: 639-647.

Christmann P. 2004. Multinational companies and the natural environment: determinants of global environmental policy. Academy of Management Journal, 47（5）: 747-760.

Clarkson P M, Li Y, Richardson G D, et al. 2008. Revisiting the relation between environmental performance and environmental disclosure: an empirical analysis. Accounting, Organizations and Society, 33（4/5）: 303-327.

Coase R H. 1937. The nature of the firm. Economica, 4（16）: 386-405.

Coase R H. 1960. The problem of social cost. The Journal of Law and Economics, 3: 1-44.

Cohen L, Diether K, Malloy C. 2013. Misvaluing innovation. The Review of Financial Studies, 26（3）: 635-666.

Commons J R. 1934. Institutional economics. Wisconsin: University of Wisconsin Press.

Cornaggia J, Mao Y F, Tian X, et al. 2015. Does banking competition affect innovation?. Journal of Financial Economics, 115（1）: 189-209.

Currie J, Neidell M. 2005. Air pollution and infant health: what can we learn from California's recent experience?. The Quarterly Journal of Economics, 120（3）: 1003-1030.

Daddi T, Testa F, Iraldo F. 2010. A cluster-based approach as an effective way to implement the environmental compliance assistance programme: evidence from some good practices. Local Environment, 15（1）: 73-82.

Daley L A, Vigeland R L. 1983. The effects of debt covenants and political costs on the choice of accounting methods: the case of accounting for R&D costs. Journal of Accounting and Economics, 5（1）: 195-211.

Darrell W, Schwartz B N. 1997. Environmental disclosures and public policy pressure. Journal of Accounting and Public Policy, 16（2）: 125-154.

Dasgupta S, Laplante B, Mamingi N, et al. 2001. Inspections, pollution prices, and environmental performance: evidence from China. Ecological Economics, 36（3）: 487-498.

de Mooij R A. 2000. Environmental Taxation and the Double Dividend. Howard House: Emerald Publishing Limited.

Dean T J, Brown R L. 1995. Pollution regulation as a barrier to new firm entry: initial evidence and implications for future research. Academy of Management Journal, 38 (1): 288-303.

Dechow P M, Sloan R G, Sweeney A P. 1995. Detecting earnings management. The Accounting Review, 70 (2): 193-225.

Deephouse D L, Carter S M. 2005. An examination of differences between organizational legitimacy and organizational reputation. Journal of Management Studies, 42 (2): 329-360.

Denis D J, Denis D K, Yost K. 2002. Global diversification, industrial diversification, and firm value. The Journal of Finance, 57 (5): 1951-1979.

Dhaliwal D S, Radhakrishnan S, Tsang A, et al. 2012. Nonfinancial disclosure and analyst forecast accuracy: international evidence on corporate social responsibility disclosure. The Accounting Review, 87 (3): 723-759.

Dong Y L, Ishikawa M, Liu X B, et al. 2011. The determinants of citizen complaints on environmental pollution: an empirical study from China. Journal of Cleaner Production, 19 (12): 1306-1314.

Driscoll J C, Kraay A C. 1998. Consistent covariance matrix estimation with spatially dependent panel data. Review of Economics and Statistics, 80 (4): 549-560.

Du X Q. 2015. How the market values greenwashing? Evidence from China. Journal of Business Ethics, 128 (3): 547-574.

Dyck A, Lins K V, Roth L, et al. 2019. Do institutional investors drive corporate social responsibility? International evidence. Journal of Financial Economics, 131 (3): 693-714.

Dyck A, Volchkova N, Zingales L. 2008. The corporate governance role of the media: evidence from Russia. The Journal of Finance, 63 (3): 1093-1135.

Edmans A. 2009. Blockholder trading, market efficiency, and managerial myopia. The Journal of Finance, 64 (6): 2481-2513.

Eisenhardt K M. 1989. Agency theory: an assessment and review. Academy of Management Review, 14 (1): 57-74.

el Ghoul S, Guedhami O, Kim H, et al. 2018. Corporate environmental responsibility and the cost of capital: international evidence. Journal of Business Ethics, 149 (2): 335-361.

Elango B, Talluri S S, Hult G T M. 2013. Understanding drivers of risk-adjusted performance for service firms with international operations. Decision Sciences, 44 (4): 755-783.

Fama E F, Jensen M C. 1983. Separation of ownership and control. The Journal of Law and Economics, 26 (2): 301-325.

Fan J P H, Wong T J, Zhang T Y. 2014. Politically connected CEOs, corporate governance, and the post-IPO performance of China's partially privatized firms. Journal of Applied Corporate Finance, 26 (3): 85-95.

Fang L, Peress J. 2009. Media coverage and the cross-section of stock returns. The Journal of Finance, 64 (5): 2023-2052.

Fang V W, Noe T H, Tice S. 2009. Stock market liquidity and firm value. Journal of

Financial Economics，94（1）：150-169.

Farrell K A，Whidbee D A. 2003. Impact of firm performance expectations on CEO turnover and replacement decisions. Journal of Accounting and Economics，36（1/3）：165-196.

Farzin Y H，Kort P M. 2000. Pollution abatement investment when environmental regulation is uncertain. Journal of Public Economic Theory，2（2）：183-212.

Fatemi A M. 1984. Shareholder benefits from corporate international diversification. The Journal of Finance，39（5）：1325-1344.

Filatotchev I，Dyomina N，Wright M，et al. 2001. Effects of post-privatization governance and strategies on export intensity in the former soviet union. Journal of International Business Studies，32（4）：853-871.

Foulon J，Lanoie P，Laplante B. 2002. Incentives for pollution control：regulation or information?. Journal of Environmental Economics and Management，44（1）：169-187.

Fraser I，Waschik R. 2013. The double dividend hypothesis in a CGE model：specific factors and the carbon base. Energy Economics，39：283-295.

Giannetti M，Liao G，Yu X. 2015. The brain gain of corporate boards：evidence from China.The Journal of Finance，70（4）：1629-1682.

Goulder L H. 1995. Environmental taxation and the double dividend：a reader's guide. International Tax and Public Finance，2（2）：157-183.

Gradus R，Smulders S. 1993. The trade-off between environmental care and long-term growth：pollution in three prototype growth models. Journal of Economics，58（1）：25-51.

Graham J R，Harvey C R，Rajgopal S. 2005. The economic implications of corporate financial reporting. Journal of Accounting and Economics，40（1/3）：3-73.

Green A. 2006. You can't pay them enough：subsidies，environmental law and social norms. Harvard Environmental Law Review，30（2）：407-440.

Greenstone M，Hanna R M. 2014. Environmental regulations，air and water pollution，and infant mortality in India. The American Economic Review，104（10）：3038-3072.

Gu Z Y，Tang S，Wu D H. 2020. The political economy of labor employment decisions：evidence from China. Management Science，66（10）：4703-4725.

Guedhami O，Pittman J A，Saffar W. 2014. Auditor choice in politically connected firms. Journal of Accounting Research，52（1）：107-162.

Hadlock C J，Pierce J R. 2010. New evidence on measuring financial constraints：moving beyond the KZ index. The Review of Financial Studies，23（5）：1909-1940.

Haushalter D，Klasa S，Maxwell W F. 2007. The influence of product market dynamics on a firm's cash holdings and hedging behavior. Journal of Financial Economics，84（3）：797-825.

He G J，Wang S D，Zhang B. 2020. Watering down environmental regulation in China. The Quarterly Journal of Economics，135（4）：2135-2185.

Hemingway C A，Maclagan P W. 2004. Managers' personal values as drivers of corporate social responsibility. Journal of Business Ethics，50（1）：33-44.

Hennart J F. 2007. The theoretical rationale for a multinationality-performance relationship. Management International Review，47（3）：423-452.

Hitt M A, Hoskisson R E, Kim H. 1997. International diversification: effects on innovation and firm performance in product-diversified firms. Academy of Management Journal, 40 (4): 767-798.

Hoffman A J. 1997. From Heresy to Dogma: An Institutional History of Corporate Environmentalism. Lanham: Lexington Books.

Horbach J. 2008. Determinants of environmental innovation: new evidence from German panel data sources. Research Policy, 37 (1): 163-173.

Hottenrott H, Peters B. 2012. Innovative capability and financing constraints for innovation: more money, more innovation?. Review of Economics and Statistics, 94 (4): 1126-1142.

Hou K W, Robinson D T. 2006. Industry concentration and average stock returns. The Journal of Finance, 61 (4): 1927-1956.

Hårsman B, Quigley J M. 2010. Political and public acceptability of congestion pricing: ideology and self-interest. Journal of Policy Analysis and Management, 29 (4): 854-874.

Hsu P H. 2009. Technological innovations and aggregate risk premiums. Journal of Financial Economics, 94 (2): 264-279.

Hsu P H, Tian X, Xu Y. 2014. Financial development and innovation: cross-country evidence. Journal of Financial Economics, 112 (1): 116-135.

Huang L Y, Lei Z J. 2021. How environmental regulation affect corporate green investment: evidence from China. Journal of Cleaner Production, 279 (1): 123560.

Hundley G, Jacobson C K. 1998. The effects of the keiretsu on the export performance of Japanese companies: help or hindrance?. Strategic Management Journal, 19 (10): 927-937.

Hutton A P, Marcus A J, Tehranian H. 2009. Opaque financial reports, R^2, and crash risk. Journal of Financial Economics, 94 (1): 67-86.

Indjejikian R J. 2007. Discussion of accounting information, disclosure, and the cost of capital. Journal of Accounting Research, 45 (2): 421-426.

Innes R. 2006. A theory of consumer boycotts under symmetric information and imperfect competition. The Economic Journal, 116 (511): 355-381.

Irvine P J, Pontiff J. 2009. Idiosyncratic return volatility, cash flows, and product market competition. The Review of Financial Studies, 22 (3): 1149-1177.

Jackson G, Apostolakou A. 2010. Corporate social responsibility in western Europe: an institutional mirror or substitute?. Journal of Business Ethics, 94 (3): 371-394.

Jaffe A B, Newell R G, Stavins R N. 2003. Technological change and the environment// Musgrave A, Lakatos I. Handbook of Environmental Economics. Cambridge: Cambridge University Press: 461-516.

Jensen M C, Meckling W H. 1976. Theory of the firm: managerial behavior, agency costs and ownership structure. Journal of Financial Economics, 3 (4): 305-360.

Ji X, Li G, Wang Z H. 2017. Impact of emission regulation policies on Chinese power firms' reusable environmental investments and sustainable operations. Energy Policy, 108: 163-177.

Jing R，McDermott E P. 2013. Transformation of state-owned enterprises in China：a strategic action model. Management Organization Review，9（1）：53-86.

Joe J R，Louis H，Robinson D. 2009. Managers' and investors' responses to media exposure of board ineffectiveness. Journal of Financial and Quantitative Analysis，44（3）：579-605.

Johnson S，Mitton T. 2003. Cronyism and capital controls：evidence from Malaysia. Journal of Financial Economics，67（2）：351-382.

Johnstone N，Haščič I，Popp D. 2010. Renewable energy policies and technological innovation：evidence based on patent counts. Environmental and Resource Economics，45（1）：133-155.

Jorgenson D W，Wilcoxen P J. 1990. Environmental regulation and U.S. economic growth. The RAND Journal of Economics，21（2）：314-340.

Kahn M E，Li P，Zhao D X. 2015. Water pollution progress at borders：the role of changes in China's political promotion incentives. American Economic Journal：Economic Policy，7（4）：223-242.

Kim H，Park K，Ryu D. 2017. Corporate environmental responsibility：a legal origins perspective. Journal of Business Ethics，140（3）：381-402.

Kim J B，Li Y H，Zhang L D. 2011. Corporate tax avoidance and stock price crash risk：firm-level analysis. Journal of Financial Economics，100（3）：639-662.

Kim J B，Zhang L D. 2016. Accounting conservatism and stock price crash risk：firm-level evidence. Contemporary Accounting Research，33（1）：412-441.

Kneller R，Manderson E. 2012. Environmental regulations and innovation activity in UK manufacturing industries. Resource and Energy Economics，34（2）：211-235.

Kolk A，Perego P. 2010. Determinants of the adoption of sustainability assurance statements：an international investigation. Business Strategy and the Environment，19（3）：182-198.

Kothari S P，Li X，Short J. 2009. The effect of disclosures by management，analysts，and business press on cost of capital，return volatility，and analyst forecasts：a study using content analysis. The Accounting Review，84（5）：1639-1670.

Lakatos I，Musgrave A E，Kuhn T S. 1970. Criticism and the Growth of Knowledge. Cambridge：Cambridge University Press.

Lambert R A，Verrecchia R E. 2015. Information，illiquidity，and cost of capital. Contemporary Accounting Research，32（2）：438-454.

Lang M H，Lins K V，Miller D P. 2003. ADRs，analysts，and accuracy：does cross listing in the United States improve a firm's information environment and increase market value?. Journal of Accounting Research，41（2）：317-345.

Langpap C，Shimshack J P. 2010. Private citizen suits and public enforcement：substitutes or complements?. Journal of Environmental Economics and Management，59（3）：235-249.

Lanoie P，Patry M，Lajeunesse R. 2008. Environmental regulation and productivity：testing the porter hypothesis. Journal of Productivity Analysis，30（2）：121-128.

Laurens P, le Bas C, Schoen A, et al. 2015. The rate and motives of the internationalisation of large firm R&D (1994 - 2005): towards a turning point?. Research Policy, 44 (3): 765-776.

Lee J, Veloso F M, Hounshell D A. 2011. Linking induced technological change, and environmental regulation: evidence from patenting in the U.S. auto industry. Research Policy, 40 (9): 1240-1252.

Leiter A M, Parolini A, Winner H. 2011. Environmental regulation and investment: evidence from European industry data. Ecological Economics, 70 (4): 759-770.

Li D Y, Zheng M, Cao C C, et al. 2017. The impact of legitimacy pressure and corporate profitability on green innovation: evidence from China top 100. Journal of Cleaner Production, 141 (1): 41-49.

Li G Q, He Q, Shao S, et al. 2018. Environmental non-governmental organizations and urban environmental governance : evidence from China. Journal of Environmental Management, 206: 1296-1307.

Li J, Wu D A. 2020. Do corporate social responsibility engagements lead to real environmental, social, and governance impact?. Management Science, 66 (6): 2564-2588.

Li M H, Cui L, Lu J Y. 2014. Varieties in state capitalism: outward FDI strategies of central and local state-owned enterprises from emerging economy countries. Journal of International Business Studies, 45 (8): 980-1004.

Li S L, Tallman S. 2011. MNC strategies, exogenous shocks, and performance outcomes. Strategic Management Journal, 32 (10): 1119-1127.

Liang X Y, Lu X W, Wang L H. 2012. Outward internationalization of private enterprises in China: the effect of competitive advantages and disadvantages compared to home market rivals. Journal of World Business, 47 (1): 134-144.

Liao X C, Shi X P. 2018. Public appeal, environmental regulation and green investment: evidence from China. Energy Policy, 119: 554-562.

Lin J Y, Tan G F. 1999. Policy burdens, accountability, and the soft budget constraint. The American Economic Review, 89 (2): 426-431.

List J A, Sturm D M. 2006. How elections matter: theory and evidence from environmental policy. The Quarterly Journal of Economics, 121 (4): 1249-1281.

Lu J W, Beamish P W. 2004. International diversification and firm performance: the S-curve hypothesis. Academy of Management Journal, 47 (4): 598-609.

Makri M, Lane P J, Gomez-Mejia L R. 2006. CEO incentives, innovation, and performance in technology-intensive firms : a reconciliation of outcome and behavior-based incentive schemes. Strategic Management Journal, 27 (11): 1057-1080.

Manso G. 2011. Motivating innovation. The Journal of Finance, 66 (5): 1823-1860.

Martin P R, Moser D V. 2016. Managers' green investment disclosures and investors' reaction. Journal of Accounting and Economics, 61 (1): 239-254.

Matus K, Nam K M, Selin N E, et al. 2012. Health damages from air pollution in China. Global Environmental Change, 22 (1): 55-66.

Miller G S. 2006. The press as a watchdog for accounting fraud. Journal of Accounting Research，44（5）：1001-1033.

Nagy R L G，Hagspiel V，Kort P M. 2021. Green capacity investment under subsidy withdrawal risk. Energy Economics，98：105259.

North D C. 1990. Institutions，Institutional Change and Economic Performance. Cambridge：Cambridge University Press.

Oesterle M J，Richta H N，Fisch J H. 2013. The influence of ownership structure on internationalization. International Business Review，22（1）：187-201.

Oh W Y，Chang Y K，Martynov A. 2011. The effect of ownership structure on corporate social responsibility：empirical evidence from Korea. Journal of Business Ethics，104（2）：283-297.

Orsato R J. 2006. Competitive environmental strategies：when does it pay to be green?. California Management Review，48（2）：127-143.

Pagell M，Wiengarten F，Fynes B. 2013. Institutional effects and the decision to make environmental investments. International Journal of Production Research，51（2）：427-446.

Patten D M. 2005. The accuracy of financial report projections of future environmental capital expenditures：a research note. Accounting，Organizations and Society，30（5）：457-468.

Pearce D. 1991. The role of carbon taxes in adjusting to global warming. The Economic Journal，101（407）：938-948.

Peress J. 2010. Product market competition，insider trading，and stock market efficiency. The Journal of Finance，65（1）：1-43.

Petersen M A. 2009. Estimating standard errors in finance panel data sets：comparing approaches. The Review of Financial Studies，22（1）：435-480.

Pigou A C. 1920. The Economics of Welfare. London：Palgrave Macmillan.

Porter M E. 1991. America's Green Strategy. Scientific American，264（4）：168.

Porter M E，Kramer M R. 2006. Strategy and society：the link between competitive advantage and corporate social responsibility. Harvard Business Review，84（12）：78-92，163.

Porter M E，van der Linde C. 1995. Toward a new conception of the environment-competitiveness relationship. Journal of Economic Perspectives，9（4）：97-118.

Ramanathan R，Black A，Nath P，et al. 2010. Impact of environmental regulations on innovation and performance in the UK industrial sector. Management Decision，48（10）：1493-1513.

Reeb D M，Mansi S A，Allee J M. 2001. Firm internationalization and the cost of debt financing：evidence from non-provisional publicly traded debt. Journal of Financial and Quantitative Analysis，36（3）：395-414.

Richardson A J，Welker M. 2001. Social disclosure，financial disclosure and the cost of equity capital. Accounting，Organizations and Society，26（7/8）：597-616.

Rugman A M，Verbeke A. 1998. Corporate strategies and environmental regulations：an organizing framework. Strategic Management Journal，19（4）：363-375.

Ruigrok W，Amann W，Wagner H. 2007. The internationalization-performance relationship at Swiss firms：a test of the S-shape and extreme degrees of internationalization. Management International Review，47（3）：349-368.

Saha S，Mohr R D. 2013. Media attention and the toxics release inventory. Ecological Economics，93：284-291.

Sameuls W J，Bromley D W. 1990. Economic interests and institutions：the conceptual foundations of public policy. Southern Economic Journal，57（2）：576.

Samuelson P A. 1954. The pure theory of public expenditure. The Review of Economics and Statistics，36（4）：387-389.

Sandmo A. 1975. Optimal taxation in the presence of externalities. The Swedish Journal of Economics，77（1）：86-98.

Saxton G D，Anker A E. 2013. The aggregate effects of decentralized knowledge production：financial bloggers and information asymmetries in the stock market. Journal of Communication，63（6）：1054-1069.

Schultz T W. 1968. Institutions and the rising economic value of man. American Journal of Agricultural Economics，50（5）：1113-1122.

Scott W R. 2008. Institutions and Organizations. London：Sage Publications.

Sharfman M P，Fernando C S. 2008. Environmental risk management and the cost of capital. Strategic Management Journal，29（6）：569-592.

Shive S A，Forster M M. 2020. Corporate governance and pollution externalities of public and private firms. The Review of Financial Studies，33（3）：1296-1330.

Song J B，Zhang H Q，Su Z H. 2020. Environmental subsidies and companies' environmental investments. Economic and Political Studies，9（4）：477-496.

Suchman M C. 1995. Managing legitimacy：strategic and institutional approaches. Academy of Management Review，20（3）：571-610.

Suttinee P，Phapruke U. 2009. Corporate social responsibility（CSR）information disclosure and firm sustainability：an empirical research of Thai-listed firms. Journal of International Business & Economics，9（4）：40-59.

Tallman S，Li J T. 1996. Effects of international diversity and product diversity on the performance of multinational firms. Academy of Management Journal，39（1）：179-196.

Tang Z，Tang J T. 2016. Can the media discipline Chinese firms' pollution behaviors? The mediating effects of the public and government. Journal of Management，42（6）：1700-1722.

Taylor M R，Rubin E S，Hounshell D A. 2005. Regulation as the mother of innovation：the case of SO_2 control. Law & Policy，27（2）：348-378.

Thompson P，Cowton C J. 2004. Bringing the environment into bank lending：implications for environmental reporting. The British Accounting Review，36（2）：197-218.

Tian X，Wang T Y. 2014. Tolerance for failure and corporate innovation. The Review of Financial Studies，27（1）：211-255.

Tiebout C M. 1956. A pure theory of local expenditures. Journal of Political Economy，64（5）：416-424.

Tullock G. 1967. Excess benefit. Water Resources Research，3（2）：643-644.

Veblen T B. 1899. The Theory of the Leisure Class. New York：Penguin publishing.

Verrecchia R E. 2001. Essays on disclosure. Journal of Accounting and Economics，32（1/3）：97-180.

Wang H，Di W H. 2002. The determinants of government environmental performance：an empirical analysis of Chinese townships. Washington：The World Bank.

Wang J Y，Lei P. 2020. A new tool for environmental regulation? The connection between environmental administrative talk policy and the market disciplinary effect. Journal of Cleaner Production，275：124162.

Watts R L，Zimmerman J L. 1978. Towards a positive theory of the determination of accounting standards. The Accounting Review，53（1）：112-134.

Whang S S，Hill R S. 2009. Internationalization of R&D investment：trend，drivers and implications. Journal of Intelligence，8（6）：1055-1065.

White H. 1980. A heteroskedasticity-consistent covariance matrix estimator and a direct test for heteroskedasticity. Econometrica，48（4）：817-838.

Wiersema M F，Zhang Y. 2011. CEO dismissal：the role of investment analysts. Strategic Management Journal，32（11）：1161-1182.

Williamson O E. 1979. Transaction-cost economics：the governance of contractual relations. The Journal of Law and Economics，22（2）：233-261.

Williamson O E. 2000. The new institutional economics：taking stock，looking ahead. Journal of Economic Literature，38（3）：595-613.

Wong T J. 2016. Corporate governance research on listed firms in China：institutions，governance and accountability. Foundations and Trends® in Accounting，9（4）：259-326.

Yamazaki A. 2022. Environmental taxes and productivity：lessons from Canadian manufacturing. Journal of Public Economics，205：104560.

Yu F. 2008. Analyst coverage and earnings management. Journal of Financial Economics，88（2）：245-271.

Zeng S X，Xu X D，Dong Z Y，et al. 2010. Towards corporate environmental information disclosure：an empirical study in China. Journal of Cleaner Production，18（12）：1142-1148.

Zhang Q，Yu Z，Kong D M. 2019. The real effect of legal institutions：environmental courts and firm environmental protection expenditure. Journal of Environmental Economics and Management，98（3）：102254.

Zimmerman J L. 1983. Taxes and firm size. Journal of Accounting and Economics，5（1）：119-149.

附录：与本书紧密相关的学术成果[①]

（1）与本书中第 3 章相关的内容发表如下期刊：

Does a green tax impact a heavy polluting firm's green investments？[J]. Applied Economics，2022，54（2）：189-205.（作者排序 1/4，SSCI 收录，JCR 二区）。

（2）与本书中第 4 章相关的内容发表如下期刊：

他山之石或可攻玉：税制绿色化对企业创新的溢出效应[J]. 会计研究，2021，（6）：176-188.（作者排序 1/3，CSSCI 收录）。

（3）与本书中第 5 章相关的内容发表如下期刊：

企业异质性、环保补贴与企业绿色投资[J]. 当代会计评论，2021，（1）：97-120.（作者排序 1/2，CSSCI 收录）。

（4）与本书中第 6 章相关的内容发表如下期刊：

环境规制"组合拳"与环保补贴绩效研究[J]. 财会月刊，2021，（22）：28-37.（作者排序 1/2）。

（5）与本书中第 7 章相关的内容发表如下期刊：

Does collective decision-making promote SOEs' green innovation？Evidence from China[J]. Journal of Business Ethics，2024，191（3）：481-500.（作者排序 1/4，SSCI 收录，JCR 一区，《金融时报》）。

（6）与本书中第 8 章相关的内容发表如下期刊：

公共压力、企业国际化与企业环境治理[J]. 统计研究，2018，35（9）：54-66.（作者排序 1/3，CSSCI 收录）。

（7）与本书中第 9 章相关的内容发表如下期刊：

分析师关注与企业环境治理：来自中国上市公司的证据[J]. 广东财经大学学报，2019，34（2）：74-89.（作者排序 1/1，CSSCI 收录）。

（8）与本书中第 10 章相关的内容发表如下期刊：

媒体关注与企业环境绩效[J]. 重庆工商大学学报（社会科学版），2021，38（2）：66-80.（作者排序 1/2）。

---

① SSCI 英文全称为 Social Sciences Citation Index，译为社会科学引文索引；JCR 英文全称为 Journal Citation Report，译为期刊引证报告；CSSCI 英文全称为 Chinese Social Sciences Citation Index，译为中文社会科学引文索引。

后 记

自 2011 年 4 月涉足环境研究领域,至今已开展研究十余年,随着"污染减排—绿色投资—绿色创新—'双碳'目标—ESG①表现—可持续发展"这一系列热词的频现,研究主题和内容也相应切换。虽然没有取得特别优秀的成果,但很享受这一过程所带来的快乐。回溯往事,历历在目,经历过研究成果长期不被认可的挫败,也曾收获成果被认可的喜悦,苦辣酸甜,冷暖自知。值得一提的是,2018 年《公共压力、企业国际化与企业环境治理》一文被《统计研究》杂志接受,又重新燃起了我的斗志,坚持就有希望,努力就有收获。

2019 年 11 月喜获浙江省科技厅软科学重点项目"企业亲环境行为的驱动因素、决策选择与长效机制研究:以浙江省为例",项目支持和成果的认可是研究前行的动力,随后相关研究成果在 *Journal of Business Ethics*、*Applied Economics*、*Environmental Impact Assessment Review*、*International Review of Economics & Finance*、*Emerging Markets Finance and Trade*、《会计研究》、《当代会计评论》和《广东财经大学学报》等刊物相继发表,风物长宜放眼量,坚信选择环境领域潜心研究一定是通往成功的一条"康庄大道"。

整合前期研究成果,于 2022 年 7 月申请了国家社科基金后期资助重点项目。一个记忆犹新的插曲是,当时受疫情的影响,初来南京的我,对学校附近的打印店并不是很熟悉,为了呈现出美观而富有质感的书稿,以示对项目申请的重视和态度,专程往返杭州打印材料。2022 年 11 月 29 日,接到了院长温素彬教授发来的国家社科基金后期项目立项公示信息,还在午休睡梦中的我,喜悦如春风拂面而来,温暖而美好。虽然重点项目未申请成功或有遗憾,但获批一般项目也是对我前期研究的认可和肯定,一股甜蜜的暖流从心涌现,激励未来更要努力前行。2024 年 3 月收到全国哲学社会科学工作办公室验收通过的消息,兴奋和不安共同交织,一个阶段的完成,意味着新的挑战即将开始。项目的结题只是阶段性停息而并非结束,梳理心情整装再出发,带着过往的经验,去开辟和书写研究的新篇章。

---

① ESG 由三个单词的首字母组合而成,分别是环境(environment)、社会(social)和治理(governance)。

　　书稿《中国企业绿色投资行为的驱动机制研究》的完成并非仅仅源自个人的努力，而是离不开单位领导、同事、出版社编辑、专家、同行、亲友们给予我的支持、帮助和鼓励的。我会时刻铭记你们的指导、鼓励和帮助之恩！值此书稿完成之时，我愿把我最真诚的祝福送给你们，祝愿健康、平安、幸福、喜乐！

　　最后，在本书中，参考或引用了国内外学者大量的相关研究成果。没有他们卓越的研究基础，也就不可能完成此著作。在此，谨向相关学者表示崇高的敬意和衷心的感谢！

程　博

2024 年 3 月 31 日于南京浦口